全国高等职业院校护理类专业第二轮教材

正常人体结构

第2版

（供护理、助产专业用）

主　编　陈地龙　徐红涛
副主编　于清梅　唐兴国　冯晓灵
编　者　（以姓氏笔画为序）
　　　　于清梅（山东医学高等专科学校）
　　　　冯晓灵（重庆三峡医药高等专科学校）
　　　　刘　然（山东中医药高等专科学校）
　　　　刘　滢（重庆三峡医药高等专科学校）
　　　　刘晴晴（重庆护理职业学院）
　　　　李明蓉（雅安职业技术学院）
　　　　李晓朋（重庆三峡医药高等专科学校）
　　　　迟寅秀（江苏医药职业学院）
　　　　陈地龙（重庆三峡医药高等专科学校）
　　　　徐红涛（江苏医药职业学院）
　　　　唐兴国（承德护理职业学院）
　　　　黄海兵（重庆三峡医药高等专科学校）
　　　　谭　辉（重庆三峡医药高等专科学校）

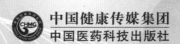

中国健康传媒集团
中国医药科技出版社

内 容 提 要

　　本教材是"全国高等职业院校护理类专业第二轮教材"之一，是根据本套教材的编写指导思想和原则要求，结合专业培养目标和课程教学目标、内容与任务要求编写而成的，内容主要包括绪论、基本组织、运动系统、内脏概述、消化系统、呼吸系统、泌尿系统、生殖系统、脉管系统、感觉器、内分泌系统、神经系统和人体胚胎早期发育。本教材具有专业针对性强、紧密结合岗位知识和职业能力要求、理论与临床密切联系的特点。本教材为书网融合教材，即纸质教材有机融合电子教材，教材配套资源（PPT、微课、视频、图片等），题库系统，数字化教学服务（在线教学、在线作业、在线考试），便于学生学习。各章通过设置"情境导入""素质提升"等模块，帮助学生梳理重点知识，开阔视野。

　　本教材主要供全国高等职业院校护理、助产专业教学使用，也可作为医院护理人员的参考教材。

图书在版编目（CIP）数据

　　正常人体结构/陈地龙，徐红涛主编． — 2 版．—北京：中国医药科技出版社，2023.2

　　全国高等职业院校护理类专业第二轮教材

　　ISBN 978 - 7 - 5214 - 3557 - 3

　　Ⅰ.①正…　　Ⅱ.①陈…②徐…　　Ⅲ.①人体结构 - 高等职业教育 - 教材　　Ⅳ.①Q983

　　中国版本图书馆 CIP 数据核字（2022）第 245551 号

美术编辑　陈君杞

版式设计　友全图文

出版　**中国健康传媒集团** | 中国医药科技出版社

地址　北京市海淀区文慧园北路甲 22 号

邮编　100082

电话　发行：010 - 62227427　邮购：010 - 62236938

网址　www.cmstp.com

规格　889 × 1194mm $\frac{1}{16}$

印张　17 $\frac{1}{2}$

字数　551 千字

初版　2018 年 8 月第 1 版

版次　2023 年 2 月第 2 版

印次　2023 年 10 月第 2 次印刷

印刷　三河市万龙印刷有限公司

经销　全国各地新华书店

书号　ISBN 978 - 7 - 5214 - 3557 - 3

定价　**79.00 元**

获取新书信息、投稿、为图书纠错，请扫码联系我们。

为贯彻落实《国家职业教育改革实施方案》《职业教育提质培优行动计划（2020—2023年）》《关于推动现代职业教育高质量发展的意见》等有关文件精神，不断推动职业教育教学改革，对标国家健康战略、对接医药市场需求、服务健康产业转型升级，支撑高质量现代职业教育体系发展的需要，中国医药科技出版社在教育部、国家药品监督管理局的领导下，在本套教材建设指导委员会主任委员西安交通大学医学部李小妹教授，以及长春医学高等专科学校、江苏医药职业学院、江苏护理职业学院、益阳医学高等专科学校、山东医学高等专科学校、遵义医学高等专科学校、长沙卫生职业学院、重庆医药高等专科学校、重庆三峡医药高等专科学校、漯河医学高等专科学校、皖西卫生职业学院、辽宁医药职业学院、天津生物工程职业技术学院、承德护理职业学院、楚雄医药高等专科学校等副主任委员单位的指导和顶层设计下，通过走访主要院校对2018年出版的"全国高职高专院校护理类专业'十三五'规划教材"进行了广泛征求意见，有针对性地制定了第二版教材的出版方案，旨在赋予再版教材以下特点。

1. 强化课程思政，体现立德树人

坚决把立德树人贯穿、落实到教材建设全过程的各方面、各环节。教材编写应将价值塑造、知识传授和能力培养三者融为一体，在教材专业内容中渗透我国医疗卫生事业人才培养需要的有温度、有情怀的职业素养要求，着重体现加强救死扶伤的道术、心中有爱的仁术、知识扎实的学术、本领过硬的技术、方法科学的艺术的教育，为人民培养医德高尚、医术精湛的健康守护者。

2. 体现职教精神，突出必需够用

教材编写坚持现代职教改革方向，体现高职教育特点，根据《高等职业学校专业教学标准》《职业教育专业目录（2021）》要求，以人才培养目标为依据，以岗位需求为导向，进一步优化精简内容，落实必需够用原则，以培养满足岗位需求、教学需求和社会需求的高素质技能型人才准确定位教材。

3. 坚持工学结合，注重德技并修

本套教材融入行业人员参与编写，强化以岗位需求为导向的理实教学，注重理论知识与岗位需求相结合，对接职业标准和岗位要求。在教材正文适当插入临床案例，起到边读边想、边读边悟、边读边练，做到理论与临床相关岗位相结合，强化培养学生临床思维能力和操作能力。

4. 体现行业发展，更新教材内容

教材建设要根据行业发展要求调整结构、更新内容。构建教材内容应紧密结合当前临床实际要求，注重吸收临床新技术、新方法、新材料，体现教材的先进性。体现临床程序贯穿于教学的全过程，培养学生的整体临床意识；体现国家相关执业资格考试的有关新精神、新动向和新要求；满足以学生为中心而开展的各种教学方法的需要，充分发挥学生的主观能动性。

5. 建设立体教材，丰富教学资源

依托"医药大学堂"在线学习平台搭建与教材配套的数字化资源（数字教材、教学课件、图片、视频、动画及练习题等），丰富多样化、立体化教学资源，并提升教学手段，促进师生互动，满足教学管理需要，为提高教育教学水平和质量提供支撑。

本套教材凝聚了全国高等职业院校教育工作者的集体智慧，体现了凝心聚力、精益求精的工作作风，谨此向有关单位和个人致以衷心的感谢！

尽管所有参与者尽心竭力、字斟句酌，教材仍然有进一步提升的空间，敬请广大师生提出宝贵意见，以便不断修订完善！

数字化教材编委会

主　编　陈地龙　徐红涛
副主编　于清梅　唐兴国　冯晓灵
编　者　（以姓氏笔画为序）

于清梅（山东医学高等专科学校）
冯晓灵（重庆三峡医药高等专科学校）
刘　然（山东中医药高等专科学校）
刘　滢（重庆三峡医药高等专科学校）
刘晴晴（重庆护理职业学院）
李明蓉（雅安职业技术学院）
李晓朋（重庆三峡医药高等专科学校）
迟寅秀（江苏医药职业学院）
陈地龙（重庆三峡医药高等专科学校）
徐红涛（江苏医药职业学院）
唐兴国（承德护理职业学院）
黄海兵（重庆三峡医药高等专科学校）
谭　辉（重庆三峡医药高等专科学校）

前言 PREFACE

正常人体结构是研究正常人体形态、结构及其发生、发展规律的科学，是高职高专护理类专业的重要专业基础课程。由人体解剖学、组织学、胚胎学整合而成，主要阐述正常人体各系统的组成、器官的形态、结构、人胚发生发育规律、器官和细胞的各种生命活动过程及规律。

教材在上一版的基础上，进一步强化课程思政，落实立德树人，编写中力求做到"内容实用、逻辑清晰、文字精炼、图文并茂、详略得当、易教易学、夯实基础、联系岗位"，突出现代卫生职业教育的理念，满足培养目标和技能要求；以高职高专护理类专业岗位任务为导向，以职业技能培养为根本，贴近专业、贴近岗位、贴近临床，强调学生通过理论与实践，增强探究和创新意识，培养临床思维和解决实际问题的能力；教材遵循"三基（基本理论、基本知识、基本技能）""五性（思想性、科学性、先进性、启发性、适用性）"的基本规律，反映高等职业院校护理类专业教育教学改革的最新成果；融传授知识、培养能力、提高素质为一体，重视培养学生获取信息及终身学习的能力，突出启发性；并注重课程在专业系列课程中的关联性，避免与相关课程间的内容重复或疏漏。

本教材在每个章节前设置"学习目标"和"情境导入"。"学习目标"体现教学大纲的基本要求，"情境导入"呈现临床病例引导学习内容，提高学习兴趣，培养临床思维能力。每章结束设置本章小结，简明扼要地总结，有助于学生记忆。每章节后的习题，紧贴专业知识需求，供教师辅导和学生学习参考应用。本教材为书网融合教材，即纸质教材有机融合电子教材，教材配套资源（PPT、微课、视频、图片等），题库系统，数字化教学服务（在线教学、在线作业、在线考试），便于学生学习。各章通过设置"情境导入""素质提升"等模块，帮助学生梳理重点知识，开阔视野。

本教材是为了适应现代护理教育的特点，专为高等职业院校护理类专业开发编写，尤其适宜3年制专科护理、助产专业使用。在编写过程中得到了多所医药卫生院校一线教师及其所在单位的大力支持与帮助，还参考了本专业的其他相关教材，在此一并表示衷心感谢。

由于编者学术水平所限，虽尽力完成编写目标，但难免有不足之处，恳请各位同行专家和广大读者提出宝贵意见，使教材不断完善。

编　者
2022 年 11 月

CONTENTS **目录**

绪　论

◉- 学习目标

　　1. 通过学习，重点掌握正常人体结构常用术语，人体的组成和分部，组织、器官、系统的概念。

　　2. 学会结合模型和活体说出人体的分部及解剖学姿势，能在活体和模型上识别方位，端正学习态度，明确课程在护理类专业职业面向中的地位。

一、正常人体结构的定义

　　正常人体结构是研究正常人体形态结构及其发生发展规律的科学，属于生物科学中形态学的范畴，其主要任务是探讨与阐述正常人体各器官和组织的形态结构特征、位置毗邻、发生发育规律及其功能意义。为学习后续专业课程奠定形态学基础。在掌握正常人体形态结构的基础上，才能正确理解人体的生理功能与病理变化，正确判断人体的正常与异常，鉴别生理与病理状态，进而对疾病做出正确的诊断，采取相应的护理措施。

二、人体的组成和分部

（一）人体的组成

　　人体结构和功能的基本单位是细胞。形态相似、功能相近的细胞与细胞外基质共同构成组织。人体的组织分为上皮组织、肌组织、结缔组织和神经组织，这四类组织又称为基本组织。几种不同的组织按一定规律组合成具有一定形态，并能完成特定生理功能的结构，称为器官，如心、肝、肺、肾等。许多功能相关的器官组合在一起，共同完成某一方面的功能，称为系统。人体有运动系统、消化系统、呼吸系统、泌尿系统、生殖系统、脉管系统、感觉器、内分泌系统和神经系统九大系统。

（二）人体的分部

　　从外形上通常将人体分为头部、颈部、躯干部和四肢。头部包括颅和面部。颈部包括颈和项部。躯干部的前面分为胸部、腹部、盆部和会阴部；躯干部的后面分为背部和腰部。四肢分为上肢和下肢。上肢分为肩、臂、前臂和手；下肢分为臀、大腿（股）、小腿和足（图绪–1）。

三、常用术语

　　为了能正确地描述人体各部、各器官的形态结构和位置关系，需要有公认的统一标准和描述用语，以便统一认识，因此确定了人体的解剖学姿势、方位、轴和面等术语。

（一）解剖学姿势

　　解剖学姿势又称标准姿势，是指身体直立，面向前，两眼平视正前方，两足并拢，足尖向前，双上肢下垂于躯干的两侧，掌心向前（图绪–1）。不论被观察的人体处于何种位置，均应以此姿势来进行描述。

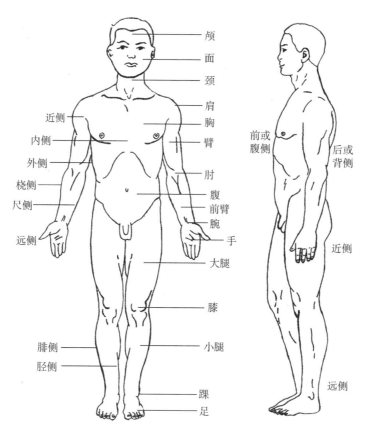

图绪-1 人体的分部与解剖学姿势

（二）方位术语

按照解剖学姿势，规定方位术语，用于描述人体各结构的相互位置关系（图绪-1）。

1. 上和下 是描述器官或结构距颅顶或足底的相对远近关系的术语。近颅者为上，近足者为下。

2. 前和后 是指距身体前、后面距离相对远近的术语。距身体腹侧面近者为前，又称腹侧；距身体背侧面近者为后，又称背侧。

3. 内侧和外侧 是描述人体各局部或器官、结构与人体正中矢状面相对距离大小的术语。距人体正中矢状面近者为内则，远者为外则。在上肢，因前臂的尺骨与桡骨并列，尺骨在内侧，桡骨在外侧，故前臂的内侧也可称为尺侧，外侧也称为桡侧；下肢小腿的胫骨与腓骨并列，小腿的内侧也称胫侧，外侧也称腓侧。

4. 内和外 是描述空腔器官相互位置关系的术语，近内腔者为内，远离内腔者为外。

5. 浅和深 是描述与皮肤表面相对距离关系的术语，距皮肤近者为浅，远离皮肤而距人体内部中心近者为深。

6. 近侧和远侧 用于描述四肢，距肢体根部较近者为近侧，距肢体根部较远者为远侧。

（三）人体的轴与面

轴和面是为了准确表达及理解人体在标准解剖学姿势下关节运动和整体或局部的形态结构位置的术语。一般设定了相互垂直的三种轴及三种面（图绪-2）。

1. 轴

（1）垂直轴 为上下方向，与地平面相垂直的轴。

（2）矢状轴 从前至后或从腹侧面至背侧面，同时与垂直轴呈直角交叉的轴。

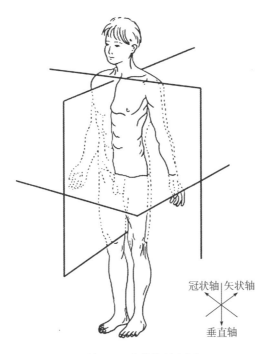

冠状轴 矢状轴

垂直轴

图绪－2 人体的轴和面

（3）冠状轴 为左右方向与水平面平行，与垂直轴和矢状相垂直的轴。

2. 面

（1）矢状面 按前后方向，将人体分成左、右两部的纵切面，该切面与水平面和冠状面互相垂直。将人体分成左右基本相等两半的矢状面称正中正矢状面。

（2）冠状面 按左右方向，将人体分为前、后两部的纵切面，该切面与水平面及矢状面互相垂直。

（3）水平面 又称横切面，是指与地平面平行，与矢状面和冠状面相互垂直，将人体分为上、下两部的平面。

在描述器官的切面时，则以器官自身的长轴为标准，与其长轴平行的切面称纵切面，与其长轴垂直的切面称横切面。

四、研究人体组织的常用技术和方法

研究人体组织的常用技术和方法较多，如光学显微镜技术、电子显微镜技术、组织化学和细胞化学技术、免疫细胞化学技术、组织培养技术等。光学显微镜技术分普通和特殊光学显微镜技术，在基层医疗卫生机构普通光学显微镜技术最常用。光学显微镜的分辨率约为 $0.2\mu m$，可放大 1500 倍。在临床病理检验科室常用石蜡切片或冰冻切片将组织制成薄片，经 HE 染色后进行观察。

石蜡切片的制作程序包括取材、固定、脱水、透明、包埋、切片、脱蜡、染色、透明、封片等几个步骤。

HE 染色方法是苏木精（hematoxylin）和伊红（eosin）染色。其中苏木精为碱性染料，细胞和组织中的酸性物质或结构与碱性染料亲和力强，被染成蓝紫色，称嗜碱性；伊红为酸性染料，细胞和组织中的碱性物质或结构与酸性染料亲和力强，被染成红色，称嗜酸性。对碱性和酸性染料亲和力均不强者，称中性（图绪－3）。

组织学常用的计量单位有毫米（mm）、微米（μm）、纳米（nm），其换算关系为：$1mm = 10^3\mu m = 10^6 nm$。正常情况下，细胞的直径为微米级别。

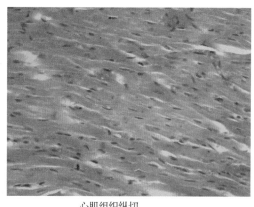
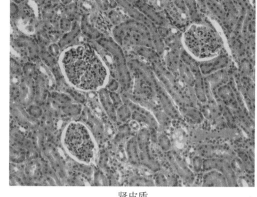

心肌组织纵切　　　　　　　　　　　　　肾皮质

图绪-3　HE 染色显示组织结构（×200）

五、人体器官的变异、异常和畸形

正常人体结构中描述的器官形态、构造、位置、大小及其血液供应和神经支配均属正常范畴，在统计学上占优势。人体的某些结构虽与正常形态不完全相同，但与正常值比较接近，差异不显著，对外观或功能影响不大的称为变异，如血管和周围神经的走行。而结构的变化超出一般变异范围，在统计学上出现率极低，对外观或功能影响重大的形态结构异常称为异常或畸形，畸形多见于胚胎发育异常，与遗传基因和胚胎发育过程中外界因素的影响有关。

六、学习正常人体结构的方法

正常人体结构是医学生学习医学的入门课程，多数在大学一年级学习，由于课程涵盖的内容较多，医学名词难以记忆和理解等多种因素导致学习的难度增加。同学们在学习时，需理论联系实际，结构联系功能，局部联系整体，进化结合发展，才能正确理解人体形态结构及其演变规律。

1. 理论联系实际　正常人体形态结构是实践性极强的课程。学习本课程必须坚持理论联系实际，要重视图、文、实物标本、模型的观察和学习，建立感性认识，帮助理解和记忆；要重视理论知识与临床护理操作相结合，达到学以致用的目的。

2. 结构联系功能　器官的形态结构是实现器官功能的物质基础，功能的改变又可影响器官形态结构的变化，因此，形态结构与功能是相互依赖、相互影响的。在学习时，将形态结构与功能紧密联系起来，有利于对知识的理解与记忆。

3. 局部联系整体　人体是由多个器官、系统有机组合成的一个统一整体，它们在结构和功能上，既相互联系又相互影响。学习时可以从单一器官、系统入手，但必须注意将其放在整体中去认识、学习。

4. 进化结合发展　人类形态结构经历了由低级到高级，由简单到复杂的演变，即使是现代人本身，也处于不断进化和发展中。不同人体的器官的位置、形态结构基本相同，但个体间存在着千差万别，还会出现变异。因此，只有用进化和发展的观点来理解人体的形态结构和功能，才能正确、全面地认识人体。

（陈地龙）

第一章　基本组织

◎ 学习目标

    1. 通过学习，重点掌握基本组织的分类；上皮组织的结构特点；被覆上皮的结构、分类和主要分布；结缔组织的分类；疏松结缔组织的结构特点、细胞成分及功能；肌组织的结构特点；神经组织的组成；神经元的分类、结构以及神经元之间的联系；突触的结构和功能。

    2. 学会利用显微镜辨认四大基本组织和主要细胞，养成爱护标本、仪器设备的习惯，培养正确使用显微镜的职业能力。

细胞（cell）是人体基本结构和功能单位。形态结构相似、功能相似的细胞与细胞外基质一起构成组织。根据结构和功能特点将人体基本组织分为四大类：即上皮组织、结缔组织、肌组织、神经组织。基本组织可以进一步构成器官，功能相关的器官可以构成系统。

≫ 情境导入

情景描述　细胞构成组织，不同形态结构的组织又构成了不同的器官，这些器官担负着人体不同的功能，那么我们平时提到的肝和肝组织，肾与肾组织，这些概念和我们将要学习的基本组织存在怎样的关系呢，肝炎、肾炎这些临床疾病又与基本组织存在怎样的联系呢？

讨论　构成人体的基本组织是什么，他们与器官的组织构成存在怎样的关系？

第一节　上皮组织 ⓔ 微课

PPT

上皮组织（epithelial tissue）简称上皮，由大量排列紧密且形态较为规则的上皮细胞和少量细胞外基质组成。主要分布于人体体表、有腔器官的内表面和腺体。上皮组织的主要结构特点如下。

（1）细胞多且排列紧密，细胞外基质少。

（2）细胞有明显的极性，即细胞的不同表面在结构和功能上有明显的差别，分为游离面和基底面。其中，游离面是指朝向体表或者有腔器官的内表面，基底面是指与游离面相对的朝向结缔组织的一面。不同上皮组织游离面可分化出一些特殊结构，如小肠上皮组织的纹状缘、气管上皮组织的纤毛等。

（3）上皮组织一般无血管，其营养主要依靠深面的结缔组织中的血管，营养物质透过基膜渗入提供。

（4）上皮组织有丰富的感觉神经末梢，能够敏锐感受刺激。

根据上皮组织的功能，分为被覆上皮和腺上皮两大类。此外，体内还有少量的特化上皮，如感受特定理化刺激的感觉上皮、能产生精子的生精上皮、具有收缩能力的肌上皮等。

一、被覆上皮

被覆上皮（covering epithelium）具有保护、吸收、分泌以及排泄等功能。主要分布于体表、衬贴于体腔和有腔器官内表面。根据上皮细胞的层数，分为单层上皮和复层上皮，再结合表层细胞侧面的形态又可分为多种。

单层上皮分为单层扁平上皮、单层立方上皮、单层柱状上皮和假复层纤毛柱状上皮；复层上皮分为复层扁平上皮、复层柱状上皮和变移上皮（图1-1）。

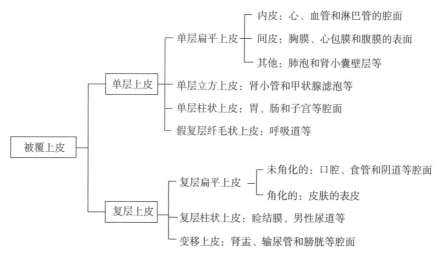

图 1-1　被覆上皮的分类及主要分布

（一）单层上皮

1. 单层扁平上皮（图1-2）　主要由一层扁平细胞组成，细胞似鱼鳞又称为单层鳞状上皮。在光学显微镜下，从表面观察，细胞呈多边形或不规则形，边缘锯齿状，细胞核椭圆，位于细胞的中央；从侧面观察，细胞扁薄，细胞核呈扁圆形，居细胞中央。分布在心、血管、淋巴管腔面的单层扁平上皮称为内皮，其游离面光滑，可减少阻力，利于血液、淋巴流动以及物质交换；分布于胸膜、腹膜、心包膜等处的单层扁平上皮称为间皮，其表面润滑，可减少内脏活动阻力，利于内脏活动；单层扁平上皮还可分布于肺泡、肾小囊等处，主要起保护作用。

2. 单层立方上皮（图1-3）　主要由一层近似立方形的细胞组成。在光学显微镜下，从表面观察，细胞呈六角形或多边形；从侧面观察，细胞呈立方形，核圆居于细胞中央。单层立方上皮主要分布于肾小管、甲状腺滤泡等处，具有吸收、分泌功能。

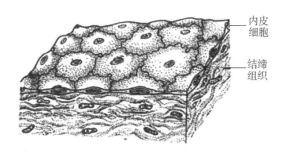

图 1-2　单层扁平上皮

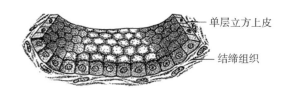

图 1-3　单层立方上皮

3. 单层柱状上皮（图1-4）　由一层棱柱状细胞组成。在光学显微镜下，从表面观察，细胞呈六角形或多边形；从侧面观察，细胞呈柱状，核呈椭圆形，靠近基底部。单层柱状上皮主要分布于胃、肠、胆囊、子宫等腔面，具有吸收和分泌功能。其中，分布于肠道腔面的单层柱状上皮细胞之间还散在分布有杯状细胞。杯状细胞形似高脚杯，细长的基底部抵达基膜，细胞核呈三角形，染色较深，位于基底部，顶端胞质内充满黏原颗粒。杯状细胞能分泌黏液，有保护肠黏膜和润滑的作用。分布在小肠腔面的单层柱状上皮细胞游离面有密集排列的微绒毛，称纹状缘。

4. 假复层纤毛柱状上皮（图1-5） 由柱状细胞、杯状细胞、梭形细胞、锥形细胞组成，其中柱状细胞最多，其游离面伸出大量纤毛。在光学显微镜下，从侧面观察，四种细胞形态不同、高矮不一，细胞核位置不同，形似复层，但所有细胞均位于同一基膜上，实为单层上皮。假复层纤毛柱状上皮主要分布于呼吸道等腔面，具有分泌和保护功能。

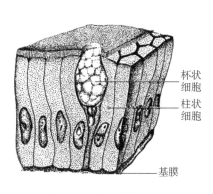

图1-4 单层柱状上皮

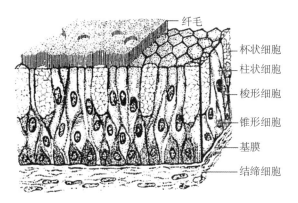

图1-5 假复层纤毛柱状上皮

（二）复层上皮

1. 复层扁平上皮（图1-6） 由多层细胞组成，表层细胞呈扁平鱼鳞状，又被称为复层鳞状上皮。在光学显微镜下，从侧面观察，基底层细胞为一层立方形或矮柱状细胞，中间层细胞为多层多边形细胞，表层细胞为几层扁平细胞。基底层细胞幼稚，具有旺盛的分裂增生能力，新生的细胞可以不断向表层推移，最表层的细胞则逐渐衰老、脱落。复层扁平上皮与其深面的结缔组织连接面凹凸不平，增加了接触面积，使连接更加牢固，还有利于营养物质交换。复层扁平上皮常分布于受到机械摩擦的部位，如口腔、咽、食管、阴道和皮肤等处，具有耐摩擦、防止异物入侵和较强的机械保护作用，其受损后有较强的再生修复能力。

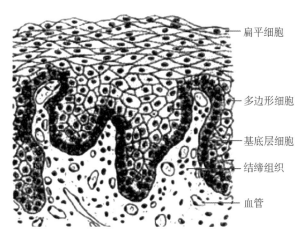

图1-6 复层扁平上皮

复层扁平上皮可以分为未角化复层扁平上皮和角化复层扁平上皮。分布于口腔、咽、食管、阴道等腔面的复层扁平上皮，浅层细胞有细胞核，细胞质内含有少量角蛋白，故称为未角化复层扁平上皮。分布于皮肤表皮的复层扁平上皮，浅层细胞无细胞核，细胞质内含有大量角蛋白，形成干硬的角质层，故称为角化复层扁平上皮。

2. 复层柱状上皮 由多层细胞组成，浅层是一层排列整齐的矮柱状细胞，深层是一层或多层几边形细胞。复层柱状上皮主要分布于睑结膜、男性尿道等处。

3. 变移上皮（图 1-7） 又称为移行上皮，可分为表层细胞、中间层细胞和基底层细胞。一个表层细胞可以覆盖多个中间层细胞，故又称为盖细胞；其游离面胞质浓缩成壳层，防止尿液渗入器官壁内。变移上皮主要分布于肾盂、肾盏、输尿管、膀胱的腔面，其特点是细胞形态和层数随器官空虚与充盈扩张程度改变而发生变化。例如，当膀胱空虚时，上皮变厚，细胞层数变多，表层细胞呈大立方形；当膀胱充满尿液扩张时，上皮变薄，细胞层数变少，表层细胞变扁体积变小。

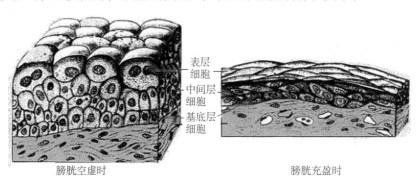

膀胱空虚时　　　　　　　　　　　膀胱充盈时

图 1-7　变移上皮

二、腺上皮和腺

腺上皮 是由腺细胞组成的以分泌功能为主的上皮（图 1-8）。腺又被称为腺体，是以腺上皮为主要成分构成的器官。人体的腺常根据分泌物排出途径的不同被分为外分泌腺和内分泌腺两类。

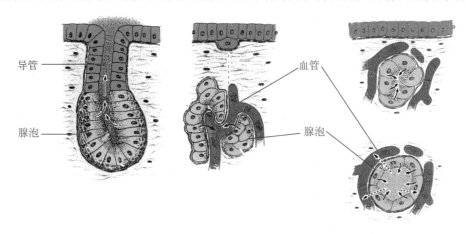

图 1-8　腺上皮

（一）外分泌腺和内分泌腺

分泌物通过导管排出至体表或器官腔内的腺体，称为外分泌腺，因有导管又称为有管腺，如汗腺、唾液腺等。分泌物直接进入周围毛细血管、淋巴管，通过血液循环运输到全身的腺体，称为内分泌腺，因缺乏导管又称为无管腺，如甲状腺、肾上腺等，内分泌腺的分泌物被称为激素。

（二）外分泌腺的一般结构和分类

1. 一般结构 外分泌腺一般由分泌部和导管组成。分泌部是产生分泌物的结构，由单层细胞围成中央有腔的管状、泡状或者管泡状，常称为腺泡。导管与分泌部连接，直接开口于体表或器官腔内。主要功能是排出分泌物，有些腺的导管上皮细胞还具有分泌或者重吸收的功能（图 1-9）。

2. 分类 按腺细胞的数目，外分泌腺可分为单细胞腺和多细胞腺。除杯状细胞为单细胞腺外，人体绝大多数腺属于多细胞腺，多细胞腺由分泌部和导管组成。

按分泌物的性质，外分泌腺可分为浆液性腺、黏液性腺和混合性腺。

按分泌部的形态，外分泌腺可分为泡状腺、管状腺和管泡状腺。

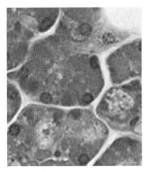 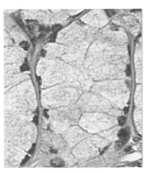 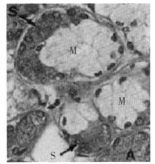

| 浆液性腺泡 | 黏液性腺泡 | 混合性腺泡
（M示黏液性腺泡，S示浆液性腺泡） |

图 1-9 腺泡

三、上皮细胞表面的特殊结构

上皮细胞具有明显的极性，在其游离面、侧面和基底面形成了与功能相适应的一些特殊结构。除了少数基膜和纤毛外，其余特殊结构只能在电镜下观察到（图 1-10 ~ 图 1-13）。

（一）上皮细胞的游离面

1. 微绒毛 是上皮细胞的细胞膜和细胞质共同向游离面伸出的微细指状突起，中轴由纵行的微丝构成，直径为 0.1 ~ 0.3μm，在电镜下能辨认。微绒毛扩大了细胞的表面积，有利于细胞对物质进行吸收。在光学显微镜下观察到小肠上皮细胞的纹状缘就是由密集的微绒毛排列而成的。

2. 纤毛 是上皮细胞的细胞膜和细胞质共同向游离面伸出的较长而粗的指状突起，其中轴由微管组成，长 5 ~ 10μm，直径为 0.3 ~ 0.5μm。纤毛比微绒毛粗、长，在光学显微镜下清晰可见。纤毛能节律性定向摆动，有利于将分泌物等排出。呼吸道腔面是假复层纤毛柱状上皮，其上皮细胞表面的纤毛定向摆动，可将分泌物以及黏附在表面的灰尘、细菌等异物排出。

（二）上皮细胞的侧面

1. 紧密连接 又被称为闭锁小带或封闭连接，在上皮细胞侧面顶端靠近游离面处，由相邻细胞侧面的细胞膜呈间断性融合。紧密连接可以阻挡物质通过细胞间隙，具有连接和屏障作用。

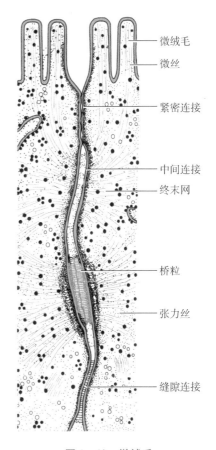

图 1-10 微绒毛

2. 中间连接 又称黏着小带，在紧密连接的深面，相邻细胞间隙内致密的丝状物连接相邻的细胞膜，该处细胞质内有微丝。中间连接具有连接作用，并保持细胞形态和传递细胞收缩力，也见于心肌细胞间的连接。

3. 桥粒 又称黏着斑，呈纽扣状或斑块状，大小不一，在中间连接的深面。桥粒是一种非常牢固的连接，在容易受摩擦的皮肤、食管等处的复层扁平上皮中尤为发达。

4. 缝隙连接 又称通讯连接，呈斑点状，位于桥粒的深部。由相邻细胞膜间有许多分布规律的小管通连，使细胞能够相互沟通，起到细胞间离子交换和信息传递的作用，从而协调细胞间的功能。

以上 4 种细胞连接，不仅存在于上皮组织，也存在于其他三种基本组织的细胞间。如果同时存在两种或者两种以上的细胞连接，即可成为连接复合体。

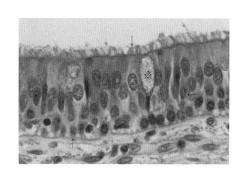

图 1-11 气管黏膜上皮光镜图

↓纤毛柱状细胞；※ 杯状细胞；

←梭形细胞；↑锥形细胞

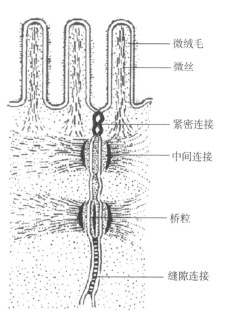

图 1-12 细胞连接

（三）上皮细胞的基底面

1. 基膜 是上皮基底面与深部结缔组织共同形成的一层薄膜，是一种半透膜，具有支持、连接和固着作用。利于上皮组织与结缔组织之间进行物质交换，引导上皮细胞移动并影响细胞分化。

2. 质膜内褶 是上皮细胞基底面的细胞膜向细胞质内陷形成的皱褶，从而使基底面的表面积扩大，加快水和电解质的转运。质膜内褶之间的胞质内含有大量线粒体，能够提供转运过程中需要的能量。

3. 半桥粒 是上皮细胞基底面细胞膜与基膜之间形成的半个桥粒结构。半桥粒能够加强上皮细胞与基膜之间的连接。

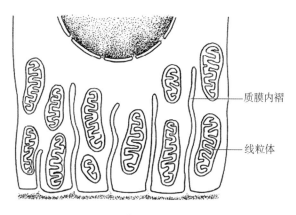

图 1-13 质膜内褶超微结构模式图

第二节 结缔组织

PPT

结缔组织（connective tissue）由少量细胞和大量细胞外基质组成。结缔组织与上皮组织相比具有以下特点：①细胞量少，种类多，细胞散在分布在细胞外基质内，无极性；②细胞外基质丰富，包括基质、纤维以及组织液；③不直接与外界环境接触，被称为内环境组织；④来源于胚胎时期间充质。

结缔组织在体内分布最广泛且形式多样，具有支持、连接、保护、营养、防御和修复等功能。根据结构功能特点，广义的结缔组织包括凝胶状的固有结缔组织、固态的软骨和骨组织以及液态的血液；狭义的结缔组织仅指固有结缔组织，包括疏松结缔组织、致密结缔组织、脂肪组织和网状组织。

一、固有结缔组织

（一）疏松结缔组织

疏松结缔组织又称蜂窝组织（图1-14），广泛分布于各器官间、组织间和细胞间。由多种细胞和大量细胞外基质组成，纤维少且排列疏松，基质多，具有连接、支持、营养、防御和修复等功能。

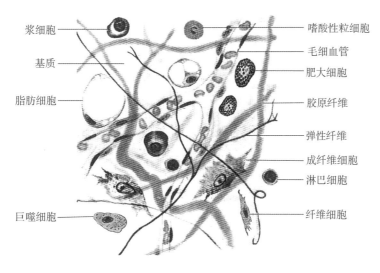

图1-14　疏松结缔组织

1. 细胞　包括成纤维细胞、巨噬细胞、浆细胞、肥大细胞、脂肪细胞、未分化间充质细胞和白细胞等。

（1）成纤维细胞　是疏松结缔组织中最主要的细胞，数量最多，细胞扁平，有突起，常附着在胶原纤维上。光镜下，细胞质均匀一致呈弱嗜碱性，细胞轮廓常显示不清；细胞核大，染色浅，核仁明显。电镜下，细胞质内有丰富的与蛋白质合成相关的细胞器，如粗面内质网、高尔基复合体和游离核糖体，因此能合成大量的蛋白质，如胶原蛋白和弹性蛋白，组装后可形成胶原纤维、弹性纤维和网状纤维。其主要功能是合成结缔组织中的3种纤维和基质。

当成纤维细胞功能处于静止状态时，称为纤维细胞。细胞呈长梭形、体积小，细胞核小而细长，着色深，细胞质少呈嗜酸性。在创伤等情况下，纤维细胞可以再次转为成纤维细胞，促进组织损伤修复。

（2）巨噬细胞（图1-15）　又称组织细胞，是体内广泛存在的一种免疫细胞，来源于血液中的单核细胞。巨噬细胞形态多样，一般为圆形、椭圆形或不规则形，随功能状态不同而改变，功能活跃时，可呈多突起形。细胞核较小，呈圆形或肾形，染色较深。细胞质丰富，呈嗜酸性，内有许多空泡或颗粒。巨噬细胞主要有吞噬、抗原提呈和分泌功能。电镜下可见细胞表面有许多皱褶、微绒毛和少数球状隆起，细胞质内含大量的溶酶体、吞噬体、吞饮泡和残余体，以及数量不等的粗面内质网、高尔基复合体和线粒体。

（3）浆细胞（图1-16）　又称效应B淋巴细胞，由B淋巴细胞分化而成。在光镜下，浆细胞呈圆形或卵圆形，细胞核圆形，多偏于一侧，染色质凝聚成粗条块状，靠近核膜呈辐射状分布，形似车轮状；细胞质丰富，呈强嗜碱性，核旁有一浅染区。在电镜下，细胞质内含有丰富的粗面内质网和发达的高尔基复合体。浆细胞能合成和分泌抗体，参与体液免疫应答。

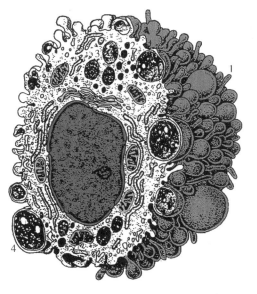

图1-15 巨噬细胞电镜结构模式图

1. 微绒毛；2. 初级溶酶体；3. 次级溶酶体；

4. 吞噬体；5. 残余体

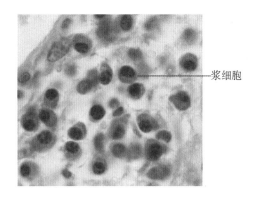

图1-16 浆细胞

（4）肥大细胞（图1-17）　来源于骨髓的嗜碱性粒细胞祖细胞，通过血液循环迁移到全身结缔组织内，分化成熟后可生存数月。肥大细胞大多成群或散在于淋巴管和小血管周围。细胞较大，呈圆形或椭圆形；细胞核小且圆，位于中央；细胞质内充满嗜碱性颗粒。颗粒内含有白三烯、组胺、肝素和嗜酸性粒细胞趋化因子等，其中白三烯、组胺等能使毛细血管扩张、通透性增强，并使支气管平滑肌收缩，引起过敏反应。肝素有抗凝血作用；嗜酸性粒细胞趋化因子能够吸引嗜酸性粒细胞聚集于局部，限制肥大细胞在过敏反应中的作用。

（5）脂肪细胞（图1-18）　单个或成群分布，细胞大，呈圆形或多边形，细胞质内含一个大脂滴，细胞质和细胞核被挤到细胞边缘，细胞核呈扁圆形，位于细胞的一侧。在HE染色的标本中，脂滴被溶解呈空泡状。脂肪细胞具有合成、贮存脂肪，参与脂类代谢的功能。

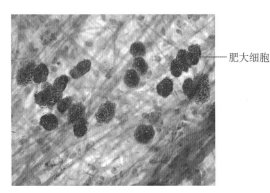

图1-17 肥大细胞

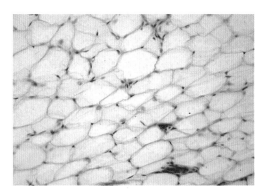

图1-18 脂肪细胞

（6）未分化间充质细胞　分布广泛，多在小血管周围，形态上与纤维细胞相似，很难区分。未分化间充质细胞是在成体的结缔组织内的干细胞，具有增殖和分化的潜能。在机体炎症状态或创伤修复时，该细胞可分化为成纤维细胞、平滑肌细胞和血管内皮细胞等，参与结缔组织和小血管修复。

（7）白细胞　血液中的白细胞常游走到疏松结缔组织内，发挥防御功能。

2. 纤维

（1）胶原纤维　数量最多，新鲜时呈白色，故又称白纤维。HE 染色呈嗜酸性，呈波浪形，有分支并交织成网。电镜下，由胶原原纤维平行排列构成，胶原原纤维由大量 Ⅰ 型胶原蛋白分子有规律地聚合而成。胶原纤维具有强韧性，抗拉力强。

（2）弹性纤维　新鲜时呈黄色，又称黄纤维，折光性较强，HE 染色呈亮红色，醛复红能将其染成紫色。弹性纤维较细有分支，表面光滑，末端常卷曲。电镜下，由中央的弹性蛋白和外周的微原纤维构成。弹性纤维富有弹性而韧性差，与胶原纤维交织在一起，使疏松结缔组织既有弹性又有韧性。

（3）网状纤维　分支多、细，交织成网。HE 染色与胶原纤维一样呈淡红色，故难以分辨；银染呈黑色（图 1 - 19），故又称嗜银纤维。由 Ⅲ 型胶原蛋白构成，在纤维表面有较多的蛋白多糖和糖蛋白。网状纤维主要分布于上皮基膜的网板，还构成骨髓、淋巴组织、淋巴器官以及内分泌腺的支架。

3. 基质　是一种无色透明的无定型胶状物，具有一定黏性，孔隙中充满组织液，基质主要由蛋白聚糖和纤维黏连蛋白组成。聚糖分子中主要是透明质酸，可以阻止大分子物质、细菌等侵入机体，具有防御屏障作用。细胞通过基质生物大分子与纤维相连，使结缔组织在结构和功能上统一。

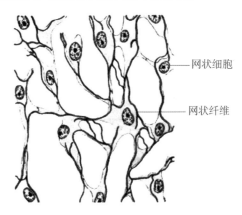

网状细胞

网状纤维

图 1 - 19　网状纤维

（二）致密结缔组织

致密结缔组织是一种以纤维成分为主的固有结缔组织，以纤维粗大且排列紧密、细胞种类少为特点，具有支持、连接和保护的功能。绝大多数致密结缔组织含有胶原纤维，少数含有弹性纤维，按照纤维的性质和排列方式，可分为规则致密结缔组织、不规则致密结缔组织和弹性组织。

1. 规则致密结缔组织　主要由大量胶原纤维平行排列成束，主要构成肌腱、肌膜和韧带（图 1 - 20）。

2. 不规则致密结缔组织　主要由粗大的胶原纤维纵横交织形成，主要构成巩膜、真皮、内脏器官被膜等（图 1 - 21）。

3. 弹性组织　主要由大量弹性纤维平行排列成束，如项韧带和黄韧带。

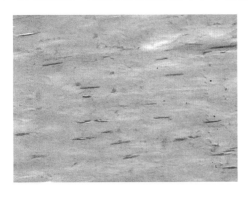

图 1 - 20　规则致密结缔组织

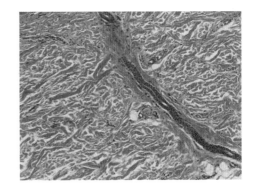

图 1 - 21　不规则致密结缔组织

（三）脂肪组织

脂肪组织（图 1 - 22）是由大量脂肪细胞聚集而成的，被疏松结缔组织分隔成许多小叶。脂肪组织主要分布于皮下、网膜、心、肾等处，具有存储脂肪、保护脏器、参与脂肪代谢和维持体温的功能。

（四）网状组织

网状组织（图1-23）是由网状细胞和网状纤维构成的。网状细胞是有突起的星形细胞，细胞突起相互连接成网。细胞核大，呈圆形或卵圆形，染色浅，核仁明显；细胞质较多，粗面内质网丰富。网状纤维由网状细胞产生，交错分支，连接成网，是网状细胞的支架。网状组织不单独存在于人体内，而是构成淋巴组织和造血组织的支架，为淋巴细胞的发育、血细胞的发生提供适宜的微环境。

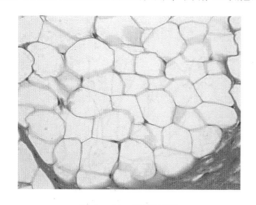

图1-22 脂肪组织

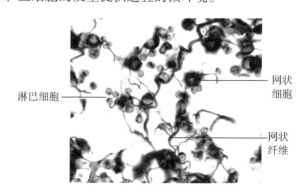

淋巴细胞

网状细胞

网状纤维

图1-23 网状组织

二、软骨与骨

软骨和骨组成了人体的骨骼系统，分别由软骨组织和骨组织为主要成分构成。软骨组织和骨组织是高度特化的结缔组织，其细胞外基质为固体状态，而且功能差异主要与细胞外基质中基质和纤维成分的性质和比例有关。略有弹性，能承受压力和摩擦力，具有运动、支持和一定的保护功能。

（一）软骨和软骨组织

软骨由软骨组织和软骨膜构成。软骨组织主要由软骨细胞、纤维和软骨基质构成。

1. 软骨细胞　软骨组织周边部的软骨细胞幼稚，呈扁圆形，单个分布；越近中央，细胞越成熟。成熟的软骨细胞位于软骨陷窝内，近圆形，常成群分布形成同源细胞群。在光镜下，成熟的软骨细胞核小，呈圆形或卵圆形，染色浅，细胞质嗜酸性。在电镜下，软骨细胞膜突起和皱褶较多，胞质内含有丰富的粗面内质网和高尔基体，可见较多的糖原和脂滴。软骨细胞具有合成和分泌软骨基质和纤维的功能。

2. 软骨膜　为包被在软骨表面（除关节软骨）的薄层致密结缔组织，与周围结缔组织相延续，分内、外两层。软骨膜外层纤维多，致密，主要起保护作用；软骨膜内层细胞和血管多，较疏松，对软骨组织起营养和保护作用。

根据软骨基质内含有的纤维的不同，可以将软骨分为透明软骨、弹性软骨、纤维软骨三类。

1. 透明软骨（图1-24）　新鲜时呈半透明状，主要分布于肋软骨、关节软骨、呼吸道软骨等处，透明软骨的主要纤维成分是胶原原纤维（主要由Ⅱ型胶原蛋白组成），由于胶原原纤维纤细，其折光率与基质的折光率相近，故在光镜下难以区分。透明软骨具有较强的抗压性，有一定的弹性和韧性，但在外力的作用下，较其他类型软骨更容易断裂。

2. 弹性软骨（图1-25）　新鲜时呈黄色，主要分布于

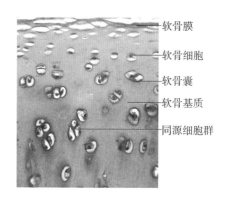

软骨膜

软骨细胞

软骨囊

软骨基质

同源细胞群

图1-24 透明软骨

耳郭、会厌等处，主要纤维成分是弹性纤维，具有较强的弹性。

3. 纤维软骨（图 1－26） 新鲜时呈不透明乳白色，主要分布于椎间盘、关节盘、耻骨联合等处，纤维成分主要是大量胶原纤维束，具有很强的韧性，有抗压力和摩擦力的功能。

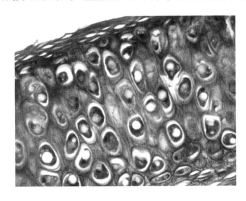

图 1－25　弹性软骨

图 1－26　纤维软骨

（二）骨和骨组织

骨由骨组织、骨膜、骨髓等构成，具有支撑软组织、构成关节参与身体的运动及保护某些重要器官等作用。骨组织与钙、磷代谢密切相关，是人体重要的"钙磷库"，体内99%以上的钙和85%的磷存于骨组织内。同时骨也是血细胞的发生部位。

1. 骨组织的基本结构 骨组织由细胞和骨基质（骨质）构成，是一种坚硬且具有一定韧性的结缔组织，是骨的结构主体。

（1）骨组织的细胞　主要有骨祖细胞、成骨细胞、骨细胞和破骨细胞4种。前3种实质上是骨形成细胞的不同分化和功能状态；破骨细胞的来源不同，主要参与骨的吸收（图 1－27）。

1）骨祖细胞　位于骨膜内，是骨组织的干细胞，能够分化为成骨细胞。在光镜下，骨祖细胞小，呈梭形，细胞质呈弱嗜碱性。

2）成骨细胞　位于骨组织的表面。在光镜下，成骨细胞呈矮柱状，细胞核大而圆，胞质嗜碱性。成骨细胞能合成和分泌骨基质的有机成分，称为类骨质。类骨质中逐渐有钙盐沉积，转变成骨基质，而成骨细胞被包埋入骨基质中，转变为骨细胞。

3）骨细胞　是含量最多的细胞，包埋在骨基质中。胞体小，呈扁椭圆形，胞体所在的腔隙称为骨陷窝，胞体伸出多个细长突起，突起所在的腔隙称为骨小管。骨陷窝通过骨小管彼此连通，形成了骨组织内部物质运输的通

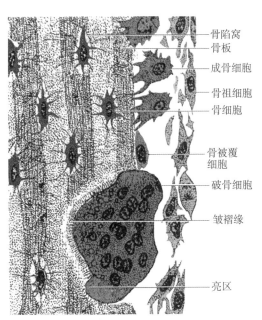

图 1－27　骨组织中各种细胞结构模式图

道。骨细胞是由成骨细胞转变而来，有一定成骨作用和溶骨作用，对骨基质的维持和更新有重要作用，并能参与调节钙、磷的代谢。

4）破骨细胞　分布在骨组织的表面，来源于骨髓，是由多个单核细胞融合而成的一种多核巨细胞。破骨细胞有许多个细胞核，胞质嗜酸性，具有溶解和吸收骨基质的作用，即破骨作用。

成骨细胞和破骨细胞在激素的作用下，共同参与骨的生长和改建。

（2）骨基质　是骨组织中钙化的细胞外基质，可简称为骨质。主要由具有韧性的有机成分和与骨质硬度有关的无机成分组成。其中，有机成分包括大量胶原纤维和少量基质；无机成分又称为骨盐，占骨组织干重的65%，主要是钙、磷和镁等，骨盐含量会随着年龄增加而增加。

2. 长骨的结构　长骨是骨的种类中结构最为复杂的一种，由骨松质、骨密质、骨髓、骨膜、血管以及神经等构成。

（1）骨松质　主要分布于长骨两端的骨骺及骨干的内侧面，其骨质排列疏松，呈海绵状，由许多片状或针状的骨小梁交织形成。

（2）骨密质　分布于长骨骨干和骨骺外侧面。骨密质内的骨板排列紧密，且有规则。根据骨板排列方式分为3类。

1）环骨板　环绕于长骨干的外侧面及近骨髓腔的内侧面的骨板，构成骨密质的外层和内层，分别称为外环骨板及内环骨板。外环骨板较厚，数层到十多层整齐地环绕骨干排列；内环骨板较薄，仅由数层骨板组成，排列不甚规则。外环骨板及内环骨板均有横向穿越的小管，称穿通管，内含血管、神经和结缔组织，连通相邻骨单位的中央管。

2）骨单位　又称哈弗斯系统，数量最多。骨单位位于内、外环骨板之间，呈圆筒状，由4～20层呈同心圆排列的骨板（哈弗斯骨板）围成。各层骨板内或骨板之间有骨细胞。骨细胞的突起经骨小管穿越骨板相互连接。骨单位的中轴有一中央管，或称哈弗斯管，含有结缔组织、血管和神经等。长骨骨干是由大量的骨单位组成的，骨单位是长骨骨干内起主要支持作用的结构单位。

3）间骨板　是位于骨单位之间或骨单位与环骨板之间的骨板，是一些大小和形状不规则的骨板聚集体，是骨生长和改建过程中哈弗斯骨板成环骨板未被吸收的残留部分。

（3）骨膜　除关节面以外，骨的内外表面均有结缔组织膜覆盖，分别称为骨内膜和骨外膜。骨膜内含有丰富的血管、神经，深部有骨祖细胞，骨祖细胞有成骨和成软骨的双重潜在能力，骨膜的主要作用在于营养骨组织，并对骨的生长及修复有重要作用（图1-28）。

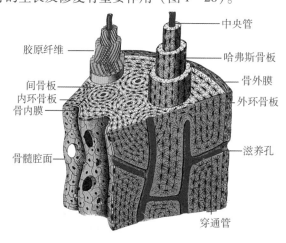

图 1-28　长骨骨干立体结构模式图

3. 骨的发生　有两种方式，即膜内成骨和软骨内成骨。

（1）膜内成骨　是指由间充质先形成结缔组织薄膜，在膜上最早形成骨的部位称为骨化中心，由间充质细胞分化为骨祖细胞，再进一步分化为成骨细胞，成骨细胞包埋于类骨质后转化为骨细胞，类骨质钙化形成骨组织，如顶骨、额骨的发生。

（2）软骨内成骨　是人体大多数骨的发生方式。先由间充质形成软骨的雏形后，再逐渐将其替换成骨。替换的顺序是先中段后两端，中段形成骨干，两端形成骨骺。骨干和骨骺的中空形成骨髓腔。骨干、骨骺之间保留的骺板则为骨加长的生长基础。

三、血液

血液是循环流动于心血管内的液态结缔组织，约占体重的7%，成人约5L。血液由55%的血浆和45%的血细胞组成。将血液从血管抽取出来，加入适量抗凝剂后静置或离心沉淀后，观察发现血液可分成三层：上层为淡黄色的血浆，中间层呈灰白色的是白细胞和血小板，下层呈深红色的是红细胞（图1-29）。

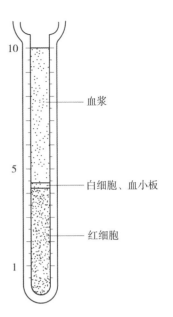

图1-29 血液分层

（一）血浆

血浆相当于细胞外基质，各类血细胞悬浮在液态的血浆中。血浆呈淡黄色，其中大约90%是水，其余为血浆蛋白（白蛋白、球蛋白、纤维蛋白原等）、脂蛋白、无机盐等。血清是血液流出血管后，血浆中的纤维蛋白原转变为不溶解的纤维蛋白，并网络血细胞凝成血块，同时析出的淡黄色透明液体。血清中不含纤维蛋白原。

（二）血细胞

血细胞由红细胞、白细胞和血小板组成。临床上通常将血液制成血涂片用瑞特染色或吉姆萨染色，在光镜下观察血细胞分类（图1-30）及计数。

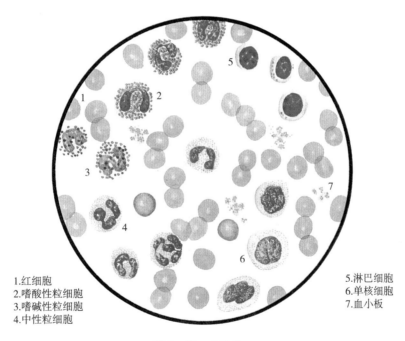

1.红细胞
2.嗜酸性粒细胞
3.嗜碱性粒细胞
4.中性粒细胞

5.淋巴细胞
6.单核细胞
7.血小板

图1-30 血涂片

红细胞：男 $(4.0 \sim 5.5) \times 10^{12}/L$

　　　　女 $(3.5 \sim 5.0) \times 10^{12}/L$

　　　　新生儿 $(6 \sim 7) \times 10^{12}/L$

白细胞：$(4.0 \sim 10.1) \times 10^{9}/L$

血小板：$(100 \sim 300) \times 10^{9}/L$

1. 红细胞（RBC） 成人红细胞的正常值，男性为 $(4.0 \sim 5.5) \times 10^{12}/L$，女性为 $(3.5 \sim 5.0) \times 10^{12}/L$。在扫描电镜下，红细胞呈双凹圆盘状，直径约为 $7.5 \mu m$，中央较薄，边缘较厚。因此在血涂片中，红细胞中央部呈浅红色，周缘着色深。成熟的红细胞无细胞核、无细胞器、细胞质内充满血红蛋白（hemoglobin，Hb）。

正常成人血液中血红蛋白含量，男性为 120 ~ 150g/L，女性为 110 ~ 140g/L。血红蛋白为有色的含铁蛋白质，可以结合和运输氧气与二氧化碳。由于血红蛋白具有这种功能，红细胞就能提供给全身组织和细胞所需要的氧。血红蛋白对一氧化碳的亲和力比氧气强，而且不容易分离，如果空气中的一氧化碳较多，血红蛋白与大量一氧化碳结合后，即不能再与氧气结合，从而出现缺氧或窒息，严重时可导致死亡，常见于煤气中毒。

红细胞和血红蛋白的数量可能因为生理或者病理原因发生改变。一般情况下，当红细胞数少于 $3 \times 10^{12}/L$ 或血红蛋白低于 100g/L 时，称贫血。

红细胞的平均寿命约为 120 天。衰老的红细胞被脾、肝和骨髓等处的巨噬细胞吞噬分解，同时由红骨髓生成同等数量的红细胞进入血液，以维持血液中红细胞数量的相对稳定。

2. 白细胞（WBC） 正常成人血液中白细胞为（4 ~ 10）$\times 10^9/L$。白细胞是有核的球形细胞，能通过毛细血管壁进入周围组织，从而发挥免疫和防御功能。

根据白细胞胞质内有无特殊颗粒，分为有粒白细胞和无粒白细胞，有粒白细胞简称为粒细胞。又根据特殊颗粒的染色特性，将有粒白细胞进一步分为中性粒细胞、嗜酸性粒细胞和嗜碱性粒细胞三种，无粒白细胞分为单核细胞和淋巴细胞两种。

（1）中性粒细胞（图 1-31）　占白细胞总数的 50% ~ 70%，是白细胞中数量最多的一种，呈球形，直径 10 ~ 12μm。细胞核为杆状或分叶状，细胞核常分 2 ~ 5 叶，无核仁。中性粒细胞的胞质染成淡红色，细胞质有许多细小的颗粒。在电镜下又可分为两种：特殊颗粒较小，染为浅红色，约占 80%；嗜天青颗粒较大，染为浅紫色，约占 20%。中性粒细胞具有吞噬、杀菌功能，在机体中有重要的防御作用，当机体受到细菌感染时，中性粒细胞数量增加。

（2）嗜酸性粒细胞（图 1-32）　占白细胞总数的 0.5% ~ 3%。细胞呈球形，直径 10 ~ 15μm。核多为两叶，胞质内充满粗大、分布均匀的嗜酸性颗粒，染成橘红色。在电镜下，颗粒呈圆形或椭圆形，有膜包被，内含长方形结晶体。颗粒是一种特殊的溶酶体，除含一般溶酶体酶外，还含有阳离子蛋白、组胺酶和芳基硫酸酯酶。嗜酸性粒细胞可吞噬抗原抗体复合物，具有抗过敏和杀灭寄生虫等作用。

（3）嗜碱性粒细胞（图 1-33）　占白细胞总数的 0% ~ 1%，是白细胞中数量最少的。细胞呈球形，直径 10 ~ 12μm。细胞核常分叶，呈 S 形或不规则形，着色较浅。胞质内含有大小不等、分布不均、染成蓝紫色的嗜碱性颗粒，常可掩盖细胞核。颗粒内含肝素、组胺和嗜酸性粒细胞趋化因子，胞质中含白三烯。肝素具有抗凝血作用，组胺、白三烯参与过敏反应。因此，嗜碱性粒细胞具有抗凝血和参与过敏反应功能。

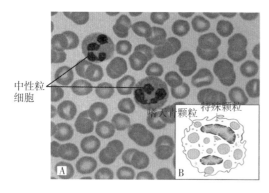

图 1-31　中性粒细胞

A. 油镜图（瑞特染色）；B. 电镜模式图

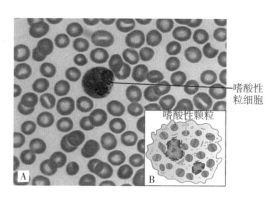

图 1-32　嗜酸性粒细胞

A. 油镜图（瑞特染色）；B. 电镜模式图

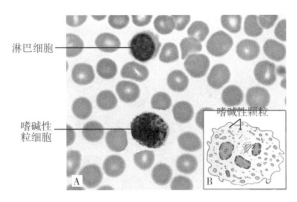

图 1－33 嗜碱性粒细胞

A. 油镜图（瑞特染色）；B. 电镜模式图

（4）单核细胞（图 1－34） 占白细胞总数的 3%～8%，是白细胞中体积最大的细胞，细胞呈球形，直径 14～20μm。胞质丰富，弱嗜碱性，呈灰蓝色，含较多细小的嗜天青颗粒；胞核呈肾形、马蹄形或不规则形，染色质呈细网状，着色浅。单核细胞具有活跃的变形能力和趋化性，可穿越血管壁进入全身结缔组织或其他组织中后分化为巨噬细胞，单核细胞及由其分化而来的具有吞噬能力的各种巨噬细胞共同构成单核吞噬细胞系统。

（5）淋巴细胞（图 1－35） 占白细胞总数的 20%～30%，成人血液中淋巴细胞呈球形，大小不等，分大、中、小 3 类，核质比较大，胞核圆形，一侧常有一小凹陷；胞质嗜碱性，染成蔚蓝色。

淋巴细胞根据来源、表面标志和功能，可分为三类。①胸腺依赖淋巴细胞（T 细胞）：从骨髓产生在胸腺内分化发育成熟，约占血液淋巴细胞总数的 75%，参与细胞免疫应答，具有调节特异性免疫应答的作用。②骨髓依赖淋巴细胞（B 细胞）：在骨髓内产生并分化成熟，占 10%～15%，受抗原刺激后增殖分化为浆细胞，产生抗体，介导体液免疫应答，具有调节特异性免疫应答的作用。③自然杀伤细胞（NK 细胞）：产生于骨髓，约占 10%，能非特异性地杀伤靶细胞，发挥抗肿瘤和抗病毒感染作用。

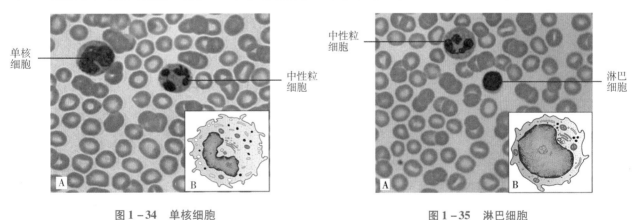

图 1－34 单核细胞

A. 油镜图（瑞特染色）；B. 电镜模式图

图 1－35 淋巴细胞

A. 油镜图（瑞特染色）；B. 电镜模式图

3. 血小板（Plt） 是从骨髓巨核细胞中脱落下来的胞质小块，体积小，无细胞核，呈双凸圆盘状，直径 2～4μm。在血涂片上，血小板形态不规则，常聚集成群，分布在血细胞之间，血小板中央有蓝紫色颗粒，称颗粒区；周围部呈均质浅蓝色，称透明区。血小板具有凝血和止血功能，此外，血小板在保护血管内皮、参与内皮修复、防止动脉粥样硬化等方面也有作用。

血小板的正常寿命为 7～14 天，正常值为（100～300）×10^9/L。血小板数量低于 100×10^9/L，为血小板减少症；低于 50×10^9/L 则有自发出血的风险，此时微小创伤或仅血压升高也能使皮肤和黏膜下出现瘀点，甚至出现大块紫癜（图1-36）。

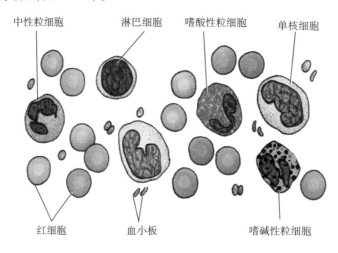

图1-36 血小板

（三）血细胞发生

血液中的血细胞都有一定的寿命，如红细胞的平均寿命为120天；血小板为7~14天；白细胞的寿命长短不一，有的仅有数小时。血液中的血细胞每天都在衰老或死亡，同时又有新生成的血细胞进行补充，从而保证血细胞的动态平衡。

血细胞的生成场所是造血器官，胚胎时期的卵黄囊、脾等，出生后的红骨髓都是主要的造血器官。

血细胞的发生是造血干细胞经增殖分化，直接成为各类成熟血细胞的过程及先增殖、分化成各类血细胞的祖细胞，然后再定向增殖，分化成各种成熟的血细胞。目前已经确认的造血祖细胞有红细胞系造血祖细胞、粒细胞-单核细胞系造血祖细胞和巨核细胞系造血祖细胞。

各种血细胞的发生大约分为原始阶段、幼稚阶段和成熟阶段三个阶段。其中，幼稚阶段又可分为早、中、晚三期。在各系血细胞的发生过程中其形态演变有着共同的变化规律（图1-37）。

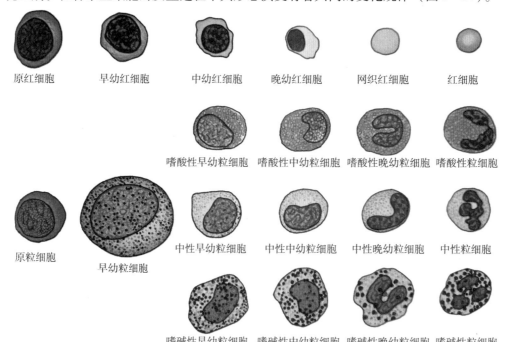

图1-37 血细胞发生示意图

1. 细胞胞体由大逐渐变小，但巨核细胞是由小逐渐变大。

2. 细胞核由大逐渐变小，红细胞核最终消失，但巨核细胞核由小变大呈分叶状。

3. 细胞质由少变多，嗜碱性逐渐减弱，胞质内特化的功能物质由无到有，并逐渐增加，但单核细胞和淋巴细胞仍保持嗜碱性。

4. 细胞的分裂能力从有到无，但成熟的淋巴细胞仍然具有很强的潜在分裂能力。

PPT

第三节　肌组织

肌组织（muscle tissue）主要由肌细胞和肌细胞之间少量的结缔组织、血管、淋巴管和神经构成。因肌细胞呈细长纤维状，故又称肌纤维。肌纤维的细胞膜称肌膜，细胞质称肌质，滑面内质网称肌质网。肌质内含有的大量肌丝，是肌纤维收缩和舒张的物质基础。根据肌纤维的结构和功能特点，将肌组织分为骨骼肌、心肌和平滑肌。骨骼肌和心肌的肌纤维都有明暗相间的横纹，均属横纹肌；平滑肌无横纹，属非横纹肌。骨骼肌的活动受意识支配，属随意肌；而心肌和平滑肌的活动不受意识控制，属不随意肌。

一、骨骼肌

骨骼肌（skeletal muscle）一般借肌腱附着于骨骼（眼和口周围的表情肌以及食管壁的骨骼肌除外）。每块肌周围包裹着致密结缔组织，称肌外膜；肌外膜的结缔组织伸入肌内，将其分隔成大小不等的肌束，分隔包绕每一肌束的结缔组织称肌束膜；肌束由若干平行排列的肌纤维组成，包绕在每一条肌纤维周围的结缔组织称肌内膜。结缔组织内有丰富的血管和神经，对骨骼肌起支持、营养和保护作用（图1-38）。

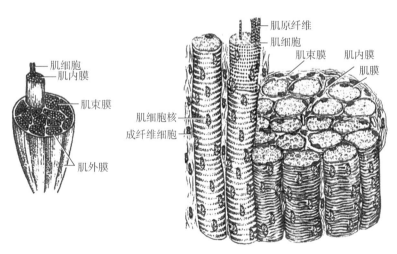

图1-38　骨骼肌结构模式图

（一）骨骼肌纤维的光镜结构

骨骼肌纤维呈长圆柱形，细胞核呈扁椭圆形，染色质较少，着色较浅，每条骨骼肌纤维可有几十个甚至几百个核，紧靠肌膜分布。肌质内有丰富的肌原纤维，呈细丝状，沿细胞长轴平行排列。每条肌原纤维上都有相间排列的明带（I带）和暗带（A带），各条肌原纤维的明带和暗带均准确地排列在同一平面上，因此使骨骼肌肌纤维呈现出明暗相间的横纹（图1-39）。用油镜观察，暗带中央有一条浅色窄带，称H带，H带中央有一条深色的M线。明带中央有一条深色的Z线。相邻两条Z线之间的一段肌原纤维称肌节，每个肌节由1/2 I 带 + A 带 + 1/2 I 带组成（图1－40），是骨骼肌纤维收缩和舒张的基本结构与功能单位。骨骼肌纤维的横断面呈圆形或多边形，大小较一致，可见多个核，均紧贴于肌膜，肌原纤维呈点状（图1－39）。肌膜外有基膜贴附，二者之间有肌卫星细胞。当肌纤维损伤时，肌卫星细胞可增殖分化，参与肌纤维的修复。

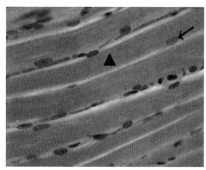
纵切面

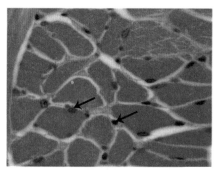
横切面

图1－39　骨骼肌纵、横切面光镜图（油镜）
▲骨骼肌纤维；→骨骼肌细胞核

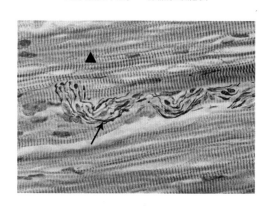

图1－40　骨骼肌光镜图（Giemsa 染色）（油镜）
▲骨骼肌纤维；→神经纤维

（二）骨骼肌纤维的超微结构

1. 肌原纤维　肌原纤维由粗、细肌丝平行排列构成。粗肌丝位于肌节的 A 带，中央借 M 线固定，两端游离。细肌丝位于 Z 线的两侧，一端固定于 Z 线，另一端游离，插入粗肌丝之间，直达 H 带的外缘。因此，I 带内只有细肌丝，H 带内只有粗肌丝，而除 H 带以外的 A 带内既有粗肌丝又有细肌丝。在肌原纤维横切面上，可见一条粗肌丝周围均匀排列着 6 条细肌丝，而一条细肌丝周围只有 3 条粗肌丝（图1－41）。

（1）粗肌丝　位于 A 带，中央固定于 M 线，由大量肌球蛋白分子平行排列，集合成束而成（图1－42）。肌球蛋白形似豆芽状，分为头和杆两部分，头部似豆瓣，突出于粗肌丝的表面，称横桥。肌球蛋白的头部具有 ATP 酶的活性以及与肌动蛋白结合的能力，当头部与细肌丝的肌动蛋白接触时，ATP 酶被激活，分解 ATP 产生能量，横桥发生屈伸运动，牵拉细肌丝滑动。

（2）细肌丝　一端固定于 Z 线，另一端插入粗肌丝之间，止于 H 带外侧，由肌动蛋白、原肌球蛋白和肌钙蛋白组成（图1－42）。肌动蛋白是细肌丝的结构蛋白，由许多球形单体相互连接成串珠状，并缠绕成双股螺旋链。每个肌动蛋白单体都有一个能与肌球蛋白分子横桥相结合的位点，该结合位点在肌纤维处于非收缩状态时被原肌球蛋白掩盖。原肌球蛋白由双股螺旋多肽链组成，嵌于肌动蛋白双股螺

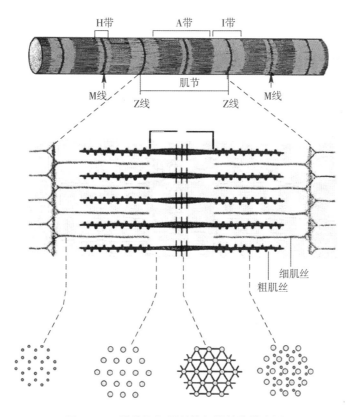

图 1-41 骨骼肌肌原纤维超微结构模式图

旋链的浅沟内。肌钙蛋白由三个球形亚单位组成，分别简称为 TnC、TnI 和 TnT。TnC 是能与 Ca^{2+} 相结合的亚单位。TnI 是抑制肌动蛋白和肌球蛋白相互作用的亚单位。TnT 是和原肌球蛋白相结合的亚单位。

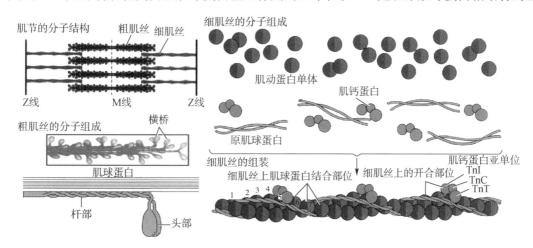

图 1-42 粗、细肌丝分子结构模式图

2. 横小管 肌膜垂直于肌纤维长轴向肌浆内凹陷形成的管状结构称横小管，又称 T 小管（图 1-42）。人和哺乳类动物骨骼肌纤维的横小管位于明、暗带交界处，同一水平面的横小管在细胞内分支吻合，环绕每条肌原纤维。横小管的功能是将肌膜的兴奋快速地传到肌纤维内部，引起同一条肌纤维上每个肌节的同步收缩。

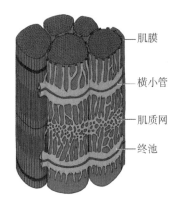

图 1-43　骨骼肌纤维超微结构立体模式图

肌膜
横小管
肌质网
终池

3. 肌质网　即滑面内质网，位于相邻两条横小管之间。呈管状纵行包绕在肌原纤维周围的部分称纵小管，纵小管的末端在靠近横小管处膨大为扁囊状的部分称终池。每条横小管及其两侧的终池共同组成三联体（图 1-43），这是将兴奋从肌膜传递至肌质网膜的部位。肌质网膜上有钙泵（一种 ATP 酶），可将肌质中的 Ca^{2+} 泵入肌质网内储存，以调节肌质内的 Ca^{2+} 浓度。

二、心肌

心肌（cardiac muscle）由心肌纤维构成，其间有结缔组织、血管和神经。主要分布于心壁和邻近心脏的大血管根部壁上。心肌纤维收缩具有自动节律性，缓慢而持久，不易疲劳。

（一）心肌纤维的光镜结构

心肌纤维呈短柱状，有分支，相互连接成网。心肌纤维有 1~2 个核，位于细胞中央，呈卵圆形，染色较浅。核两端肌质较丰富，内含线粒体、糖原、少量脂滴和脂褐素。心肌纤维也有明暗相间的横纹，但不如骨骼肌明显。相邻心肌纤维的连接处称为闰盘，呈着色较深的横行或阶梯状的细线，与肌纤维长轴垂直。心肌纤维之间的结缔组织和血管较多。心肌纤维的横断面大小不等，部分断面可见核，位于细胞中央（图 1-44，图 1-45）。

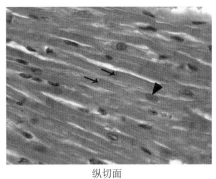
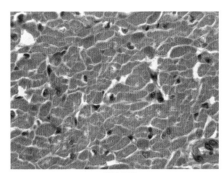

纵切面　　　　　　　　　　横切面

图 1-44　心肌纵、横切面光镜图（油镜）

→闰盘；▲心肌细胞核

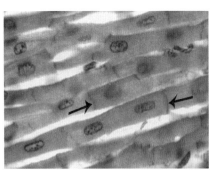
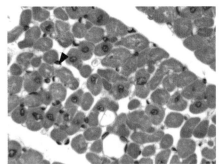

纵切面　　　　　　　　　　横切面

图 1-45　心肌光镜图碘酸钠－苏木精染色（油镜）

→闰盘；▲毛细血管

（二）心肌纤维的超微结构

心肌纤维和骨骼肌纤维有相似的超微结构特点（图 1 – 46）：①心肌纤维也有粗、细两种肌丝，它们在肌节内的排列与骨骼肌相同；②有肌质网和横小管，含丰富的线粒体和糖原；③含有脂滴。

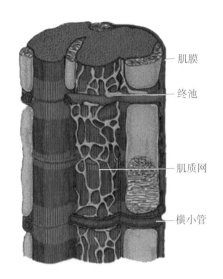

图 1 – 46 心肌电镜结构模式图

心肌纤维和骨骼肌纤维不同的超微结构特点：①肌原纤维粗细不等，界限不分明，横纹也不如骨骼肌的明显；②横小管较粗，位于 Z 线水平；③肌质网较稀疏，终池少而小，横小管常与一侧的终池紧贴形成二联体，故心肌纤维贮存 Ca^{2+} 能力较低，收缩前需从细胞外摄取 Ca^{2+}；④肌原纤维间线粒体极为丰富；⑤闰盘常呈阶梯状，横位部分（图 1 – 47）位于 Z 线水平，有中间连接和桥粒，起牢固的连接作用；纵位部分为缝隙连接，便于细胞间化学信息的交流和电冲动的传导，以保证心肌纤维收缩的同步性和协调性；⑥心房肌纤维细胞质内含有分泌颗粒，可分泌心房钠尿肽或称心钠素，具有排钠、利尿、扩张血管和降低血压的作用。

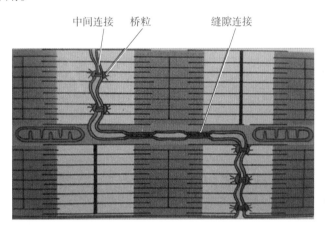

图 1 – 47 心肌闰盘电镜结构模式图

三、平滑肌

平滑肌（smooth muscle）广泛分布于内脏器官、血管和淋巴管等处，收缩呈阵发性，缓慢而持久，属不随意肌。

（一）平滑肌纤维的光镜结构

平滑肌纤维呈长梭形，只有一个细胞核，呈长椭圆形或杆状，位于细胞中央，细胞收缩时核扭曲呈螺旋状。肌质无肌原纤维，因此无横纹。平滑肌纤维常成束或分层分布，且同一束或同一层内的肌纤维按同一方向平行排列。平滑肌纤维的横切面呈大小不等的圆形断面，大的切面中央能见到细胞核，小切面无核（图 1 – 48）。

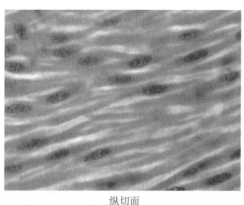 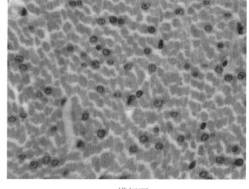

纵切面　　　　　　　　　　　　　横切面

图 1-48　平滑肌纵、横切面光镜图（油镜）

（二）平滑肌纤维的超微结构

平滑肌纤维的肌质内含有粗肌丝和细肌丝，细肌丝呈花瓣状环绕在粗肌丝周围，粗肌丝呈圆柱形，表面有成行排列的横桥，相邻的两行横桥屈动方向相反。肌膜向内凹陷只形成小凹，不形成横小管。平滑肌的细胞骨架系统比较发达，主要由密斑、密体和中间丝构成。密斑和密体都是电子密度高的小体，密斑位于肌膜下，为扁平斑块状；密体位于肌质中，为梭形小体，密斑和密体是细肌丝和中间丝的共同附着点。中间丝连于密斑、密体之间，构成菱形的细胞骨架（图 1-49）。细肌丝一端附着于密斑或密体，另一端游离，围绕在粗肌丝周围，构成肌丝单位，又称收缩单位。

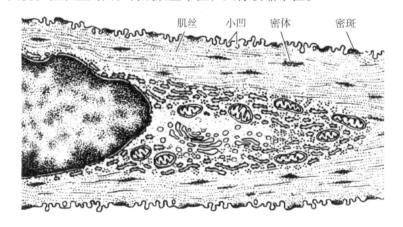

肌丝　　小凹　　密体　　密斑

图 1-49　平滑肌电镜结构模式图

第四节　神经组织

PPT

神经组织（nerve tissue）由神经细胞、神经胶质细胞和其间的血管及结缔组织构成。神经细胞是神经系统的基本结构和功能单位，又称神经元。人体内约有 10^{12} 个神经元，具有接受刺激、整合信息和传导神经冲动等功能，有些神经元还具有内分泌功能。神经胶质细胞的数量为神经元的 10~50 倍，对神经元起支持、营养、保护和绝缘等作用。

一、神经元

神经元的形态多样，大小不一，但都由胞体和突起构成，突起又分为树突和轴突（图 1-50）。

（一）神经元的形态结构

1. 胞体 是神经元的营养和代谢中心，其形态多样，有锥体形、星形、梨形、梭形或球形等。胞体主要集中在中枢神经系统的灰质及神经节内，由细胞膜、细胞质和细胞核构成。

（1）细胞膜（质膜） 为单位膜，延伸包裹于轴突和树突。神经元的细胞膜是可兴奋膜，具有接受刺激、处理信息、产生及传导神经冲动的功能。细胞膜上的膜蛋白有多种，构成了丰富的离子通道和受体。受体可与相应的化学物质（神经递质）结合，使离子通道的通透性和膜内外电位差发生改变而产生神经冲动。

（2）细胞核 只有一个细胞核，位于胞体中央，大而圆，核膜清晰，染色质以常染色质为主，故着色浅，核仁大而明显（图1–51）。

（3）细胞质 又称核周质，与轴突和树突内的细胞质相通。除了含一般的细胞器和发达的高尔基复合体外，光镜下可见两种特殊的结构，即尼氏体和神经原纤维（图1–51，图1–52）。①尼氏体：又称嗜染质，光镜下为嗜碱性颗粒或斑块，电镜下为发达的粗面内质网和游离核糖体。尼氏体具有活跃的蛋白质合成

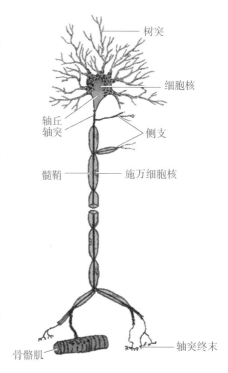

图1–50 运动神经元模式图

功能，可合成神经递质、神经分泌物、酶和结构蛋白等。尼氏体还可作为判断神经元功能状态的标志。②神经原纤维：在HE染色切片中无法分辨。在镀银染色切片中，神经原纤维在胞体内呈棕黑色交织成网的细丝，并伸入到树突和轴突内。电镜下，神经原纤维是由神经丝、微丝和微管构成的神经元细胞骨架，除起支持作用外，还参与神经元内物质的运输。

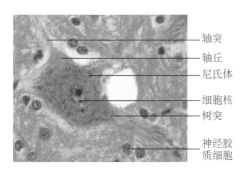

图1–51 脊髓运动神经元光镜结构图（HE染色）

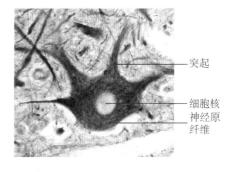

图1–52 脊髓运动神经元光镜结构图（银染）

2. 突起 根据其形态结构和功能的差异，可分为树突和轴突。

（1）树突（dendrite） 每个神经元有一个或多个树突，呈树枝样分支（图1–50）。树突表面常有许多棘状突起，称为树突棘，是神经元接受信息的主要部分。树突的分支和树突棘越多，接受的信息越多。树突内的结构与核周质的结构基本相似，也含有尼氏体、神经原纤维等细胞器。树突具有接受刺激并将冲动传向神经元胞体的功能。

（2）轴突（axon） 每个神经元只有一个轴突，较细，不同类型的神经元轴突长短不一，神经元的胞体越大，其轴突越长（图1–50）。光镜下，胞体发出轴突的部位常呈圆锥形，称轴丘。轴丘及轴突内均无尼氏体，故染色较浅，借此可区分树突和轴突。轴突表面的胞膜称轴膜，内含的胞质称轴质。轴突表面光滑，直径均一，分支较少且多呈直角分出，轴突末端分支较多并膨大，形成轴突终末。轴突具有传出神经冲动的功能，轴丘处的轴膜是产生神经冲动的起始部位，神经冲动沿轴膜传导至轴突

终末。

（二）神经元的分类

神经元种类较多，其形态和功能各不相同，常以神经元的数目、突起的长短、神经元的功能及所释放的递质进行分类。

1. 根据神经元突起数量分类（图1-53）

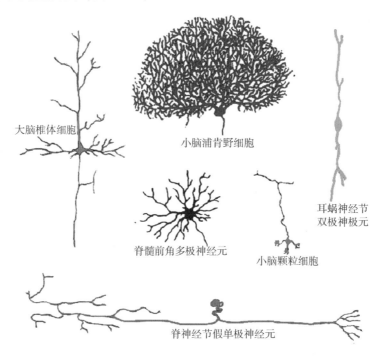

图1-53 神经元几种主要形态模式图

（1）假单极神经元 从胞体发出一个突起，但在距胞体不远处呈"T"形分为两支，一支进入中枢神经系统，称中枢突；另一支分布到外周组织和器官，称周围突。如脑神经节和脊神经节内的感觉神经元。

（2）双极神经元 一共2个突起，树突和轴突各一个。如耳蜗神经节和视网膜的双极神经元。

（3）多极神经元 有多个突起，一个轴突和多个树突。如大脑皮质和脊髓前角运动神经元。

2. 根据神经元的功能分类（图1-54）

（1）感觉神经元 又称传入神经元，多为假单极神经元。其胞体位于脑、脊髓和神经节内；其周围突接受刺激，并将刺激经中枢突传向中枢。

（2）运动神经元 又称传出神经元，常为多极神经元。其胞体位于中枢神经系统的灰质和自主神经节内；树突接受中枢的指令，轴突支配肌纤维或腺细胞，使其收缩或分泌。

（3）中间神经元 又称联络神经元，多数为多极神经元，在感觉神经元和运动神经元之间，起信息加工和传递作用。中间神经元的数量达到神经元总数的99%以上。

3. 根据神经元轴突的长短分类

（1）高尔基Ⅰ型神经元 胞体大，长轴突的大神经元，最长的轴突可达1m以上，如脊髓前角的运动神经元。

（2）高尔基Ⅱ型神经元 胞体小，短轴突的小神经元，最短的轴突仅数微米，如某些中间神经元。

4. 根据神经元所释放的神经递质分类

（1）胆碱能神经元 此类神经元的轴突终末释放乙酰胆碱，如脊髓前角的运动神经元。

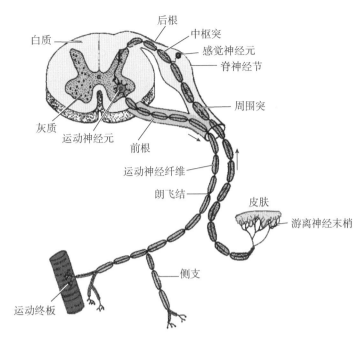

图 1-54 脊髓和脊神经模式图

（2）**胺能神经元** 释放肾上腺素、去甲肾上腺素、多巴胺和 5 - 羟色胺等，如交感神经节内的神经元。

（3）**氨基酸能神经元** 释放谷氨酸、甘氨酸和 γ - 氨基丁酸等，如大脑皮质的中间神经元。

（4）**肽能神经元** 释放脑啡肽、内啡肽、P 物质等肽类物质，如肌间神经丛的神经元。

二、突触

突触（synapse）是神经元与神经元之间或神经元与效应细胞之间的一种特化的细胞连接，是神经元传递信息的重要结构。突触的形式多样，按照形成突触的部位可分为轴 - 树突触、轴 - 体突触、轴 - 轴突触、树 - 树突触等（图 1-55）；根据传导信息的方式不同，可把突触分为化学突触和电突触两类。前者以释放神经递质传递信息，后者通过缝隙连接传递电信息。

1. 化学突触 是以神经递质作为传递信息的媒介，通常所说的突触是指化学突触。电镜下，化学突触由突触前成分、突触间隙和突触后成分三部分组成（图 1-56）。

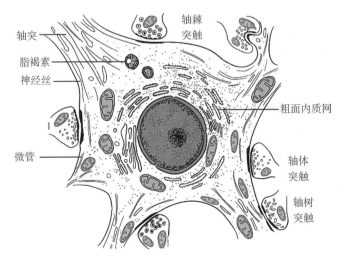

图 1-55 多极神经元及其突触超微结构模式图

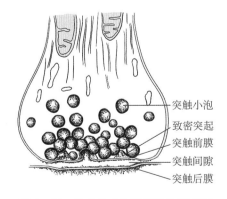

图 1-56 化学性突触超微结构模式图

（1）突触前成分　常为前一个神经元的轴突终末，轴突末端的轴膜称为突触前膜。其内靠近突触前膜的轴质内含许多突触小泡，还有少量线粒体、微管和微丝等。突触小泡是突触前成分的特征性结构，内含不同的神经递质。

（2）突触后成分　后一级神经元或效应细胞与突触前成分相对应的局部区域。该处胞膜或树突膜特化增厚形成突触后膜。膜上有特异性的神经递质的受体和离子通道，一种受体只能与一种相应的神经递质结合。

（3）突触间隙　为突触前膜和突触后膜之间相隔 15～30nm 的狭窄间隙。当神经冲动传到突触前膜时，突触小泡以胞吐的方式释放神经递质到突触间隙内，并与突触后膜的相应受体结合，将信息传递给后一个神经元或效应细胞，引起突触后神经元或效应细胞的兴奋或抑制。

2. 电突触　为缝隙连接，以电流的方式传递信息，不需要神经递质的参与，且冲动的传导是双向性的。

三、神经胶质细胞

神经胶质细胞又称神经胶质，广泛分布于中枢神经系统与周围神经系统，也有突起，但不分轴突和树突。神经胶质细胞对神经元起着支持、营养、保护、绝缘、修复和形成髓鞘等作用。

（一）中枢神经系统的神经胶质细胞（图 1-57，图 1-58）

1. 星形胶质细胞　是神经胶质细胞中体积最大、数量最多、分布最广的一种。胞体呈星形，核较大，呈圆形或椭圆形，染色浅，胞质内含有神经胶质丝，由胞体伸出许多突起，有些较粗的突起末端膨大形成脚板，贴附在毛细血管壁上，参与构成血 - 脑屏障（blood - brain barrier），阻止血液中某些物质进入脑组织，但能选择性让营养和代谢产物通过。星形胶质细胞对神经元起支持和绝缘作用，还能分泌神经营养因子和多种生长因子，对神经元的分化、功能活动及创伤后神经元的可塑性变化有促进作用。中枢神经系统受损部位，常由星形胶质细胞增生形成胶质瘢痕修复。根据神经胶质丝的含量及突起的形状，星形胶质细胞可分为原浆性星形胶质细胞和纤维性星形胶质细胞两种。

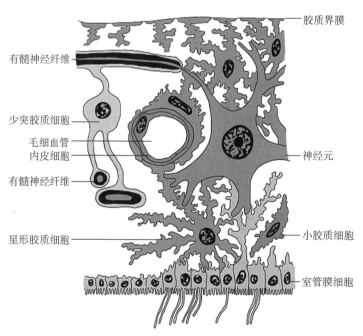

图 1-57　中枢神经系统神经胶质细胞与神经元和毛细血管的关系模式图

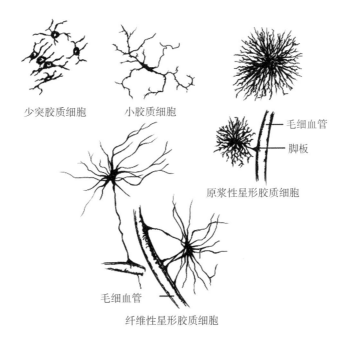

少突胶质细胞　　小胶质细胞

毛细血管

脚板

原浆性星形胶质细胞

毛细血管

纤维性星形胶质细胞

图1-58　中枢神经系统的神经胶质细胞系模式图

2. 少突胶质细胞　分布于神经元胞体及轴突周围，数量多。胞体较小，呈梨形或椭圆形。在银染标本上，少突胶质细胞的突起较少；在电镜下，突起末端扩展成扁平薄膜，参与形成中枢神经系统有髓神经纤维的髓鞘。

3. 小胶质细胞　主要分布于中枢的灰质内，是数量最少、体积最小的胶质细胞。胞体细长或椭圆形，核小染色深，胞质少，胞体发出细长而有分支的突起，表面有许多小棘突。中枢神经系统损伤时，小胶质细胞可转变成巨噬细胞，能吞噬细胞碎屑及退化变性的髓鞘。

4. 室管膜细胞　是一层覆盖于脑室和脊髓中央管腔面的立方或柱状上皮细胞，由该细胞构成的单层上皮称室管膜。室管膜细胞具有支持和保护作用，分布于脉络丛的室管膜细胞，还参与脑脊液的形成。

（二）周围神经系统的神经胶质细胞

1. 施万细胞　又称神经膜细胞，呈薄片状，胞质较少，它包裹在神经元突起的周围形成周围神经纤维的髓鞘。施万细胞有保护和绝缘的作用，还可分泌神经营养因子，对神经纤维的生长及再生起诱导作用。

2. 卫星细胞　又称被囊细胞，是包裹在神经节细胞胞体周围的一层扁平或立方形的细胞，核圆或卵圆形，染色较深。卫星细胞具有营养和保护神经节细胞的功能。

四、神经纤维和神经

（一）神经纤维

神经纤维（nerve fiber）是由神经元的轴突或长树突和包绕在外面的神经胶质细胞所构成。根据神经胶质细胞是否形成髓鞘，分为有髓神经纤维和无髓神经纤维（图1-59）。

1. 有髓神经纤维　周围神经系统的有髓神经纤

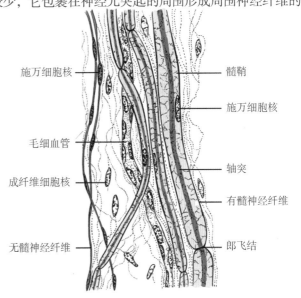

施万细胞核

髓鞘

施万细胞核

毛细血管

轴突

成纤维细胞核

有髓神经纤维

无髓神经纤维

郎飞结

图1-59　周围神经纤维模式图

维由轴突或长树突、髓鞘和神经膜构成（图1-60，图1-61）。髓鞘是由施万细胞的细胞膜呈同心圆反复包卷轴突并相互融合而形成。包卷时施万细胞的胞质被挤至细胞的边缘，在相邻两个施万细胞的连接处由于未形成髓鞘，形成一缩窄部称郎飞结；相邻两个郎飞结之间的一段神经纤维称结间体，每一结间体的髓鞘由一个施万细胞形成。在髓鞘外面包有神经膜，神经膜是由施万细胞最外面的一层细胞膜及其外面的基膜构成（图1-62）。

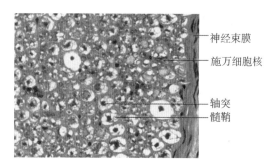

图1-60 神经纤维束（局部横切面）光镜图

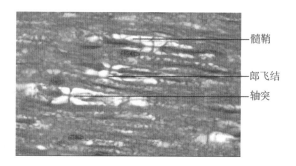

图1-61 神经纤维束（局部纵切面）光镜图

中枢神经系统的有髓神经纤维的髓鞘是由少突胶质细胞突起末端扩展成扁平薄膜包卷轴突而形成。一个少突胶质细胞有多个突可分别包卷多个轴突，其胞体位于神经纤维之间（图1-63）。神经纤维的外表面没有基膜包裹，因而也无神经膜。

由于髓鞘的绝缘作用，有髓神经纤维的神经冲动只发生在郎飞结处的轴膜，其神经冲动传导呈跳跃式，即从一个郎飞结跳到另一个郎飞结，故传导速度较快。

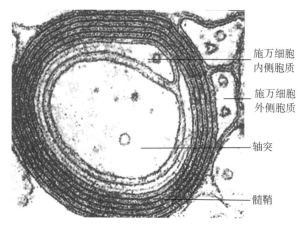

图1-62 有髓神经纤维（横切面）电镜图

2. 无髓神经纤维 周围神经系统的无髓神经纤维由较细的轴突或长树突和包在其外面的施万细胞构成。电镜下可见一个施万细胞形成多处质膜凹陷分别包绕多条突起，但施万细胞的膜不形成髓鞘包裹它们，故无郎飞结。中枢神经系统的无髓神经纤维因轴突外无特异性神经胶质细胞包裹，裸露走行于有髓神经纤维或神经胶质细胞之间。无髓神经纤维因无髓鞘和郎飞结，神经冲动传导是沿着胞膜连续性传导，故其传导速度比有髓神经纤维慢得多。

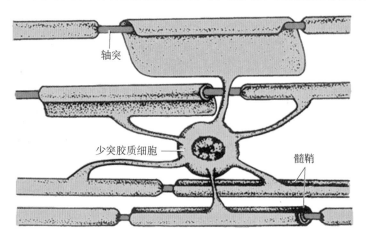

图1-63 少突胶质细胞与中枢有髓神经纤维关系模式图

（二）神经

周围神经系统的神经纤维集合在一起，外包结缔组织膜，构成的条索状结构称神经。一条神经内可以只含有感觉神经纤维或运动神经纤维，但大多数神经是同时含有感觉、运动神经纤维。在结构上，多数神经同时含有无髓和有髓两种神经纤维。包裹在神经外面的致密结缔组织称神经外膜。神经内的神经纤维又被结缔组织分隔成大小不等的神经纤维束，其外面包裹的结缔组织称神经束膜。神经纤维束内的每条神经纤维之间有少量的疏松结缔组织，称神经内膜。这些结缔组织中都存在小血管和淋巴管（图 1-64）。

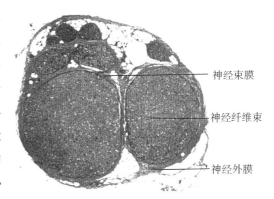

神经束膜

神经纤维束

神经外膜

图 1-64　坐骨神经横切面光镜图

五、神经末梢

神经末梢（nerve ending）是指周围神经纤维的终末部分，与其他组织或器官共同构成的结构。按功能可分为感觉神经末梢和运动神经末梢两类。

（一）感觉神经末梢

感觉神经末梢是感觉神经元（假单极神经元）周围突的终末部分，它们与周围的其他组织共同构成感受器（receptor）。感受器能接受体内、外环境的各种刺激，并将刺激转化为神经冲动传向中枢，产生相应感觉。感觉神经末梢按其结构可分为游离神经末梢和有被囊神经末梢两类。

1. 游离神经末梢　由神经纤维的终末部分失去髓鞘后反复分支而成。广泛分布在表皮、角膜、黏膜上皮、浆膜及各型结缔组织内，能感受冷、热、疼痛的刺激（图 1-65）。

2. 有被囊的神经末梢　神经末梢有结缔组织被囊包裹，在进入被囊前失去髓鞘，形成特定的结构。其形态各异，功能不同，常见的有如下三种。

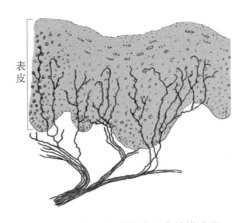

表皮

图 1-65　表皮内游离神经末梢模式图

（1）触觉小体　分布于皮肤真皮乳头内，手指掌侧最多。触觉小体呈卵圆形，长轴与皮肤表面垂直，外包结缔组织被囊，内有很多横行排列的扁平细胞，神经末梢分成细支盘绕其间（图 1-66，图 1-67）。触觉小体有感受触觉的功能。

（2）环层小体　广泛分布于皮下组织、腹膜、肠系膜、韧带和关节囊等处。环层小体呈圆形或卵圆形，大小不一；小体中央为一均质状的圆柱体，神经末梢位于其中；被囊由数十层同心圆排列的扁平细胞构成（图 1-68，图 1-69）。环层小体感受压觉和振动觉。

（3）肌梭　是分布在骨骼肌内的梭形小体，表面有结缔组织被囊，内含数条细小的骨骼肌纤维，称梭内肌纤维（图 1-70）。肌梭是一种本体感受器，能感受骨骼肌纤维的收缩或舒张的牵拉刺激，在调控骨骼肌的活动中起重要作用。

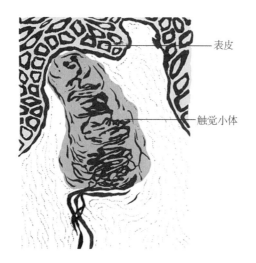

表皮

触觉小体

图 1 - 66　触觉小体模式图

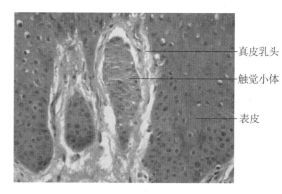

真皮乳头

触觉小体

表皮

图 1 - 67　触觉小体光镜图

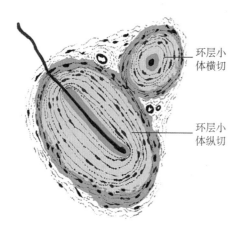

环层小体横切

环层小体纵切

图 1 - 68　环层小体模式图

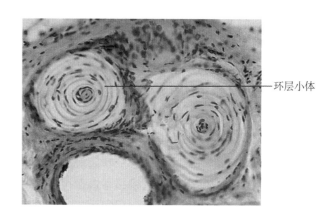

环层小体

图 1 - 69　环层小体光镜图

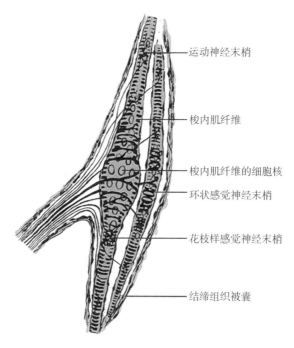

运动神经末梢

梭内肌纤维

梭内肌纤维的细胞核

环状感觉神经末梢

花枝样感觉神经末梢

结缔组织被囊

图 1 - 70　肌梭模式图

（二）运动神经末梢

运动神经末梢是运动神经元的长轴突分布于肌组织和腺体内的终末结构，称效应器（effector）。支配肌肉的收缩和腺体的分泌。按分布部位，可分为躯体运动神经末梢和内脏运动神经末梢两类。

1. 躯体运动神经末梢　分布于骨骼肌。轴突抵达骨骼肌时失去髓鞘并反复分支，每一分支形成葡萄状终末终止在骨骼肌纤维表面，形成椭圆形的板状隆起，称运动终板或神经肌连接（图1-71，图1-72）。运动终板实际上是一种化学突触。电镜下，运动终板处的骨骼肌纤维表面凹陷成浅槽，轴突终末嵌入浅槽。槽底的肌膜即突触后膜，其凹陷形成许多深沟和皱褶，使突触后膜的表面积增大（图1-73）。

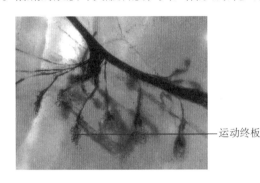

图1-71　运动终板模式图

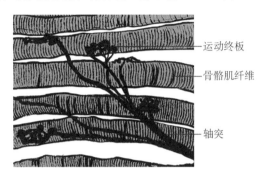

图1-72　运动终板光镜图

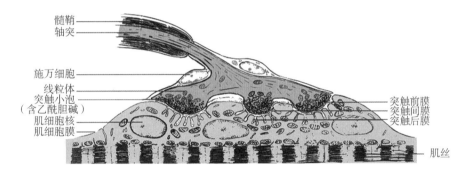

图1-73　运动终板超微结构模式图

2. 内脏运动神经末梢　分布于内脏及血管的平滑肌、心肌和腺体等处，支配平滑肌和心肌的收缩、舒张或腺细胞的分泌活动。其神经纤维较细，无髓鞘，轴突终末分支常呈串珠样膨大，称膨体，附着于肌纤维表面或穿行于腺细胞之间。电镜下可见膨体内有许多突触小泡，内含神经递质（图1-74）。

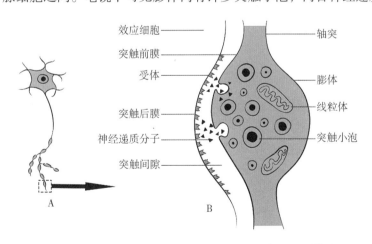

图1-74　内脏运动神经纤维及其末梢（A）与膨体超微结构模式图（B）

目标检测

答案解析

一、单项选择题

1. 不属于上皮组织特殊结构的是（　　）
　　A. 微绒毛　　　　　　　B. 杯状细胞　　　　　　C. 基膜
　　D. 纤毛　　　　　　　　E. 桥粒

2. 单层扁平上皮主要分布于（　　）的内表面
　　A. 小叶间胆管、肾小管　B. 气管、主支气管　　　C. 肾盂、输尿管和膀胱
　　D. 口腔、食管和阴道　　E. 血管、心脏

3. 间皮见于（　　）
　　A. 肺泡上皮　　　　　　B. 胸、腹腔内面　　　　C. 血管外表面
　　D. 心血管的内表面　　　E. 肾小囊壁层

4. 分裂增殖能力最强的细胞是（　　）
　　A. 红细胞　　　　　　　B. 巨噬细胞　　　　　　C. 脂肪细胞
　　D. 淋巴细胞　　　　　　E. 未分化间充质细胞

5. 急性化脓性感染时，可明显增多的白细胞是（　　）
　　A. 嗜酸性粒细胞　　　　B. 嗜碱性粒细胞　　　　C. 中性粒细胞
　　D. 淋巴细胞　　　　　　E. 单核细胞

6. 血液的细胞外基质是（　　）
　　A. 水　　　　　　　　　B. 血糖　　　　　　　　C. 血清
　　D. 血浆　　　　　　　　E. 血浆蛋白

7. 骨骼肌纤维的结构特点是（　　）
　　A. 呈长梭形　　　　　　B. 有明暗相间的横纹　　C. 有一个细胞核
　　D. 有闰盘　　　　　　　E. 呈短圆柱形

8. 一个肌节包括（　　）
　　A. 一个完整的 I 带和两个 1/2H 带　　　B. 一个完整的 A 带和两个 1/2I 带
　　C. 一个完整的 H 带和两个 1/2I 带　　　D. 一个完整的 A 带和两个 1/2H 带
　　E. 以上都不对

9. 神经元尼氏体分布在（　　）
　　A. 整个神经元内　　　　　　　　　　　B. 胞体内
　　C. 胞体和树突内　　　　　　　　　　　D. 胞体和轴突内
　　E. 树突和轴突内

10. 无髓神经纤维与有髓神经纤维相比，其主要区别是（　　）
　　A. 无施万细胞　　　　　　　　　　　　B. 无髓鞘
　　C. 轴索粗大　　　　　　　　　　　　　D. 都在中枢神经系统内
　　E. 以上都不对

二、思考题

1. 简述上皮组织的特点。

2. 试述疏松结缔组织中的主要细胞成分和功能。

3. 比较3种肌组织的光镜结构。

4. 简述化学突触的超微结构和信息传递的过程。

（刘　滢　迟寅秀）

书网融合……

本章小结　　　　　　微课　　　　　　题库

第二章 运动系统

◉ 学习目标

1. 通过本章学习，重点掌握骨的分类和构造；关节的基本结构和辅助结构；各部椎骨的特征、胸骨的组成、椎间盘、脊柱的生理性弯曲和胸廓的组成；颅骨的分部、各骨的名称；颞下颌关节的组成及特点；四肢骨的组成、肩胛骨、肱骨、尺骨、桡骨、髋骨、股骨、胫骨的结构特点，肩关节、肘关节、腕关节、髋关节、膝关节和踝关节的组成及特点，骨盆的组成；肌的形态和构造，咀嚼肌、胸锁乳突肌、斜方肌、背阔肌、竖脊肌、胸大肌、三角肌、肱二头肌、肱三头肌、臀大肌、股四头肌、股二头肌和小腿三头肌的位置和功能；膈上3个裂孔的位置及通过的结构。

2. 学会在人体标本、模型或活体上观察辨认骨性标志和肌性标志，具有正确选择肌内注射部位的能力，培养关心和尊重患者的意识和职业素质。

运动系统由骨、骨连结和骨骼肌三部分组成，占成人体重的60%～70%，对人体起着运动、支持和保护的作用。全身各骨借骨连结相连，形成骨骼，构成人体的支架。骨骼肌是运动系统的动力部分，通常附着于骨，跨过一个或多个关节，在神经系统的支配下，以骨为支架，关节为枢纽，通过收缩牵引骨骼产生运动。

》》情境导入

情景描述 患者，女，65岁，因"间歇性腰背痛3年，加重2个月"来就诊。患者近3年来腰背部疼痛，活动或劳累时加重，身高也有明显变矮。近2个月来腰背痛加重，严重时翻身、弯腰、上下楼等活动受限。查体：腰椎左侧侧弯，第1腰椎棘突有明显压痛。影像学检查显示：全身骨密度较低，第12胸椎和第1腰椎呈楔形改变。

讨论 1. 脊柱由哪些骨构成？

2. 脊柱生理弯曲的特点是什么？

第一节 总 论

PPT

一、骨

骨（bone）是一种器官，坚硬而有弹性，主要由骨组织构成，外被骨膜，内含骨髓，有丰富的血管、神经和淋巴管，能不断进行新陈代谢和生长发育，并有改建、修复和再生的能力，以及储备钙、磷和造血的功能。骨具有可塑性，经常锻炼可促进骨的发育，长期废用则出现骨质疏松。

（一）骨的分类

成人共有206块骨，按部位分为颅骨、躯干骨和四肢骨三部分（图2-1）。按形态可分为长骨、短骨、扁骨和不规则骨四类。

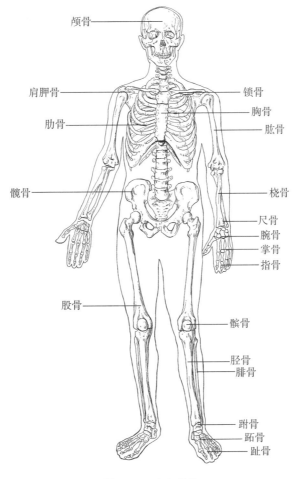

图 2-1 全身骨骼

1. 长骨 呈长管状，分一体两端。体又称骨干，为中间较细的部分，内有髓腔，容纳骨髓。两端膨大称骺，表面有光滑的关节面，关节面上覆有关节软骨。骨干与骺相邻接的部分称干骺端，幼年时为骺软骨，不断增殖、骨化使骨变长；成年后骨化为骺线。长骨主要分布于四肢，如肱骨、股骨等。

2. 短骨 呈立方形，多成群分布于连接牢固且又运动灵活的部位，如腕骨和跗骨。

3. 扁骨 呈板状，主要构成颅腔、胸腔和盆腔的壁，起保护作用，如顶骨、胸骨等。

4. 不规则骨 形状不规则，如椎骨。一些不规则骨内形成含气的空腔，称含气骨，如上颌骨。

此外，在某些肌腱和韧带内的扁圆形小骨，称籽骨，如髌骨等，能减少肌肉运动时的摩擦，改变力的方向。

（二）骨的构造

骨由骨质、骨膜和骨髓三部分构成（图 2-2）。

1. 骨质 是骨的主要成分，由骨组织构成，按结构可分为骨密质和骨松质。骨密质主要分布于骨的表面，致密坚硬，抗压性强。骨松质位于骨密质的深面，呈海绵状，由骨小梁交织排列而成。扁骨内、外两面的骨密质，分别称为内板和外板，内、外板之间的骨松质称为板障，有板障静脉通过。

2. 骨膜 主要由致密结缔组织构成，含有丰富的血管、神经和淋巴管，对骨的生长、营养、再生和感觉具有重要作用，被覆于除关节面以外的骨表面。其中被覆于骨外表面的骨膜称骨外膜，较厚；衬于骨髓腔内面和骨松质腔隙内的骨膜称骨内膜，较薄。骨膜中有成骨细胞和破骨细胞，促进骨的愈合和长粗，在术中注意避免剥离过多造成骨折愈合困难。

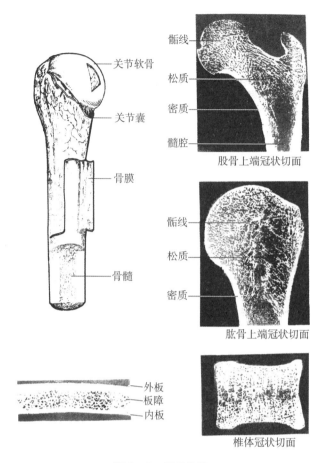

图 2-2 骨的构造

3. 骨髓 充填于骨髓腔和骨松质的间隙内，分为红骨髓和黄骨髓。红骨髓含有大量不同发育阶段的血细胞，有造血功能，胎儿和幼儿的骨髓均为红骨髓。5 岁以后，长骨骨干内的红骨髓逐渐被脂肪组织代替，失去造血能力，称黄骨髓。但在重度贫血或大量失血的情况下，黄骨髓又可转化成红骨髓，恢复造血能力。一般在长骨的两端、短骨、扁骨和不规则骨的骨松质内，终身都是红骨髓。临床上常在胸骨、髂结节、髂前上棘和髂后上棘等处穿刺取样，检查骨髓象。

（三）骨的化学成分和物理特性

骨的化学成分包括无机质和有机质。无机质主要是碱性碳酸钙，使骨具有硬度。有机质主要是胶原纤维和黏多糖蛋白，使骨具有弹性和韧性。骨的化学成分和物理特性随着年龄增长不断变化，幼儿的骨含有机质较多，故柔韧有弹性，在外力作用下易变形但不易骨折，称青枝骨折。成人骨所含有机质和无机质比例是 3∶7，既有较大的硬度，又有一定的弹性和韧性，最为合适。老年人的骨无机质比例相对较高，脆性增大，易发生骨折。

 素质提升

为祖国健康工作五十年

《2020 年全民健身活动状况调查公报》显示：城乡居民健身水平持续提升，全民健身公共服务体系逐步完善，参加体育锻炼人数比例持续增长，城乡和地区差异缩小。2020 年我国 7 岁及以上居民中经常参加体育锻炼人数比例为 37.2%，比 2014 年增加 3.3 个百分点。体现了祖国对人民健康的严重关切和不懈努力。"争取至少为祖国健康工作五十年。"这是 20 世纪 50 年代清华大学喊出的口号，主要是鼓励清华学子多参加体育运动，强健体魄、为国效力，如今60多年过去，这句话依然适用于当下。在这个最好的时代，青年人有机会在实现中华民族伟大复兴的大潮中乘风破浪，去实现自己的人生价值，但最重要的前提就是健康的体魄，只有拥有了强壮的身体，才能真正实现"为祖国健康工作五十年"，为国家富强、民族振兴、人民幸福而不懈奋斗。

二、骨连结 🅴 微课1

骨与骨之间的连结装置称骨连结（joint）。按骨连结的方式不同，可分为直接连结和间接连结两种（图2-3）。

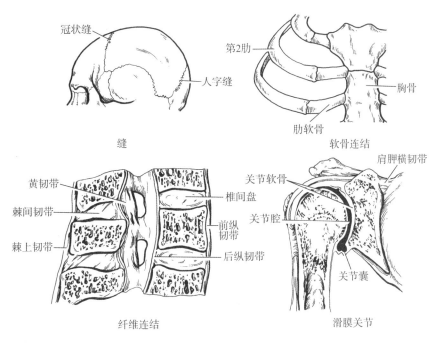

图 2-3 骨连结的类型

（一）直接连结

直接连结指骨与骨之间借致密结缔组织、软骨或骨直接相连，比较牢固，一般活动度小或无活动。可分为纤维连结、软骨连结和骨性结合三种。

1. 纤维连结 骨与骨之间借纤维结缔组织相连，一般无活动性，很稳固。可分为两种。

（1）缝 两骨间距离较窄，借薄层纤维结缔组织相连，仅见于颅骨，如矢状缝和冠状缝等。如缝骨化，则可成为骨性结合。

（2）韧带连结 两骨间距离较宽，借条索状或膜板状的纤维结缔组织相连，如椎骨棘突之间的棘间韧带、前臂骨间膜等。

2. 软骨连结 骨与骨之间借软骨相连，可分为两种。

（1）透明软骨连结 多见于幼年发育时期，如长骨骨干与骺之间的骺软骨、蝶骨与枕骨的结合等，随着年龄增长，可骨化形成骨性结合。

（2）纤维软骨连结 如椎骨的椎体之间的椎间盘、耻骨间的耻骨联合等。

3. 骨性结合 骨与骨之间以骨组织相连，常由纤维连结或透明软骨结合骨化而形成，如骶椎之间的骨性结合以及髋骨三部分之间在髋臼处的骨性结合等。

（二）间接连结

间接连结又称滑膜关节，简称关节，是骨与骨之间借膜性结缔组织囊相连，其特点是相对骨面间有间隙和滑液，因而具有较大的活动性，是骨连结的最高级分化形式（图 2 – 4）。

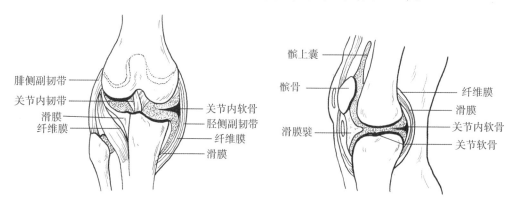

图 2 – 4　关节的构造

1. 关节的基本结构

（1）关节面　为构成关节的各相关骨的接触面。一般多为一凸一凹，称关节头和关节窝。关节面上覆有透明软骨，称关节软骨，表面光滑，且具有一定弹性，可减少运动时关节面之间的摩擦，缓冲震荡和冲击。

（2）关节囊　为包绕在关节周围的结缔组织囊，可分内、外两层。外层由致密纤维结缔组织构成，称纤维层，厚而坚韧，有丰富的血管、淋巴管和神经。内层由疏松结缔组织构成，称滑膜层，能产生滑液，润滑关节，减少摩擦，营养关节软骨。

（3）关节腔　为关节囊滑膜层和关节面共同围成的密闭腔隙，呈负压，腔内有少量滑液，对维持关节的稳固性有一定的作用。

2. 关节的辅助结构　关节除具备上述三个基本结构外，不同的关节为了适应其主要的生理功能而具有某些特殊的辅助结构，以增加关节的灵活性或稳固性（图 2 – 4）。

（1）韧带　为连于相邻两骨之间的致密结缔组织束，可加强关节的稳固性，限制关节过度运动。位于关节囊内的称囊内韧带，表面有滑膜包裹，如膝关节内的交叉韧带。位于关节囊外的称囊外韧带，如髋关节前的髂股韧带等。

（2）关节盘　是指位于两骨关节面之间的纤维软骨板，多呈圆盘状，其周缘附于关节囊内面。它将关节腔分隔成两部分，使两关节面更加适应，既增加了关节的稳固性和运动的多样性，又减少了关节面之间的冲击和震荡。

（3）关节唇　是指附着于关节窝周缘的纤维软骨环，可加深关节窝、增大关节面、增加关节稳固性。

3. 关节的运动形式　有以下几种。

（1）屈和伸　是指关节沿冠状轴进行的运动。运动时，两骨靠近，角度减小为屈；反之，两骨远离，角度加大为伸。一般向腹侧面的运动称屈，向背侧面的运动称伸，但在膝关节则相反。

（2）收和展　是指关节沿矢状轴进行的运动。运动时，骨向正中矢状面靠拢为收，远离正中矢状面为展。

（3）旋转　是指关节沿垂直轴进行的运动。运动时，骨的前面转向内侧称旋内，转向外侧称旋外。但在前臂，手背转向前方的运动称旋前，转向后方的运动称旋后。

（4）环转 是指运动骨的一端在原位转动，另一端做圆周运动。环转运动实际上是屈、展、伸、收的连续运动。

（5）移动 是关节运动的最简单的形式，为两关节面间的相互滑动，运动范围较小。

三、骨骼肌

骨骼肌（skeletal muscle）是运动系统的动力部分，有600多块，约占体重的40%。主要分布于头、颈、躯干和四肢，因其活动受意识控制，又称随意肌。每块肌均可视为一个器官，有一定的形态、结构，并有丰富的血管、神经和淋巴管分布，执行一定的功能（图2-5）。

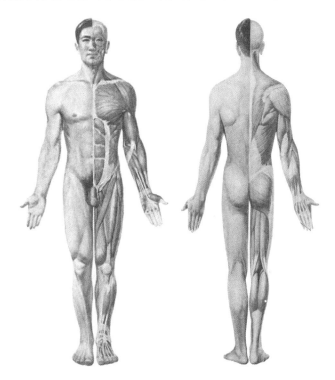

图2-5 全身骨骼肌

（一）肌的形态和构造

每块骨骼肌都由肌腹和肌腱两部分构成。肌腹主要由肌纤维组成，位于中间，色红而柔软，具有一定的收缩功能。肌腱主要由平行致密的胶原纤维束构成，位于两端，色白而强韧，无收缩功能。骨骼肌多借肌腱附着于骨骼。长肌的肌腱呈条索状，而扁肌的肌腱呈薄膜状，又称腱膜。

肌的形态多样，大致可分为长肌、短肌、扁肌和轮匝肌四种（图2-6）。长肌多见于四肢，肌腹呈梭形，收缩时肌可显著缩短，引起大幅度的运动。短肌多见于躯干深层，外形小而短，有明显的节段性，收缩幅度较小。扁肌多见于胸腹壁，宽扁呈薄片状，除运动功能外，还兼有保护内脏的作用。轮匝肌主要位于孔、裂的周围，由环形的肌纤维构成，收缩时可以关闭孔裂。

（二）肌的起止、配布和作用

肌通常以两端的肌腱附着于2块或2块以上的骨，中间跨过1个或多个关节，通过肌收缩而产生运动。运动时，一骨的位置相对固定，另一骨相对移动。通常把在固定骨上的附着点看作肌肉的起点或定点；在移动骨上的附着点看作止点或动点。一般来说，将靠近正中矢状面或四肢近端的附着点作为起点，反之为止点。由于运动复杂多样，肌肉的定点和动点在一定条件下可以相互转换（图2-7）。

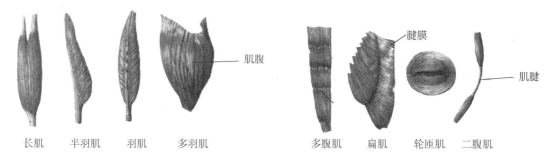

图 2-6 肌的形态

肌的配布方式与关节的运动轴密切相关，其规律是：在一个运动轴的两侧有作用相反的肌或肌群，互称为拮抗肌，两者在功能上既相互对抗，又互为协调和依存。而在运动轴的同一侧作用相同或相近的肌，称为协同肌。

肌的作用方式有两种：一种是动力作用，是指通过肌的收缩与舒张而产生运动，如行走等。另一种是静力作用，是指通过少量肌的收缩，保持一定的肌张力，以维持身体的平衡或某种姿势。

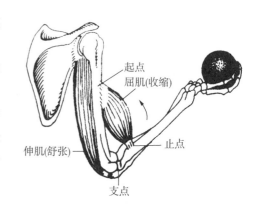

图 2-7 肌的起、止点

（三）肌的辅助装置

肌的辅助装置主要包括筋膜、滑膜囊和腱鞘，具有保持肌的位置、协助肌的运动，减少运动时的摩擦等功能（图 2-8）。

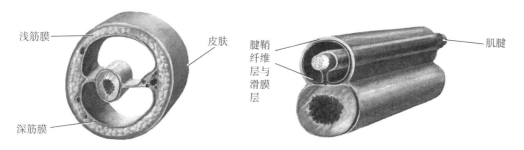

图 2-8 肌的辅助装置

1. 筋膜 遍布全身，根据位置可分为浅筋膜和深筋膜两种。

（1）浅筋膜 又称皮下筋膜，位于真皮深面，包被全身各处，由疏松结缔组织构成，内含脂肪组织、浅动脉、浅静脉、皮神经和浅淋巴管等。有助于维持体温，并对深层结构起保护作用。

（2）深筋膜 又称固有筋膜，位于浅筋膜的深面，由致密结缔组织构成，包被体壁、四肢的肌和血管神经等。深筋膜通常包裹肌群，形成肌筋膜鞘；在四肢，深筋膜插入到肌群之间形成肌间隔，最后附着于骨形成骨膜；包绕在血管、神经等周围形成血管神经鞘；在腕部和踝部增厚形成支持带，起到支持和约束深面肌腱的作用；还有减少肌活动时肌之间或肌群之间的摩擦作用。

2. 滑膜囊 为一封闭的结缔组织囊，壁薄，囊内含有滑液；多位于肌腱与骨面相接触处，可减少两者之间的摩擦。滑膜囊发生炎症时可影响肢体局部的运动功能。

3. 腱鞘 是包围在手、足等活动性较大的长肌腱外面的结缔组织鞘管，可减少肌腱与骨面之间的摩擦；其分内、外两层，内层为滑膜层，外侧为纤维层。滑膜层为双层圆筒形的鞘，包在肌腱的表面称为脏层；贴在纤维层的内面和骨面的称为壁层；脏、壁两层相互移行，形成滑膜腔，内有少量滑液，使肌腱能在鞘内自由滑动（图 2-8）。

PPT

第二节 躯干骨及其连结

一、躯干骨

躯干骨由 24 块椎骨、1 块骶骨、1 块尾骨、12 对肋和 1 块胸骨组成,它们分别参与构成脊柱、胸廓和骨盆。

(一)椎骨

幼年时椎骨为 32 或 33 块,即颈椎 7 块,胸椎 12 块,腰椎 5 块,骶椎 5 块,尾椎 3~4 块。成年后 5 块骶椎融合成 1 块骶骨,3~4 块尾椎融合成 1 块尾骨。

1. 椎骨的一般形态 椎骨为不规则骨,由前方的椎体和后方的椎弓两部分组成(图 2-9)。

(1)椎体 呈短圆柱形,是椎骨负重的主要部分。椎体上、下面借椎间盘与相邻椎骨相接;后面微凹,与椎弓共同围成椎孔,各椎孔上下相连构成椎管,容纳脊髓。

(2)椎弓 是附着于椎体后方的弓形骨板,由前部缩窄的椎弓根和后部较宽的椎弓板构成。椎弓根上、下缘称椎上、下切迹。相邻椎骨的椎上、下切迹共同围成的孔称椎间孔,有脊神经根和血管通过。由椎弓上发出 7 个突起:即棘突 1 个,向后正中伸出;横突 1 对,向两侧突出;上关节突、下关节突各 1 对,在椎弓根与椎弓结合处分别向上、向下突起,相邻椎骨的关节突构成关节突关节。

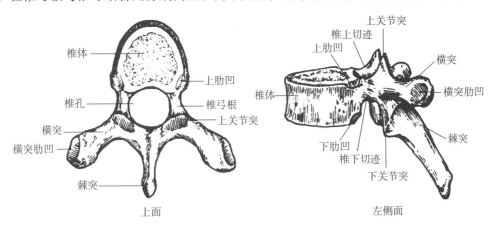

图 2-9 胸椎

2. 各部椎骨的主要特征

(1)颈椎 椎体较小,横断面呈椭圆形(图 2-10)。椎孔相对较大,呈三角形。横突较宽,根部有横突孔,椎动脉由此通过。第 2~6 颈椎的棘突较短,末端分叉。

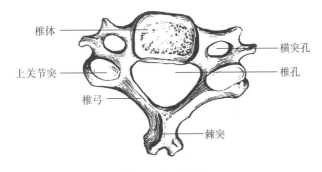

图 2-10 颈椎

第1颈椎又称寰椎（图2-11），呈环形，无椎体、棘突和关节突，由前弓、后弓和两个侧块构成。前弓较短，后面正中有齿突凹，与枢椎的齿突相关节。

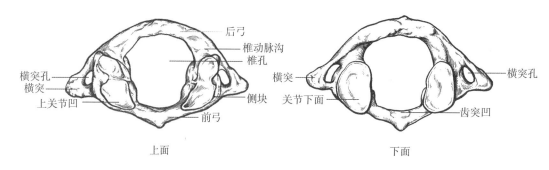

图2-11 寰椎

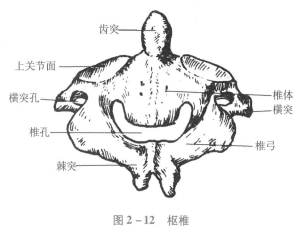

图2-12 枢椎

第2颈椎又称枢椎（图2-12），其特点是由椎体向上伸出一齿突，与寰椎的齿突凹相关节。

第7颈椎又称隆椎，棘突特别长，且末端不分叉，活体易于触及，常作为计数椎骨序数的标志。

（2）胸椎 椎体横断面呈心形，在椎体的两侧面和横突末端前面分别有上、下肋凹和横突肋凹（图2-9），分别与肋头、肋结节相关节。棘突细长，向后下方倾斜，呈叠瓦状排列。

（3）腰椎 椎体粗壮，横断面呈肾形，椎孔呈三角形或卵圆形。棘突短而宽，呈板状，水平伸向后（图2-13）。各棘突间的间隙较大，临床上常选择此处做腰椎穿刺。

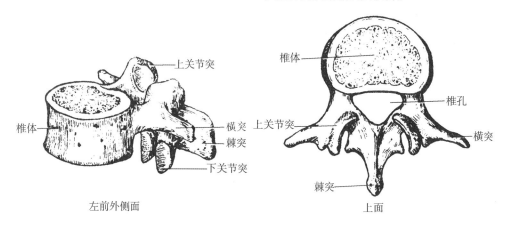

图2-13 腰椎

（4）骶骨 呈三角形（图2-14），由5块骶椎融合而成，底向上，与第5腰椎相连；尖向下，与尾骨相连。骶骨上缘中份向前隆凸称岬，外侧部上份有耳状面，与髂骨的耳状面构成骶髂关节。骶骨前面光滑凹陷，有4对骶前孔；背面隆凸粗糙，正中线上有骶正中嵴，嵴外侧有4对骶后孔，与骶前孔相通。骶骨内有纵行的骶管，由所有骶椎椎孔连接形成，上通椎管，下端的开口称骶管裂孔，裂孔两侧向下的突起称骶角，是骶管麻醉常用的定位标志。

（5）尾骨 较小，是由 3~4 块退化的尾椎融合而成。上接骶骨，下端游离称尾骨尖（图 2-14）。

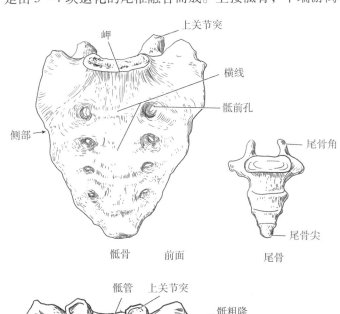

骶骨 前面　　　　尾骨

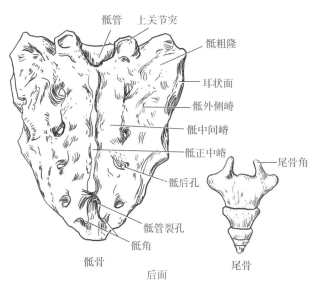

骶骨　　　　尾骨

后面

图 2-14　骶骨和尾骨

（二）肋

肋由肋骨和肋软骨两部分组成，共 12 对。其中，第 1~7 对肋的前端与胸骨直接连结，称真肋；第 8~12 对肋的前端与胸骨不直接相连，称假肋。其中第 8~10 对肋前端借助肋软骨与上位肋软骨连结，形成肋弓；第 11~12 对肋前端游离，称浮肋。

1. 肋骨 属于扁骨，可分为前、后两端和中间的体（图 2-15）。前端稍宽，连接肋软骨。后端膨大，称肋头，有关节面与胸椎体上的肋凹相关节。肋头外侧稍细，称肋颈。肋颈外侧的突起称肋结节，其上有关节面与相应胸椎的横突肋凹相关节。肋体长而扁，分内、外两面和上、下两缘。内面近下缘处有一浅沟称肋沟，容纳肋间血管和神经等。体的后份急转处称肋角。第 1 肋骨扁宽而短，分上、下面和内、外缘，无肋角和肋沟。上面内侧缘靠前有前斜角肌结节，结节前、后各有一浅沟，为锁骨下静脉和锁骨下动脉的压迹。第 11、12 肋骨无肋颈、肋角及肋结节。

2. 肋软骨 位于各肋骨的前端，由透明软骨构成。

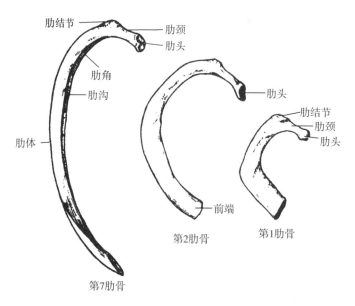

图 2 – 15　肋骨

（三）胸骨

胸骨是位于胸前壁正中的扁骨，自上而下分为胸骨柄、胸骨体和剑突三部分（图 2 – 16）。胸骨柄的上缘中份凹陷，为颈静脉切迹。柄与体连接处微向前凸，称胸骨角，可在体表扪及，向两侧平对第 2 肋，是计数肋的重要标志。胸骨角向后平对第 4 胸椎体下缘。胸骨体呈长方形，外侧缘连接第 2 ~ 7 肋软骨。剑突扁而薄，形状变化大，下端游离，易触及。

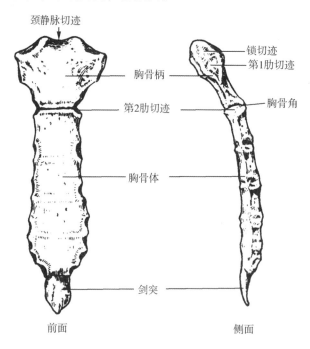

图 2 – 16　胸骨

二、躯干骨的连结

（一）脊柱

脊柱由 24 块椎骨、1 块骶骨和 1 块尾骨连结而成，构成人体的中轴，上端承载颅，下端与髋骨相连，起到支持和负重的作用。

1. 椎骨间的连结

（1）椎体间的连结 包括椎间盘、前纵韧带和后纵韧带。

1）椎间盘 是连接相邻两个椎体间的纤维软骨，由两部分构成；周边是由多层同心圆排列的纤维软骨构成，称纤维环；中央为富有弹性的胶状物，称髓核。椎间盘坚韧而又有弹性，既牢固连结相邻两个椎体，又有"缓冲垫"样的作用，可缓冲外力对脊柱的震荡。由于纤维环后部薄弱，且后外侧缺乏韧带保护，故当劳损或猛力弯腰时，易发生纤维环破裂，髓核膨出，压迫脊神经根和脊髓，临床称椎间盘脱出症。一般以腰部椎间盘脱出常见，其次是颈部椎间盘（图 2 - 17）。

2）前纵韧带 是位于各椎体和椎间盘前面的纵长韧带，宽扁强韧，上起枕骨，下达第 1 或第 2 骶椎椎体，具有限制脊柱过度后伸的作用。

3）后纵韧带 位于各椎体和椎间盘后面，窄而坚韧，纵贯脊柱全长，参与构成椎管的前壁，具有限制脊柱过度前屈的作用。

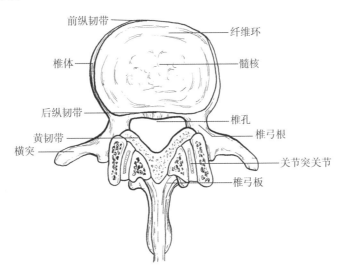

图 2 - 17 椎间盘和关节突关节

（2）椎弓间的连结 包括韧带连结和关节连结（图 2 - 18）。

1）黄韧带 是指连结于相邻两椎弓板之间的短韧带，由黄色的弹性纤维构成，参与构成椎管的后壁，有限制脊柱过度前屈的作用。

2）棘间韧带 是连于上、下两个棘突之间的短韧带。

3）棘上韧带 是连结于各棘突尖端的纵行长韧带，并与棘间韧带融合，两者均有限制脊柱前屈的作用。在颈部，第 7 颈椎棘突以上，棘上韧带扩展成一矢状位薄膜，向上附于枕外隆突，称项韧带。

4）横突间韧带 是连结于相邻椎骨两横突之间的短韧带。

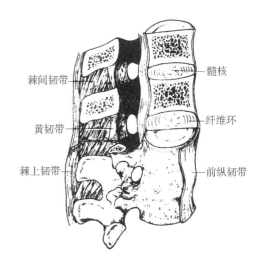

图 2 - 18 椎骨间的连结

5）关节突关节 由相邻椎骨的上、下关节突的关节面构成，只能做轻微的滑动。

（3）寰椎与枕骨及枢椎的连结 ①寰枕关节：由枕髁与寰椎上关节凹构成，可使头部做前俯、后仰及侧屈运动。②寰枢关节：由寰椎和枢椎构成，可使寰椎连同头做旋转运动。

2. 脊柱的整体观及其运动

（1）脊柱的整体观（图 2 – 19）。

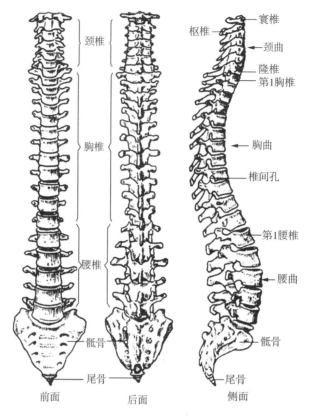

图 2 – 19　脊柱的整体观

1）脊柱前面观　可见椎体自上而下逐渐增大，至第 2 骶椎最宽，从骶骨耳状面以下又逐渐变小，与承重有关。

2）脊柱后面观　可见各部椎骨的棘突连贯成纵嵴，位于背部正中线上。颈椎棘突短而分叉，胸椎棘突较长，斜向后下，呈叠瓦状排列。腰椎棘突呈板状，水平伸向后。

3）脊柱侧面观　可见成人脊柱有颈、胸、腰、骶四个生理性弯曲。其中颈曲和腰曲凸向前，胸曲和骶曲凸向后。脊柱的这些弯曲增加了脊柱的弹性，有利于维持身体平衡和缓冲震荡。

（2）脊柱的运动　相邻两个椎骨之间的运动范围很小，但整个脊柱的运动范围却很大，可做前屈、后伸、侧屈、旋转和环转运动。

（二）胸廓

胸廓由 12 块胸椎、12 对肋和 1 块胸骨连结构成（图 2 – 20）。

1. 胸廓的整体观　成人胸廓呈前后略扁的圆锥形，上窄下宽，有上、下两口。胸廓上口较小，由第 1 胸椎、第 1 肋和胸骨柄上缘围成。胸廓下口较大，由第 12 胸椎、第 12 对肋、第 11 肋前端、肋弓和剑突

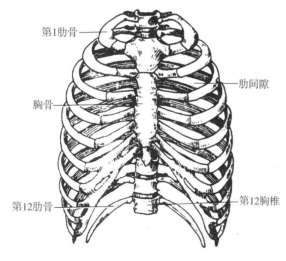

图 2 – 20　胸廓

围成。两侧肋弓之间的夹角称为胸骨下角。相邻两肋之间的间隙称为肋间隙。

2. 胸廓的运动 胸廓除支持和保护功能外，还参与呼吸运动。吸气时，在肌作用下，肋上提，使胸腔容积增大。呼气时，胸廓做相反运动，使胸腔容积减小。胸腔容积的改变促成了肺的呼吸。

第三节 颅骨及其连结

PPT

一、颅骨

成人颅骨有23块（其中3对听小骨未计入），彼此借骨连接形成颅。按所在的位置，颅骨可分为脑颅骨和面颅骨两部分（图2-21，图2-22）。

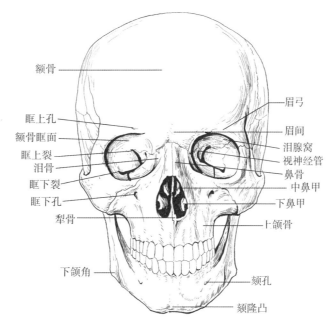

图2-21 颅（前面）

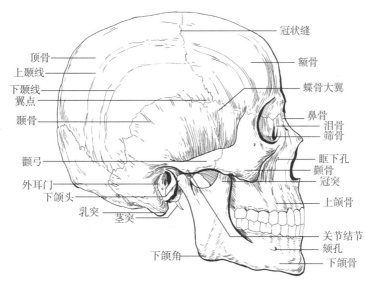

图2-22 颅（侧面）

（一）脑颅骨

脑颅骨有 8 块，包括不成对的额骨、筛骨、蝶骨和枕骨，成对的顶骨和颞骨，它们共同构成颅腔，容纳脑。颅腔的顶为颅盖，由额骨、顶骨和枕骨构成。颅腔的底为颅底，由后方的枕骨、中央的蝶骨、两侧的颞骨、前方的额骨和筛骨构成。

（二）面颅骨

面颅骨有 15 块，包括不成对的下颌骨、犁骨及舌骨，成对的上颌骨、颧骨、鼻骨、泪骨、腭骨及下鼻甲。它们构成面部的骨性支架，共同围成眶、骨性鼻腔和骨性口腔。

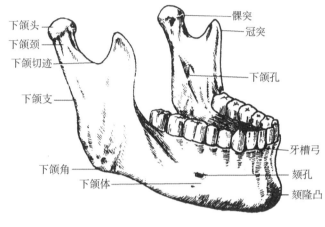

图 2－23　下颌骨

1. 下颌骨（图 2－23）　是最大的面颅骨，呈马蹄铁形，分中部的下颌体和两侧的下颌支。下颌体呈向前的弓形，上缘为牙槽弓，有容纳下颌牙的牙槽；下缘圆钝，为下颌底；体的前外侧面有一对颏孔。下颌支是长方形骨板，末端有两个突起，前方为冠突，后方为髁突，两突之间的凹陷为下颌切迹。髁突上端的膨大称下颌头，与下颌窝相关节；头下方缩细，为下颌颈。下颌支内面中央有一孔称下颌孔，向下经下颌管通颏孔。下颌支后缘与下颌底相交处，称下颌角，为重要的骨性标志。

2. 舌骨　呈马蹄铁形，位于下颌骨的后下方。中间部称体，由体向后外延伸的长突称大角，向上的短突称小角。

二、颅的整体观

（一）颅顶面观

颅顶面呈卵圆形，前宽后窄。颅盖各骨之间借缝相连，颅顶面有呈"工"字形的三条缝，即位于额骨与两顶骨之间的冠状缝，两顶骨之间的矢状缝，及两侧顶骨与枕骨之间的人字缝。

（二）颅侧面观

颅侧面（图 2－22）中部有外耳门，向内通外耳道。外耳门前上方的骨梁为颧弓，后下方的突起为乳突，两者在体表均可扪到。颧弓将颅侧面分为上方的颞窝和下方的颞下窝。在颞窝前下部，额骨、顶骨、颞骨和蝶骨四骨交界处常形成"H"形的缝，称翼点，此处骨质最为薄弱，其内面有脑膜中动脉的前支通过，若翼点处骨折，易损伤该动脉，造成硬脑膜外血肿。

（三）颅前面观

颅的前面分为额区、眶、骨性鼻腔、骨性口腔（图 2－21）。

1. 眶　为一对尖朝向后内侧、底朝向前外侧的锥形腔隙，容纳眼球及眼附器，可分为一尖、一底和上、下、内侧、外侧四壁。眶尖有视神经管与颅中窝相通；眶底即眶口，略呈四边形，其上、下缘分别称眶上缘和眶下缘。眶上缘中、内 1/3 交界处有眶上孔或眶上切迹，眶下缘中点下方有眶下孔，分别为眶上、眶下神经和血管通过。眶上壁前外侧部有泪腺窝，容纳泪腺；内侧壁前下部有泪囊窝，此窝向下经鼻泪管通鼻腔的下鼻道；外侧壁较厚，在上壁与外侧壁交界处的后份有眶上裂，通颅中窝；下壁与外侧壁交界处的后份有眶下裂，与颞下窝相通。

2. 骨性鼻腔　位于面颅中央，正中由犁骨和筛骨垂直板构成的骨性鼻中隔，将其分成左右两半。在鼻腔外侧壁上有三个向下突出的骨片，自上而下分别称上鼻甲、中鼻甲和下鼻甲。各鼻甲下方的间

图中标注：
下颌头、下颌颈、下颌切迹、下颌支、下颌角、下颌体、髁突、冠突、下颌孔、牙槽弓、颏孔、颏隆凸

隙，分别称上鼻道、中鼻道和下鼻道。上鼻甲后上方与蝶骨体之间的间隙称蝶筛隐窝（图2-24）。

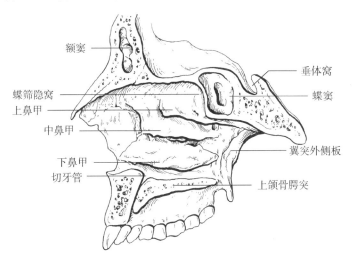

图2-24　骨性鼻腔外侧壁

3. 鼻旁窦　是位于鼻腔周围骨内的含气空腔，共有4对，即额窦、上颌窦、筛窦和蝶窦，均开口于鼻腔，对发音、共鸣和减轻颅骨重量起重要作用。蝶窦向前开口于蝶筛隐窝；筛窦后群开口于上鼻道；额窦、上颌窦和筛窦前、中群均开口于中鼻道。其中上颌窦最大，窦口高于窦底，直立时窦内液体不易引流，感染时易形成慢性炎症。

4. 骨性口腔　由上颌骨、腭骨及下颌骨围成。

（四）颅底内面观

颅底内面凹凸不平，由前向后分为三个窝，即颅前窝、颅中窝和颅后窝（图2-25）。

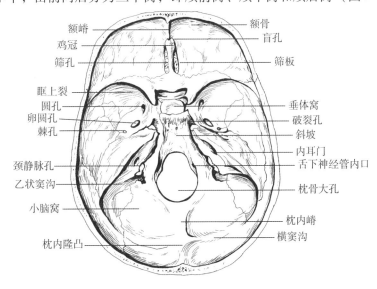

图2-25　颅底内面观

1. 颅前窝　位置最高，正中有一向上的突起称鸡冠，两侧的水平骨板称筛板，筛板上有许多小孔称筛孔，通鼻腔。

2. 颅中窝　中央是蝶骨体，上面有垂体窝，容纳垂体；窝的前外侧有视神经管；窝的两侧由前向后依次有眶上裂、圆孔、卵圆孔和棘孔。

3. 颅后窝　位置最低，窝的中央有枕骨大孔，孔前上方为斜坡，孔的前外侧缘有舌下神经管内口。

窝后方的隆凸称枕内隆凸，此凸向两侧延续为横窦沟，继转向前下改为乙状窦沟，末端终于颈静脉孔。颅后窝前外侧壁上有一孔，称内耳门，通内耳道。

（五）颅底外面观

颅底外面高低不平，其前部中央为上颌骨和腭骨水平板构成的骨腭，后上方有一对鼻后孔，通鼻腔。后部中央有枕骨大孔，其两侧的关节面称枕髁。枕髁根部有舌下神经管外口，枕髁的前外侧有一孔，称颈静脉孔，其前方的圆孔是颈动脉管外口。在乳突的前内侧有细长的突起，称茎突，两者之间的孔称茎乳孔。颧弓根部后方有下颌窝，窝前的横行隆起称关节结节。枕骨大孔后上方的粗糙隆起为枕外隆凸（图2-26）。

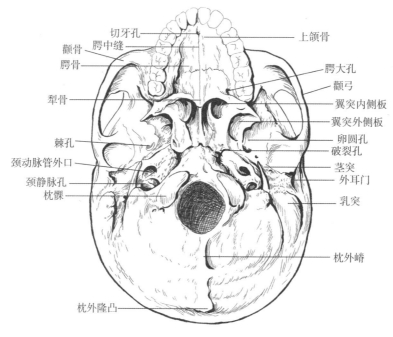

图2-26 颅底外面观

三、新生儿颅的特征

新生儿的面颅较小，脑颅相对较大，故脑颅远大于面颅（图2-27）。新生儿面颅占全颅的1/8，而成人为1/4。其颅顶各骨尚未完全发育，骨与骨之间的间隙充满了纤维组织膜，间隙的膜较大称为颅囟。其中前囟位于矢状缝与冠状缝相接处，呈菱形，最大；后囟位于矢状缝与人字缝会合处，呈三角形。此外还有顶骨前下角的蝶囟和顶骨后下角的乳突囟。前囟于1~2岁闭合，其余各囟均在出生后不久相继闭合。

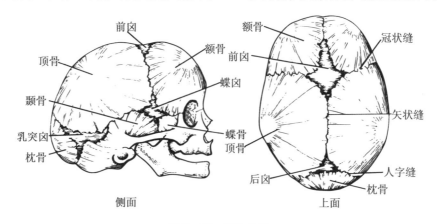

图2-27 新生儿颅

四、颅骨的连结

颅骨之间多借缝、软骨或骨直接相连,较为牢固。唯有下颌骨借颞下颌关节与颞骨相连。

颞下颌关节又称下颌关节,由下颌骨的下颌头与颞骨的下颌窝及关节结节构成(图2-28)。关节囊松弛,前部较薄弱,外侧有韧带加强。腔内有关节盘,将关节腔分为上、下两部分。颞下颌关节属于联合关节,两侧同时运动可使下颌骨做上提、下降、前进、后退以及侧方运动。极度张口时,由于关节囊前部薄弱,下颌头移到关节结节的前方,造成颞下颌关节脱位。

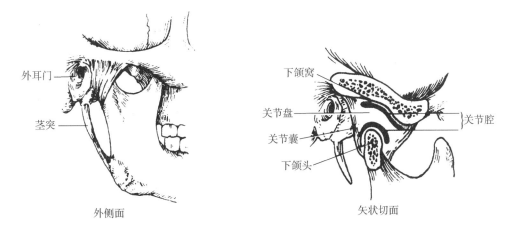

图2-28 颞下颌关节

第四节 四肢骨及其连结

PPT

四肢骨包括上肢骨和下肢骨。

一、上肢骨

上肢骨由上肢带骨和自由上肢骨组成,每侧32块。

(一)上肢带骨

1. 锁骨 呈S形弯曲,位于胸廓前上方,全长均可在体表扪及(图2-29)。内侧端圆钝,为胸骨端,与胸骨柄相关节。外侧端扁平,为肩峰端,与肩胛骨的肩峰相关节。内侧2/3凸向前,外侧1/3凸向后,二者交界处较薄弱,易发生骨折。

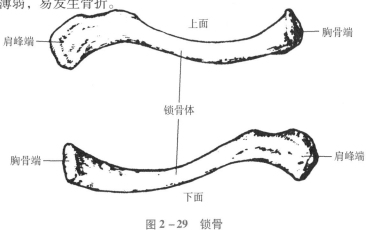

图2-29 锁骨

2. 肩胛骨　为三角形的扁骨，位于胸廓后面的外上方，介于第2~7肋之间，分为两面、三缘和三角（图2-30）。肩胛骨前面凹陷，称肩胛下窝；后面有一斜向外上的骨嵴，称肩胛冈，其向外侧延伸为肩部最高点，称肩峰，与锁骨的肩峰端相连结。肩胛冈上、下方的浅窝分别称冈上窝和冈下窝。上缘短而薄，外侧份有肩胛切迹，切迹外侧有向前的指状突起，称喙突。内侧缘薄而长，邻近脊柱又称脊柱缘。外侧缘肥厚，邻近腋窝，又称腋缘。上角平对第2肋。下角平对第7肋或第7肋间隙，可作为背部计数肋的标志。外侧角肥厚，有一呈梨形的浅窝，称关节盂，与肱骨头构成肩关节。关节盂上、下的隆起分别称盂上结节和盂下结节。

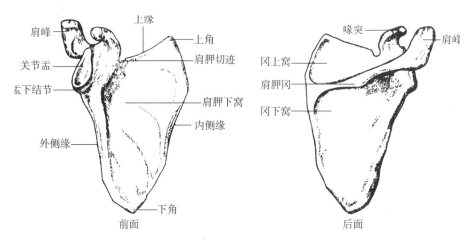

图2-30　肩胛骨

（二）自由上肢骨

1. 肱骨　位于臂部，为典型的长骨，分一体两端（图2-31）。

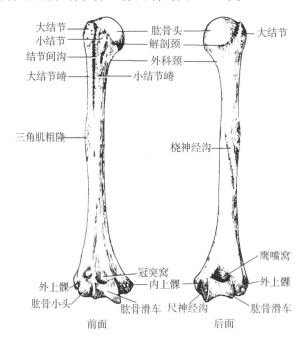

图2-31　肱骨

上端呈半球形膨大为肱骨头，与肩胛骨的关节盂相关节。头周围环形的浅沟为解剖颈。肱骨头前方和外侧的隆起分别为小结节和大结节，它们向下分别延伸为小结节嵴和大结节嵴，两结节之间的纵沟为结节间沟。上端与体交界处稍细，称外科颈，是骨折的好发部位。

肱骨体中部外侧面有粗糙的三角肌粗隆，为三角肌止点。后面中份有一由内上斜向外下的桡神经沟，内有桡神经通过。

下端略扁，外侧部有半球形的肱骨小头，与桡骨相关节。内侧部有肱骨滑车，与尺骨形成关节。滑车前面上方有冠突窝；后面上方的深窝为鹰嘴窝，可容纳尺骨鹰嘴。下端两侧的突起分别为内上髁和外上髁。内上髁后方有一浅沟为尺神经沟，内有尺神经通过。

2. 桡骨 位于前臂外侧部（图 2 - 32），上端膨大为桡骨头，其上面有关节凹，与肱骨小头相关节；头周围有环状关节面，与尺骨桡切迹相关节。头下方缩细为桡骨颈，颈的内下方的粗糙突起为桡骨粗隆。下端外侧的突起为桡骨茎突，下面有腕关节面，与腕骨相关节，内侧面有尺切迹，与尺骨头相关节。

3. 尺骨 位于前臂内侧部（图 2 - 32），上端前面有月牙形关节面为滑车切迹，与肱骨滑车相关节。切迹的前下方和后上方各有一突起，分别为冠突和鹰嘴。冠突外侧有桡切迹，与桡骨头相关节；冠突下方的粗糙突起为尺骨粗隆。尺骨下端为尺骨头，头后内侧的突起，称尺骨茎突。

4. 手骨 包括腕骨、掌骨和指骨（图 2 - 33）。

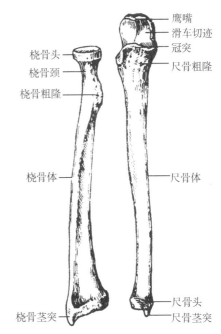

图 2 - 32　桡骨和尺骨

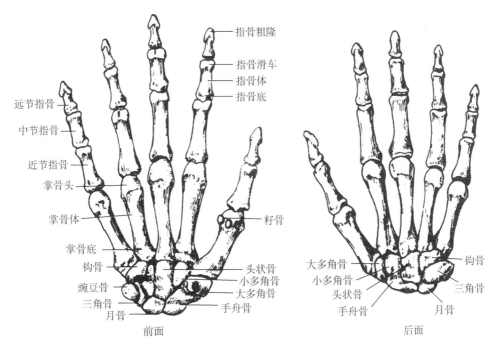

图 2 - 33　手骨

（1）腕骨　每侧8块，属短骨，排成近、远两列。近侧列由桡侧向尺侧依次为手舟骨、月骨、三角骨和豌豆骨。远侧列依次为大多角骨、小多角骨、头状骨和钩骨。

（2）掌骨　每侧5块，属长骨。由桡侧向尺侧依次为第1～5掌骨。掌骨近侧端为底，与腕骨相接；中间为体；远侧端为头，与指骨相接。

（3）指骨 每侧 14 块，属长骨。除拇指为 2 节外，其余各指均为 3 节。由近侧至远侧依次为近节指骨、中节指骨和远节指骨。

二、上肢骨的连结

（一）上肢带骨的连结

1. 胸锁关节（图 2-34） 是上肢骨与躯干骨连结的唯一关节。由锁骨的胸骨端与胸骨的锁切迹及第 1 肋软骨的上面构成。关节囊坚韧，周围有韧带加强，关节囊内有关节盘，将关节腔分为外上和内下两部分。通过胸锁关节，锁骨和整个肩部可做较小幅度的上、下、前、后和环转运动。

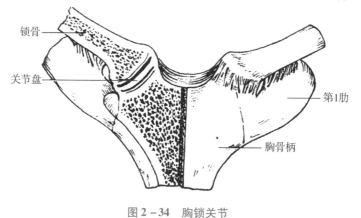

图 2-34 胸锁关节

2. 肩锁关节 由锁骨的肩峰端与肩胛骨的肩峰构成，上、下均有韧带加强，属于微动关节。

（二）自由上肢骨连结

1. 肩关节（图 2-35） 由肱骨头与肩胛骨的关节盂构成。其特点是肱骨头大，关节盂小，周缘有盂唇加深；关节囊薄而松弛，囊内有肱二头肌长头腱通过。关节囊的上方有喙肱韧带，肩关节周围有三角肌包围，但其下壁薄弱，故肩关节脱位时，肱骨头易向前下方脱位。

肩关节是全身最灵活的关节，能做屈、伸、收、展、旋内、旋外和环转运动。

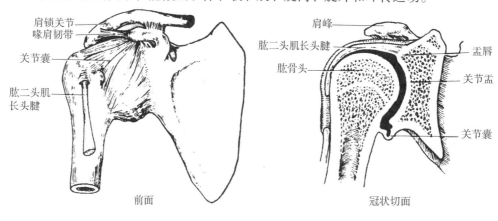

图 2-35 肩关节

2. 肘关节（图 2-36） 为复合关节，由肱骨下端与桡、尺骨上端共同构成，包括三个关节：①肱桡关节，由肱骨小头与桡骨头关节凹构成；②肱尺关节，由肱骨滑车与尺骨滑车切迹构成；③桡尺近侧关节，由桡骨环状关节面与尺骨桡切迹构成。上述三个关节包在同一个关节囊内，囊的前、后壁薄弱，内外侧紧张，分别有尺侧副韧带和桡侧副韧带加强。桡骨环状韧带包绕在桡骨头周围，防止桡骨头脱出。幼儿桡骨头发育不全，易发生桡骨头半脱位。

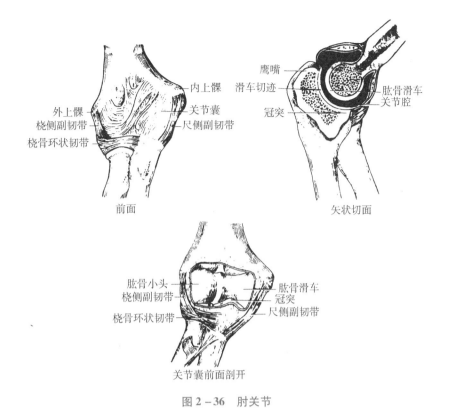

图 2-36 肘关节

肘关节主要做屈、伸运动。当肘关节伸直时，肱骨内、外上髁和尺骨鹰嘴三点在一条直线上；当肘关节屈至90°时，三点的连线呈一等腰三角形。当肘关节脱位时，三者的位置关系发生改变。

3. 桡尺连结（图 2-37） 桡骨和尺骨之间的连结包括桡尺近侧关节、前臂骨间膜和桡尺远侧关节。①桡尺近侧关节：见肘关节。②前臂骨间膜：是连于尺骨和桡骨的骨间缘之间的致密结缔组织膜。③桡尺远侧关节：由桡骨的尺切迹和尺骨头构成。

4. 手关节（图 2-38） 包括桡腕关节、腕骨间关节、腕掌关节、掌骨间关节、掌指关节和指骨间关节。

图 2-37 前臂骨连结

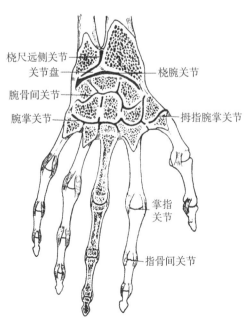

图 2-38 手关节

（1）桡腕关节　又称腕关节，由桡骨下端的关节面和尺骨头下方的关节盘共同构成关节窝，手舟骨、月骨、三角骨三者的近侧面构成关节头。可做屈、伸、收、展和环转运动。

（2）腕骨间关节　指相邻各腕骨之间构成的关节，只能做轻微移动。

（3）腕掌关节　由远侧列腕骨与5块掌骨底构成。除拇指腕掌关节运动灵活，可做拇指对掌运动外，其余各指的腕掌关节运动范围极小。

（4）掌骨间关节　是指第2~5掌骨底侧面之间的连结。

（5）掌指关节　由掌骨头与近节指骨底构成。可做屈、伸、收、展和环转运动。其中收、展是以中指的正中线为准，向中线靠拢为收，远离中线为展。

（6）指骨间关节　由相邻两节指骨的滑车和底构成，可做屈、伸运动。

三、下肢骨

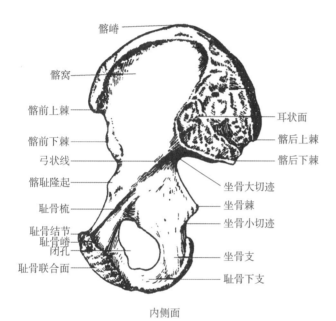

内侧面

外侧面

图 2 - 39　髋骨

下肢骨由下肢带骨和自由下肢骨组成，每侧31块。

（一）下肢带骨

髋骨属于不规则骨（图2-39），由髂骨、坐骨和耻骨三者融合而成，16岁左右完全融合。在三骨融合处外侧面形成的深窝称髋臼，窝内半月形的关节面称月状面。窝的中央未形成关节面的部分为髋臼窝。髋臼边缘下部的缺口称髋臼切迹。

1. 髂骨　构成髋骨的后上部，分为髂骨翼和髂骨体。髂骨翼上缘肥厚，形成弓形的髂嵴，其前、后端和其下方各有一对突起，分别为髂前上棘、髂前下棘、髂后上棘和髂后下棘。在髂前上棘向后5~7cm处，髂嵴外唇向外侧突起，称髂结节。髂骨翼内侧面的浅窝称髂窝，髂窝下界为一斜行隆起线，称弓状线，其前方的隆起为髂耻隆起。髂骨翼后下方有耳状面，与骶骨的耳状面相关节。

2. 坐骨　构成髋骨的后下部，分为坐骨体和坐骨支。坐骨体后缘有一个三角形的突起，称坐骨棘。坐骨支下端肥厚粗糙，称坐骨结节。坐骨棘与髂后下棘之间为坐骨大切迹，与坐骨结节之间为坐骨小切迹。

3. 耻骨　构成髋骨的前下部，分体和上、下两支。从体向前内侧伸出耻骨上支，再转向下为耻骨下支，两者移行处的内侧面为耻骨联合面。耻骨上支的上缘锐薄，称耻骨梳，向后移行至与髂骨体交界处的髂耻隆起，向前的隆起称耻骨结节。耻骨结节到中线的粗钝上缘为耻骨嵴。耻骨下支和坐骨支围成闭孔，活体有闭孔膜封闭，孔上缘的浅沟为闭孔沟，内有闭孔血管、神经通过。

（二）自由下肢骨

1. 股骨 是人体最长的骨，约占人体身高的1/4，分一体两端（图2-40）。

上端有朝向内上的股骨头，与髋臼相关节。头中央稍下方有一小凹，称股骨头凹，有股骨头韧带附着。头外下方缩细的部分称股骨颈。颈、体交界处上外侧的隆起为大转子，内下方的小突起为小转子。大、小转子之间，前面有转子间线，后面有转子间嵴。大转子是重要的体表标志，可在体表扪及。

股骨体略呈弓状，凸向前。体前面光滑，后面的纵行骨嵴称粗线，其上方分叉，向上外延续为粗糙的臀肌粗隆；下方分叉的两线之间围成三角形的腘平面。

下端有两个向后突出的膨大，分别为内侧髁和外侧髁。两髁前面的关节面彼此相连，形成髌面，与髌骨相接。两髁后方的深窝称髁间窝。两髁侧面最突起处，分别为内上髁和外上髁。

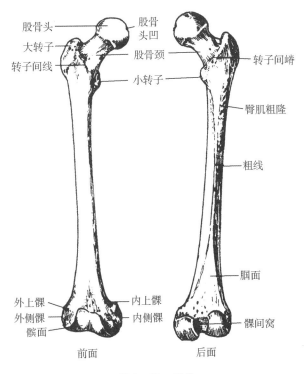

图2-40 股骨

2. 髌骨 是全身最大的一块籽骨，位于股四头肌腱内，略呈三角形，上宽下窄，前面粗糙，后面光滑为关节面，与股骨髌面相关节（图2-41）。

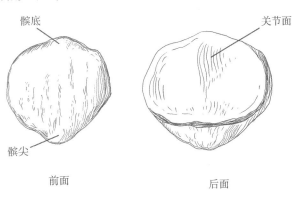

图2-41 髌骨

3. 胫骨 位于小腿内侧部，属长骨（图2-42）。上端膨大，向两侧突出形成内侧髁和外侧髁。两髁之间上面的骨性隆起称髁间隆起。外侧髁的后下方有腓关节面，与腓骨头相关节。上端前面的隆起，为胫骨粗隆。胫骨体的外侧缘称骨间缘。胫骨下端稍膨大，其内下方的突起称内踝。下方有关节面，与距骨滑车相关节。

4. 腓骨 位于胫骨外后方，细长（图2-42）。上端膨大称腓骨头，头下方缩细为腓骨颈。体内侧缘锐利，称骨间缘。下端膨大为外踝，其内侧面有关节面，与距骨相关节。

5. 足骨 包括跗骨、跖骨和趾骨（图2-43）。

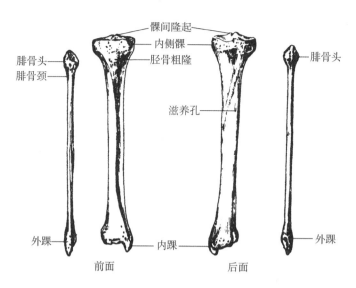

图2-42 胫骨和腓骨

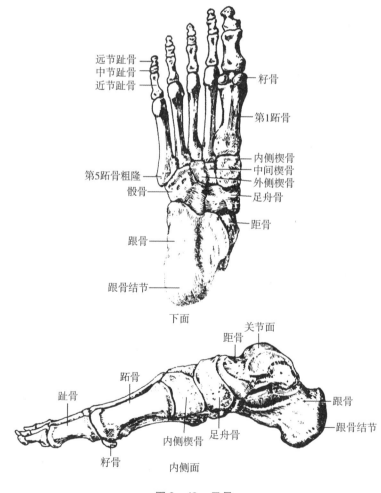

图2-43 足骨

（1）跗骨 属于短骨，每侧7块，分前、中、后三列。后列包括上方的距骨和下方的跟骨。距骨上面有距骨滑车，与内、外踝和胫骨的下关节面相关节；跟骨后端的隆起为跟骨结节。中列为位于距骨前方的足舟骨，其内下方的骨隆起为舟骨粗隆。前列为内侧楔骨、中间楔骨和外侧楔骨及跟骨前方的骰骨。

（2）跖骨 每侧 5 块，由内侧向外侧依次为第 1~5 跖骨。跖骨与掌骨类似，也分底、体、头三部分。

（3）趾骨 每侧 14 块。踇趾为 2 节，其余各趾均为 3 节。命名与指骨相同。

四、下肢骨的连结

（一）下肢带骨的连结

1. 骶髂关节 由骶骨和髂骨的耳状面构成。关节囊厚而坚韧，其前、后面分别有骶髂前、后韧带加强，因此活动性极小，属于微动关节，以适应支持体重的功能。

2. 韧带连结 ①髂腰韧带：较肥厚强韧，连于第 5 腰椎横突与髂嵴后部之间。②骶结节韧带：从骶、尾骨侧缘连于坐骨结节之间的韧带。③骶棘韧带：从骶、尾骨侧缘连于坐骨棘之间的韧带。骶结节韧带和骶棘韧带与坐骨大、小切迹共同围成坐骨大孔和坐骨小孔，有神经、血管和肌等通过（图 2-44，2-45）。

3. 耻骨联合 由两侧的耻骨联合面借耻骨间盘连结而成。耻骨间盘由纤维软骨构成，内有一矢状位的裂隙，女性较男性宽，在分娩时裂隙增宽，有利于胎儿娩出。

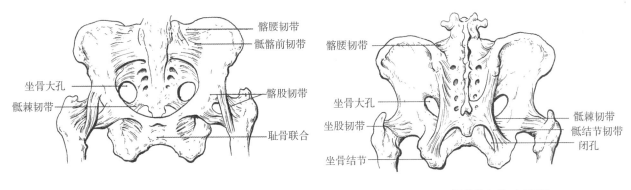

图 2-44 骨盆的韧带（前面）　　　　图 2-45 骨盆的韧带（后面）

4. 骨盆（图 2-46） 由骶骨、尾骨和两侧的髋骨连结而成，具有容纳、保护盆腔脏器和传递重力等作用。

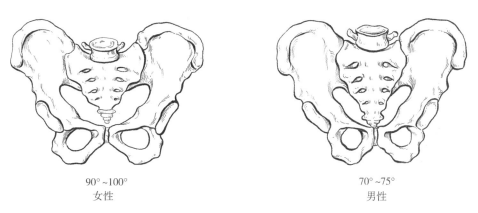

90°~100°
女性

70°~75°
男性

图 2-46 骨盆

（1）骨盆的分部 骨盆借界线分为上方的大骨盆和下方的小骨盆。界线自后向前由骶骨岬、弓状线、耻骨梳、耻骨结节和耻骨联合上缘所围成。小骨盆有上、下两口，其上口为界线，下口由尾骨尖、骶结节韧带、坐骨结节、坐骨支、耻骨下支和耻骨联合下缘所围成。两口之间的内腔为骨盆腔，是胎儿娩出的通道（产道）。两侧耻骨下支连成耻骨弓，两下支的夹角称耻骨下角。

（2）骨盆的性别差异　男、女性骨盆有明显的差异（表2－1）。

表2－1　男、女性骨盆的差异

	男性	女性
骨盆外形	窄而长	短而宽
骨盆上口	心形、较小	椭圆形、较大
骨盆下口	狭小	宽大
骨盆腔	漏斗形	圆桶形
耻骨下角	70°～75°	90°～100°

（二）自由下肢骨连结

1. 髋关节（图2－47）　由髋臼与股骨头构成。髋臼深，其周缘附有纤维软骨构成的髋臼唇，增加了髋臼的深度，故股骨头几乎全部包入髋臼内。关节囊厚而坚韧，向上附着于髋臼周缘，向下附着于股骨颈，股骨颈前面全部被关节囊包绕，后面内侧2/3包于囊内，外侧1/3露在囊外，故股骨颈骨折可分囊内骨折和囊外骨折。关节囊内有股骨头韧带，连结于股骨头凹和髋臼横韧带之间，内有营养股骨头的血管通过。关节囊周围有韧带加强，前方有强大的髂股韧带，可限制大腿过度后伸；后下部相对较薄弱，无韧带加强，故髋关节脱位时，股骨头易脱向后下方。

髋关节可做屈、伸、收、展、旋内、旋外和环转运动，但运动幅度较肩关节小。髋关节具有较大的稳固性，以适应承重和行走的功能。

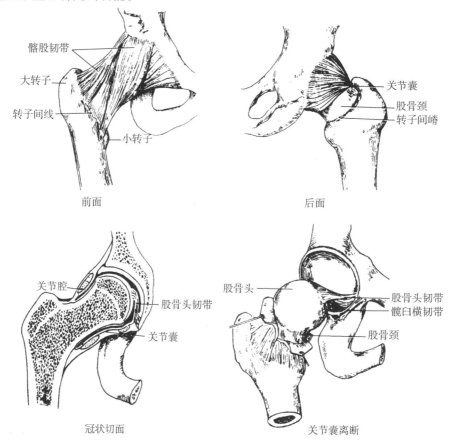

图2－47　髋关节

2. 膝关节（图 2 -48） 是人体最大、最复杂的关节，由股骨下端、胫骨上端及髌骨构成。关节囊薄而松弛，周围有韧带加强，前面有股四头肌腱延续成的髌韧带加强，两侧有胫侧副韧带和腓侧副韧带加强。关节囊内有膝交叉韧带和半月板。膝交叉韧带分前交叉韧带和后交叉韧带，牢固地连结股骨和胫骨，可限制胫骨向前、后移位。半月板是垫在股骨与胫骨关节面之间的两块半月形纤维软骨板（图 2 -49）。内侧半月板较大，呈"C"形；外侧半月板较小，近似"O"形。半月板上面凹陷，下面平坦，可使股骨、胫骨的关节面更为适应，从而增加了关节的稳固性和灵活性。

膝关节可做前伸和后屈运动，在半屈膝时，还可做小幅度的旋内和旋外运动。

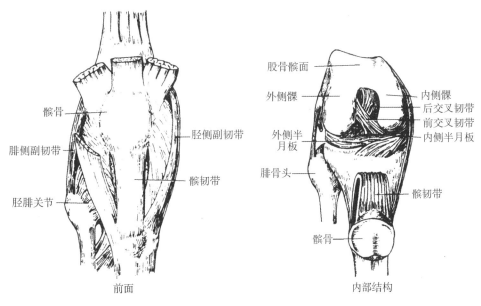

图 2 -48 膝关节

3. 胫腓连结（图 2 -50） 胫骨和腓骨连结紧密。上端由胫骨的腓关节面与腓骨头构成微动的胫腓关节，两骨干间借坚韧的小腿骨间膜相连，下端借韧带连结。两骨间活动度极小。

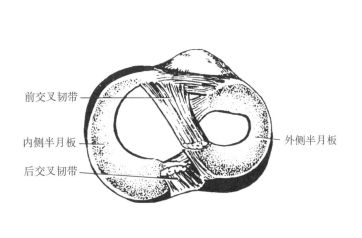

图 2 -49 膝关节半月板

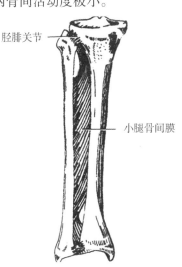

图 2 -50 胫腓连结

4. 足关节（图 2 -51） 包括距小腿关节、跗骨间关节、跗跖关节、跖骨间关节、跖趾关节和趾骨间关节。

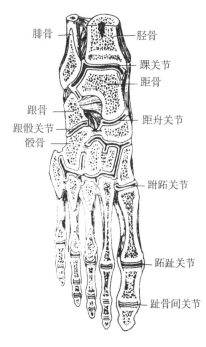

图 2 - 51　足关节

（1）距小腿关节　又称踝关节，由胫、腓骨下端与距骨滑车构成。关节囊的前、后壁薄而松弛，两侧有韧带加强。踝关节可做背屈（伸）和跖屈（屈）运动。由于外踝比内踝低，故踝关节在过度跖屈时，容易发生内翻损伤。

（2）跗骨间关节　位于各跗骨之间，主要有距跟关节、距跟舟关节和跟骰关节等。

（3）跗跖关节　由 3 块楔骨和骰骨与 5 块跖骨底构成，均属微动关节。

（4）跖骨间关节　位于 2 ~ 5 跖骨底之间，活动甚微。

（5）跖趾关节　由跖骨头与近节趾骨底构成，可做轻微的屈、伸和收、展运动。

（6）趾骨间关节　由相邻两节趾骨的底与滑车构成，可做屈、伸运动。

5. 足弓（图 2 - 52）　是由跗骨和跖骨借其连结形成凸向上的弓。足弓可分为前后方向的纵弓和内外方向的横弓。足弓有弹性，有利于行走和跳跃，并能缓冲震荡，还能保护足底的血管和神经免受压迫。当足底韧带被动拉长或损伤时，可导致足弓塌陷，形成扁平足。

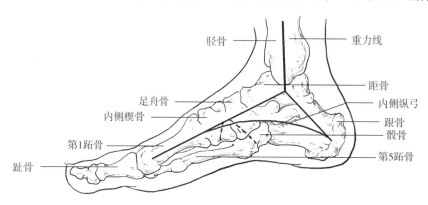

图 2 - 52　足弓

第五节　头颈肌 微课2

一、头肌

头肌分布于头部，包括面肌和咀嚼肌两部分（表 2 - 2）。

PPT

表 2 - 2　头肌的名称、起止点和作用

肌群	肌名	起点	止点	主要作用
面肌	枕额肌	帽状腱膜	眉部皮肤	提眉，下牵皮肤
		上项线	帽状腱膜	后牵头皮
	眼轮匝肌	环绕眼裂周围		闭合眼裂
	口轮匝肌	环绕口裂周围		闭合口裂
	颊肌	面颊深层		使唇和颊贴紧牙，帮助咀嚼和吸吮

续表

肌群	肌名	起点	止点	主要作用
咀嚼肌	咬肌	颧弓	下颌骨的咬肌粗隆	上提下颌（闭口）
	颞肌	颞窝	下颌骨冠突	
	翼内肌	翼窝	下颌骨内面的翼肌粗隆	
	翼外肌	翼突外侧面	下颌颈	两侧收缩拉下颌向前（张口），单侧收缩拉下颌向对侧

（一）面肌

面肌位置表浅，为扁薄的皮肌，大多起自颅骨，止于面部皮肤。主要分布于面部、口裂、睑裂周围，呈环形或辐射状排列。作用是闭合或开大相应孔裂，同时牵动面部皮肤产生喜、怒、哀、乐等各种表情，故面肌又称表情肌（图 2 – 53）。

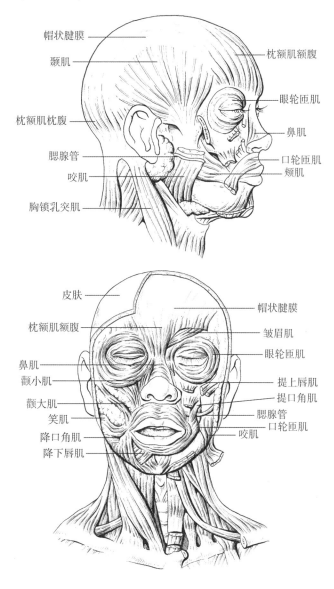

图 2 – 53 面肌

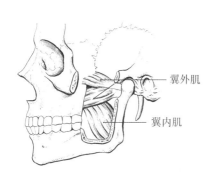

图 2 - 54　翼内肌和翼外肌

（二）咀嚼肌

咀嚼肌包括咬肌、颞肌、翼外肌和翼内肌，配布于颞下颌关节周围，参加咀嚼运动（图 2 - 53，图 2 - 54）。

1. 咬肌　呈长方形，起于颧弓，止于下颌角外面。可上提下颌骨。

2. 颞肌　呈扇形，起于颞窝，止于下颌骨冠突，可上提下颌骨。

3. 翼内肌　位于下颌支内侧面，起于翼突，止于下颌角内侧面，收缩时可上提下颌骨，并牵拉下颌骨向前。

4. 翼外肌　位于颞下窝内，起于蝶骨大翼和翼突，止于下颌颈和关节盘前缘。一侧收缩使下颌骨向对侧运动；两侧同时收缩，可牵拉下颌骨向前，做张口运动。

二、颈肌

颈肌依其所在位置可分为颈浅肌和颈外侧肌、颈前肌和颈深肌三群（表 2 - 3）。

表 2 - 3　颈肌的名称、位置和作用

肌群		肌名	位置	主要作用
颈浅肌和颈外侧肌		颈阔肌	颈部浅筋膜中	紧张颈部皮肤
		胸锁乳突肌	颈部两侧	一侧收缩，使头偏向同侧，颜面部偏向同侧；双侧同时收缩使头后仰
颈前肌	舌骨上肌群	二腹肌	舌骨与下颌骨之间	上提舌骨，使舌升高，协助吞咽
		下颌舌骨肌		
		茎突舌骨肌		
		颏舌肌		
	舌骨下肌群	胸骨舌骨肌	颈前部正中线的两侧	使喉和舌骨下降
		肩胛舌骨肌		
		胸骨甲状肌		
		甲状舌骨肌		
颈深肌群		斜角肌	颈部两侧深层	一侧收缩，使颈侧屈；双侧同时收缩，上提第 1、2 肋，助深吸气

（一）颈浅肌和颈外侧肌

1. 颈阔肌　位于颈部浅筋膜中的皮肌，薄而宽阔。起自胸大肌和三角肌表面的筋膜，向上止于口角等处。收缩时，有紧张颈部皮肤和降口角的作用。

2. 胸锁乳突肌　位于颈部两侧，大部分为颈阔肌所覆盖。两头分别起自胸骨柄前面和锁骨的胸骨端，斜向后上方，止于颞骨的乳突（图 2 - 55）。作用是一侧收缩时，使头向同侧屈，面转向对侧；两侧同时收缩时，可使头后仰。

（二）颈前肌

颈前肌以舌骨为界，分为舌骨上肌群和舌骨下肌群（图 2 - 56）。

1. 舌骨上肌群　位于舌骨与下颌骨之间，每侧有 4 块肌，均止于舌骨。包括二腹肌、茎突舌骨肌、下颌舌骨肌和颏舌骨肌。共同作用是上提舌骨，协助吞咽；当舌骨固定时，可下降下颌骨，协助张口。

2. 舌骨下肌群　位于舌骨与肩胛骨和胸骨之间，每侧有 4 块肌，包括肩胛舌骨肌、胸骨舌骨肌、胸骨甲状肌和甲状舌骨肌。共同作用是下降舌骨和喉，参与吞咽。

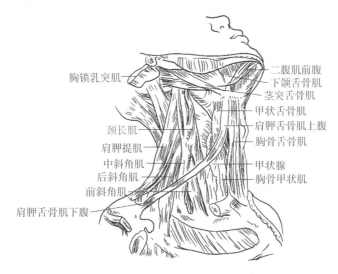

图 2 - 55　颈外侧肌

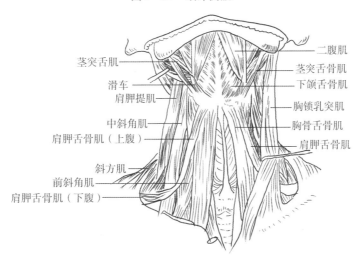

图 2 - 56　颈前肌

（三）颈深肌群

颈深肌群分为内侧群和外侧群（图 2 - 57）。内侧群位于脊柱颈段的前方，主要有头长肌和颈长肌，收缩时可使头颈屈。外侧群位于脊柱颈段的两侧，由前向后依次有前斜角肌、中斜角肌和后斜角肌。各肌均起自颈椎横突，其中前、中斜角肌止于第 1 肋，后斜角肌止于第 2 肋。前、中斜角肌与第 1 肋之间围成的三角形间隙称斜角肌间隙，有锁骨下动脉和臂丛神经通过。

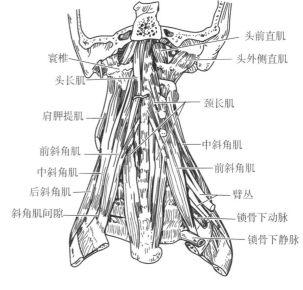

图 2 - 57　颈深肌群

PPT

第六节 躯干肌

躯干肌按部位可分为背肌、胸肌、膈、腹肌和会阴肌。

一、背肌

背肌（图2-58）位于躯干后面，可分为浅、深两群。其中浅群包括斜方肌、背阔肌、菱形肌和肩胛提肌；深群为竖脊肌（表2-4）。

表2-4 背肌的名称、起止点和作用

肌群	肌名	起点	止点	主要作用
浅群	斜方肌	上项线、枕外隆凸、项韧带、第7颈椎和全部胸椎的棘突	锁骨的外侧1/3、肩峰和肩胛冈	上部收缩，可使肩胛骨上移；下部收缩，可使肩胛骨下移；双侧收缩，可使肩胛骨向脊柱靠拢
	背阔肌	下6个胸椎和全部腰椎的棘突、骶正中嵴和髂嵴后部	肱骨小结节嵴	使肱骨内收、旋内和后伸
深群	竖脊肌	骶骨背面和髂嵴后面	沿途止于椎骨、肋骨，上达颞骨乳突	单侧收缩，使脊柱侧屈；双侧收缩，使脊柱后伸和头后仰

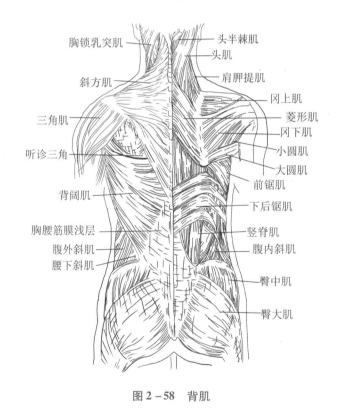

图2-58 背肌

（一）浅群

1. 斜方肌 为三角形的扁肌，位于项、背部浅层，左右两侧合在一起呈斜方形。起自上项线、枕外隆凸、项韧带、第7颈椎棘突和全部胸椎棘突，上部肌束斜向外下方，中部肌束水平向外，下部肌束斜向外上方，止于锁骨外侧1/3部、肩峰和肩胛冈。作用：全部肌束收缩可使肩胛骨向脊柱靠拢；上部肌束收缩可上提肩胛骨；下部肌束收缩可下降肩胛骨。肩胛骨固定时，两侧同时收缩可使头后仰。若该肌瘫痪时,可产生"塌肩"。

2. 背阔肌 为全身最大的扁肌,位于胸外侧部和背下部。起自下6个胸椎棘突、全部腰椎棘突、骶正中嵴及髂嵴后份,肌束向外上方集中,止于肱骨小结节嵴。作用:收缩时使肩关节内收、旋内和后伸。当上肢上举固定时,可引体向上。

3. 菱形肌 为菱形扁肌,位于斜方肌深面。作用:收缩时牵拉肩胛骨向内上,靠近脊柱。

4. 肩胛提肌 呈带状,位于斜方肌深面。作用:收缩时上提肩胛骨;若肩胛骨固定,使颈向同侧屈。

(二)深群

竖脊肌又称骶棘肌,纵列于脊柱两侧的沟内,为背肌中最长、最大的肌,也是维持身体直立姿势的重要肌。起自骶骨背面和髂嵴的后部,向上分出三群肌束,沿途止于椎骨棘突、横突和肋骨,最后止于颞骨乳突。作用:一侧收缩时使脊柱侧屈;双侧收缩时使脊柱后伸和仰头。

二、胸肌

胸肌可分为胸上肢肌和胸固有肌(表2-5,图2-59,图2-60)。

表2-5 胸肌的名称、起止点和作用

肌群	肌名	起点	止点	主要作用
胸上肢肌	胸大肌	锁骨内侧半、胸骨、第1~6肋软骨	肱骨大结节嵴	肩关节内收,旋内及前屈
	胸小肌	第3~5肋骨	肩胛骨喙突	拉肩胛骨向下
	前锯肌	第1~8肋骨	肩胛骨内侧缘及下角	拉肩胛骨向前
胸固有肌	肋间外肌	上位肋骨下缘	下位肋骨上缘	提肋助吸气
	肋间内肌	下位肋骨上缘	上位肋骨下缘	降肋助呼气

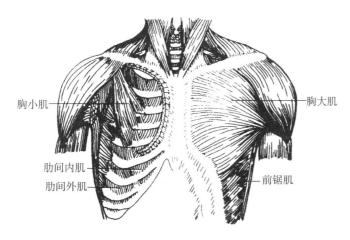

图2-59 胸肌

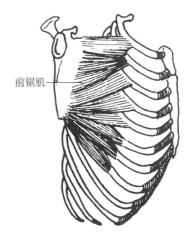

图2-60 前锯肌

(一)胸上肢肌

胸上肢肌均起于胸廓,止于上肢带骨或肱骨,包括胸大肌、胸小肌和前锯肌。

1. 胸大肌 呈扇形,宽而厚,位于胸前壁上部。起自锁骨内侧半、胸骨和第1~6肋软骨,肌束向外聚合,以扁腱止于肱骨大结节嵴。作用:收缩时使肩关节内收、旋内和前屈。如上肢固定,可上提躯干,也可提肋助吸气。

2. 胸小肌 呈三角形,位于胸大肌的深面。起自第3~5肋,止于肩胛骨的喙突。作用:收缩时拉肩胛骨向前下方;当肩胛骨固定时,可上提肋助吸气。

3. 前锯肌 为宽大的扁肌，位于胸廓侧壁，以肌齿起于上位 8 个肋骨的外面，肌束斜向后上内，经肩胛骨的前方，止于肩胛骨内侧缘和下角（图 2 - 60）。作用：收缩时拉肩胛骨向前紧贴胸廓背面；下部肌束可使胛骨下角旋外，助臂上举。当肩胛骨固定时，可上提肋助深吸气。

（二）胸固有肌

胸固有肌位于肋间隙内，包括肋间外肌、肋间内肌和肋间最内肌。

1. 肋间外肌 位于肋间隙浅层，起自上位肋骨的下缘，肌束斜向前下，止于下一肋骨的上缘。作用：收缩时可上提肋助吸气。

2. 肋间内肌和肋间最内肌 位于肋间隙深层，均起自下位肋骨的上缘，肌束斜向内上，止于上位肋骨的下缘。肌束方向与肋间外肌相反。作用：收缩时可降肋助呼气。

三、膈

膈位于胸、腹腔之间，为胸腔的底和腹腔的顶，为一向上膨隆呈穹隆形的宽阔扁肌。膈的周边为肌性部，中央为腱膜，称中心腱。肌性部的肌束起自胸廓下口的周缘和腰椎前面，止于中心腱。

膈上有三个裂孔：①主动脉裂孔，位于第 12 胸椎的前方，有降主动脉和胸导管通过；②食管裂孔，位于主动脉裂孔的左前上方，约平第 10 胸椎水平，有食管和迷走神经通过；③腔静脉孔，位于食管裂孔的右前上方的中心腱内，约平第 8 胸椎水平，有下腔静脉通过（图 2 - 61）。

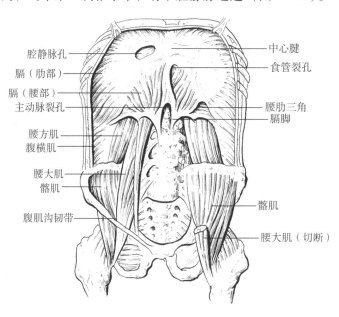

图 2 - 61 膈

膈是主要的呼吸肌，收缩时，膈穹隆下降，胸腔容积扩大，以助吸气；松弛时，膈穹隆上升，胸腔容积减小，以助呼气。膈与腹肌同时收缩，还能增加腹压，协助排便、呕吐及分娩等活动。

四、腹肌

腹肌位于胸廓与骨盆之间，按其部位可分为前外侧群和后群。

（一）前外侧群

前外侧群构成腹腔的前外侧壁，包括腹直肌、腹外斜肌、腹内斜肌和腹横肌等（表 2 - 6，图 2 - 62）。

表 2 - 6 腹肌的名称、起止点和作用

肌群	肌名	起点	止点	主要作用
前外侧群	腹外斜肌	下 8 个肋骨的外面	小部分止于髂嵴，大部分止于白线	增加腹压，使脊柱前屈、侧屈、旋转
	腹内斜肌	胸腰筋膜、髂嵴和腹股沟韧带的外侧 1/2	白线	
	腹横肌	下 6 个肋软骨内面、胸腰筋膜、髂嵴和腹股沟韧带外侧 1/3	白线	
	腹直肌	耻骨联合和耻骨嵴	剑突和第 5～7 肋软骨	增加腹压，使脊柱前屈
后群	腰方肌	髂嵴后部	第 12 肋和第 1～4 腰椎横突	下降和固定第 12 肋，并使脊柱侧屈

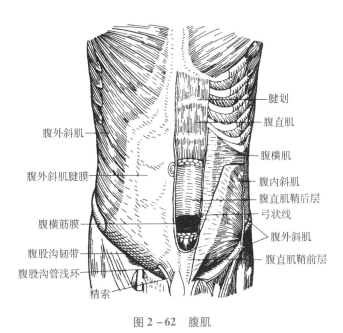

图 2 - 62 腹肌

1. 腹直肌 呈长带状，上宽下窄，位于腹前壁正中线两侧的腹直肌鞘内。起自耻骨联合和耻骨嵴，肌束向上止于剑突和第 5～7 肋软骨的前面。肌的全长被 3～4 条横行的腱划分成多个肌腹，腱划与腹直肌鞘的前层紧密结合。

2. 腹外斜肌 为宽阔扁肌，位于腹前外侧壁的浅层，以 8 个肌齿起自下 8 个肋的外面，肌束斜向前下方，小部分止于髂嵴，大部分在腹直肌外侧缘移行为腹外斜肌腱膜，经腹直肌的前面终于白线，参与构成腹直肌鞘的前层。腹外斜肌腱膜的下缘卷曲增厚，连于髂前上棘与耻骨结节间，称为腹股沟韧带。在耻骨结节外上方，腱膜形成一个三角形的裂孔，称腹股沟管浅环（皮下环），男性有精索通过，女性有子宫圆韧带通过。

3. 腹内斜肌 位于腹外斜肌的深面，起自胸腰筋膜、髂嵴和腹股沟韧带的外侧 1/2。肌束呈扇形，移行为腹内斜肌腱膜。腱膜在腹直肌外侧缘分为前、后两层包裹腹直肌，并止于白线，参与构成腹直肌鞘的前层及后层。腹内斜肌下部肌束形成游离弓状下缘，越过男性精索或女性子宫圆韧带后延续为腱膜，与腹横肌的腱膜共同形成腹股沟镰或称联合腱，止于耻骨梳。腹内斜肌与腹横肌最下部的肌束，包绕精索和睾丸，称提睾肌，收缩时可上提睾丸。

4. 腹横肌 位于腹内斜肌深面，起自下 6 个肋的内面、胸腰筋膜、髂嵴和腹股沟韧带外侧 1/3，肌束横行向内，在腹直肌外侧缘附近移行为腹横筋膜，止于白线，参与构成腹直肌鞘的后层。腹横肌除了

最下部的肌束参与构成提睾肌外，其腱膜下缘还参与构成腹股沟镰。

腹肌前外侧群的作用除参与构成腹壁，保护腹腔脏器，维持腹内压外；还能使脊柱做前屈、侧屈和旋转等运动。

（二）后群

后群包括腰大肌和腰方肌（图 2 - 61），腰大肌将在下肢肌中叙述。

腰方肌呈长方形，位于腹后壁，腰椎两侧。起自髂嵴后部，向上止于第 12 肋和第 1 ~ 4 腰椎横突。作用：收缩时下降并固定 12 肋，还能使脊柱侧屈。

（三）腹肌形成的特征性结构

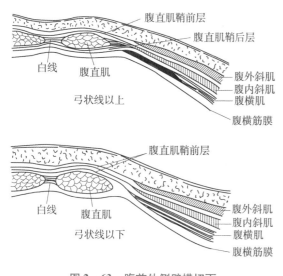

图 2 - 63　腹前外侧壁横切面

1. 腹直肌鞘　位于腹前壁，包绕腹直肌，由腹前外侧壁的三块扁肌的腱膜构成，分前、后两层。前层由腹外斜肌腱膜与腹内斜肌腱膜的前层愈合而成；后层由腹内斜肌腱膜的后层与腹横肌腱膜构成。约在脐以下 4 ~ 5cm 处，鞘的后层完全转至腹直肌的前面，参与构成鞘的前层，因此该处后层缺如。其下缘游离，形成凸向上方的弧形线，称弓状线（半环线），此线以下腹直肌后面与腹横筋膜相贴（图2 - 63）。

2. 白线　位于腹前壁正中线上，左、右腹直肌鞘之间，上至剑突，下至耻骨联合（图 2 - 63）。由两侧的腹直肌鞘纤维彼此交织而成。上宽下窄，坚韧而缺少血管，约在中点处有脐环，是腹壁的薄弱点，为脐疝好发部位。

3. 腹股沟管　位于腹前外侧壁的下部、腹股沟韧带内侧半上方，是一条肌和腱之间的裂隙（图 2 - 64），由外上斜向内下，长 4 ~ 5cm，男性有精索通过，女性有子宫圆韧带通过。

腹股沟管有两口和四壁。管的内口称腹股沟管深（腹）环，在腹股韧带中点上方约 1.5cm 处，为腹横筋膜向外突出形成的卵圆形孔。管的外口即腹股沟管浅（皮下）环。前壁是腹外斜肌腱膜和腹内斜肌；后壁是腹横筋膜和腹股沟镰；上壁为腹内斜肌和腹横肌的弓状下缘；下壁为腹股沟韧带。

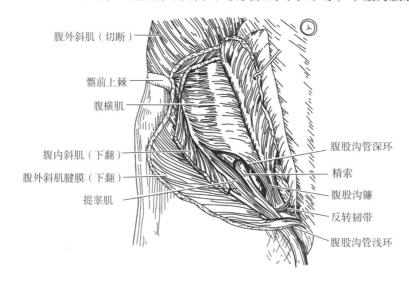

图 2 - 64　腹前壁下部

4. 腹股沟三角　又称海氏三角，位于腹前壁下部，是由腹直肌外侧缘、腹股沟韧带和腹壁下动脉围成的三角形区域，是腹壁下部的薄弱区域。

第七节　上肢肌

PPT

上肢肌按所在部位可分为肩肌、臂肌、前臂肌和手肌。

一、肩肌

肩肌配布于肩关节的周围，共6块，均起自上肢带骨，止于肱骨，有运动和稳定肩关节的功能，包括三角肌、冈上肌、冈下肌、小圆肌、大圆肌和肩胛下肌（表2-7，图2-65）。

表2-7　肩肌的名称、起止点和作用

肌群	名称	起点	止点	主要作用
浅层	三角肌	锁骨外1/3，肩峰和肩胛冈	肱骨三角肌粗隆	使外展肩关节，前屈和旋内（前部肌束），后伸和旋外（后部肌束）
深层	冈上肌	肩胛骨冈上窝	肱骨大结节上部	使肩关节外展
	冈下肌	肩胛骨冈下窝	肱骨大结节中部	使肩关节旋外
	小圆肌	肩胛骨外侧缘背面	肱骨大结节下部	
	大圆肌	肩胛骨下角背面	肱骨小结节嵴	使肩关节后伸、内收及旋内
	肩胛下肌	肩胛下窝	肱骨小结节	使肩关节内收及旋内

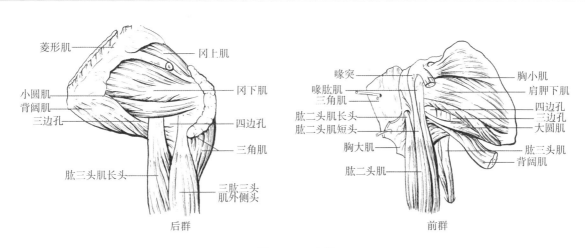

图2-65　肩肌

三角肌位于肩部外侧，呈三角形，是临床上常选的肌内注射部位之一。起自锁骨的外侧段、肩峰和肩胛冈，肌束从前、后、外三面包裹肩关节，逐渐向外下方集中，止于肱骨的三角肌粗隆。作用：全部肌束收缩时可外展肩关节；前部肌束收缩时，可使肩关节前屈和旋内；后部肌束收缩时，能使肩关节后伸和旋外。

二、臂肌

臂肌位于肱骨周围，分为前、后两群，前群为屈肌，后群为伸肌（表2-8，图2-66）。前群包括浅层的肱二头肌和深层的肱肌和喙肱肌。后群主要为肱三头肌。

表 2-8 臂肌的名称、起止点和作用

肌群	名称	起点	止点	主要作用
前群	肱二头肌	长头：肩胛骨盂上结节 短头：肩胛骨喙突	桡骨粗隆	屈肘关节、前臂旋后、协助屈肩关节
	喙肱肌	肩胛骨喙突	肱骨中部内侧	肩关节屈、内收
	肱肌	肱骨下半前面	尺骨粗隆	屈肘关节
后群	肱三头肌	长头：肩胛骨盂下结节 内侧头：桡神经沟内下方的骨面 外侧头：桡神经沟外上方的骨面	尺骨鹰嘴	伸肘关节、助肩关节伸及内收

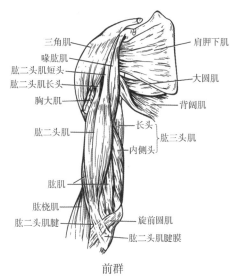
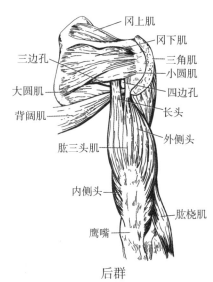

图 2-66 臂肌

（一）前群

1. 肱二头肌 呈梭形，以长头和短头分别起自肩胛骨盂上结节和喙突，肌束向下止于桡骨粗隆。作用：收缩时屈肘关节；当前臂处于旋前位时，能使其旋后，还可协助屈肩关节。

2. 喙肱肌 起自喙突，止于肱骨中部内侧。作用：收缩时可使肩关节屈并内收。

3. 肱肌 起于肱骨体下半部的前面，止于尺骨粗隆。作用：收缩时屈肘关节。

（二）后群

肱三头肌位于臂后面，有 3 个头，其中长头起自肩胛骨的盂下结节，外侧头与内侧头分别起自肱骨桡神经沟的外上方和内下方的骨面，3 头合成肌腹向下移行为一个扁腱，止于尺骨鹰嘴。作用：收缩时伸肘关节，长头还可使肩关节后伸和内收。

三、前臂肌

前臂肌位于尺、桡骨的周围，共有 19 块，分为前、后两群。前群 9 块，主要是屈肌，可屈肘、屈腕；后群 10 块，主要是伸肌，可伸肘、伸腕。各肌的作用大致与其名称一致（表 2-9，图 2-67，图 2-68）。

表 2 - 9 前臂肌的名称、起止点和作用

肌群	名称			起点	止点	主要作用
前群	浅层		肱桡肌	肱骨外上髁的上方	桡骨茎突	屈肘关节
			旋前圆肌	各肌主要以屈肌总腱起自肱骨内上髁的前面，还有肌束起于前臂深筋膜、尺骨或者桡骨	桡骨中部外侧	前臂旋前，屈肘关节
			桡侧腕屈肌		第2掌骨底掌侧	屈肘关节和桡腕关节，还可使桡腕关节外展
			掌长肌		掌腱膜	屈腕关节和紧张掌腱膜
			尺侧腕屈肌		豌豆骨	可使桡腕关节屈和内收
	深层		指浅屈肌		2~5指骨中节两侧	屈2~5近侧指骨间关节、掌指关节和桡腕关节
			拇长屈肌	桡骨和前臂骨间膜的掌面	拇指远节指骨底掌侧	屈拇指指骨间关节、掌指关节和桡腕关节
			指深屈肌	尺骨和前臂骨间膜的掌面	远节指骨底掌侧	屈2~5指的远侧和近侧指骨间关节、掌指关节和桡腕关节
			旋前方肌	尺骨远端前面	桡骨远端前面	使前臂旋前
后群	浅层		桡侧腕长伸肌	以一个伸肌总腱起自肱骨外上髁	第2掌骨底背侧	使桡腕关节伸和外展，伸肘关节
			桡侧腕短伸肌		第3掌骨底背侧	
			指伸肌		止于2~5指中节和远节指骨底背面	伸桡腕关节和指骨间关节，协助伸肘关节
			小指伸肌	肱骨外上髁和尺骨外侧缘的上部	指背腱膜	伸小指
			尺侧腕伸肌		第5掌骨底背侧	使桡腕关节伸和内收
	深层		旋后肌		桡骨前面的上部	前臂旋后
			拇长展肌		第1掌骨体的外侧	使拇指和桡腕关节外展
			拇短伸肌	尺、桡骨及前臂骨间膜的背面	拇指近节指骨底背侧	伸拇指
			拇长伸肌		拇指远节指骨底背侧	伸拇指
			示指伸肌		示指的指背腱膜	伸示指

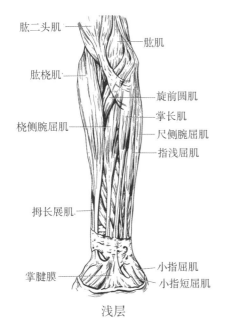

浅层

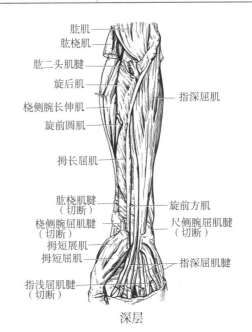

深层

图 2 - 67 前臂肌前群

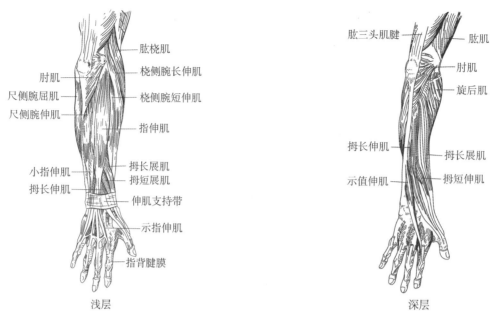

肱桡肌
肘肌
尺侧腕屈肌
尺侧腕伸肌
桡侧腕长伸肌
桡侧腕短伸肌
指伸肌
小指伸肌
拇长展肌
拇长伸肌
拇短展肌
伸肌支持带
示指伸肌
指背腱膜
浅层

肱三头肌腱
肱肌
肘肌
旋后肌
拇长伸肌
示值伸肌
拇长展肌
拇短伸肌
深层

图 2-68　前臂肌后群

四、手肌

手肌短小，主要集中在手的掌侧面，可分为外侧群、内侧群和中间群三群（图2-69）。外侧群又称鱼际，共有 4 块肌，分别是拇短展肌、拇短屈肌、拇对掌肌和拇收肌。内侧群又称小鱼际，共有 3 块肌，分别是小指展肌、小指短屈肌和小指对掌肌。中间群位于掌心和掌骨之间，包括 4 块蚓状肌和 7 块骨间肌，主要作用是使掌指关节伸、内收和外展。

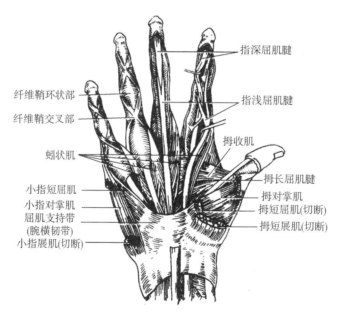

纤维鞘环状部
纤维鞘交叉部
蚓状肌
小指短屈肌
小指对掌肌
屈肌支持带
（腕横韧带）
小指展肌（切断）
指深屈肌腱
指浅屈肌腱
拇收肌
拇长屈肌腱
拇对掌肌
拇短屈肌（切断）
拇短展肌（切断）

图 2-69　手肌

第八节　下肢肌

PPT

下肢肌按部位可分为髋肌、大腿肌、小腿肌和足肌。

一、髋肌

髋肌配布于髋关节周围，按其所在的部位和作用，可分为前、后两群（表2－10，图2－70，图2－71）。

表2－10　髋肌的名称、起止点和作用

肌群	名称		起点	止点	主要作用
前群	髂腰肌	髂肌	髂窝	股骨小转子	髋关节前屈和旋外，下肢固定时，使躯干和骨盆前屈
		腰大肌	腰椎体侧面和横突		
	阔筋膜张肌		髂前上棘	经髂胫束至胫骨外侧髁	紧张阔筋膜并屈髋关节
后群	浅层	臀大肌	髂骨翼外面和骶骨背面	臀肌粗隆及髂胫束	髋关节伸及旋外
	中层	臀中肌	髂骨翼外面	股骨大转子	髋关节外展，内旋（前部肌束）和旋外（后部肌束）
		梨状肌	骶骨前面骶前孔外侧		
		闭孔内肌	闭孔膜内面及其周围骨面	股骨转子窝	髋关节外展，旋外
				转子间嵴	髋关节旋外
	深层	股方肌	坐骨结节	股骨大转子	髋关节外展，内旋（前部肌束）和旋外（后部肌束）
		臀小肌	髂骨翼外面		
		闭孔外肌	闭孔膜外面及其周围骨面	股骨转子窝	髋关节旋外

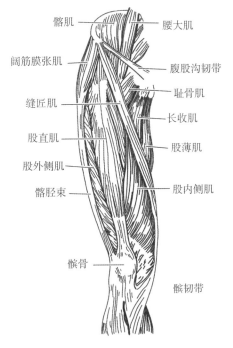

图2－70　髋肌和大腿肌前群

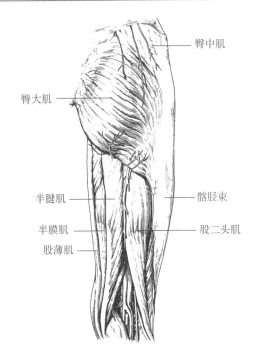

图2－71　臀肌和大腿肌后群

（一）前群

前群包括髂腰肌和阔筋膜张肌。

1. 髂腰肌　由腰大肌和髂肌组成，前者起自髂窝，后者起自腰椎体侧面和横突，向下止于股骨小转子。主要作用是使髋关节前屈和旋外。

2. 阔筋膜张肌　位于大腿上部前外侧，起自髂前上棘，肌束向下移行为髂胫束，止于股骨外侧髁。主要作用是紧张阔筋膜并屈髋关节。

（二）后群

后群又称臀肌，主要有臀大肌、臀中肌、臀小肌和梨状肌。

1. 臀大肌 位于臀部浅层，大而肥厚，形成臀部特有的隆起。起自髂骨翼外面和骶骨背面，肌束斜向外下，止于股骨的臀肌粗隆。作用：收缩时可伸髋关节并旋外。臀大肌外上部是临床上肌内注射的常选部位之一。

2. 臀中肌和臀小肌 两肌均起自髂骨翼外面，止于股骨大转子，两肌同时收缩时可外展髋关节。

3. 梨状肌 起自骶骨前面，向外经坐骨大孔出盆腔，止于股骨大转子，收缩时可使髋关节外展和旋外。坐骨大孔被梨状肌分隔成梨状肌上孔和梨状肌下孔，孔内有血管、神经通过。

二、大腿肌

大腿肌位于股骨周围，可分为前群、后群和内侧群三群（表2-11，图2-70~图2-72）。

表2-11　大腿肌的名称、起止点和作用

肌群		名称	起点	止点	主要作用
前群		缝匠肌	髂前上棘	胫骨上端内侧面	屈髋关节，屈膝关节，使已屈的膝关节旋内
		股四头肌	髂前下棘，股骨粗线内外侧唇，股骨体的前面	经髌韧带止于胫骨粗隆	屈髋关节，伸膝关节
内侧群	浅层	耻骨肌	耻骨支、坐骨支前面	股骨粗线	髋关节内收，旋外
		长收肌		股骨粗线	
		股薄肌		胫骨上端内侧面	
	深层	短收肌		股骨粗线	
		大收肌	耻骨支、坐骨支、坐骨结节	股骨粗线和收肌结节	
后群		股二头肌	长头：坐骨结节 短头：股骨粗线	腓骨头	伸髋关节，屈膝关节并微旋外
		半腱肌	坐骨结节	胫骨上端内侧面	伸髋关节，屈膝关节并微旋内
		半膜肌		胫骨内侧髁后面	

（一）前群

前群位于大腿前面，主要有缝匠肌和股四头肌。

1. 缝匠肌 是人体最长的肌，呈扁带状。起自髂前上棘，斜向内下方，经大腿的前面，止于胫骨上端的内侧面。作用：收缩时可屈髋关节和膝关节，并使半屈位的膝关节旋内。

2. 股四头肌 是全身体积最大的肌，有4个头，即股直肌、股内侧肌、股外侧肌和股中间肌。除股直肌起自髂前下棘外，其余3头分别起自股骨粗线和股骨前面。4个头向下形成股四头肌腱，包绕髌骨的前面和两侧，向下续为髌韧带，止于胫骨粗隆。作用：收缩时伸膝关节，股直肌还可屈髋关节。

（二）内侧群

内侧群位于大腿的内侧，包括股薄肌、耻骨肌、长收肌、短收肌和大收肌（图2-72）。内侧群肌的主要作用是使髋关节内收。

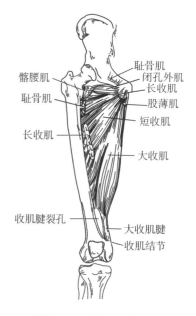

图2-72　大腿肌内侧群

（三）后群

后群位于大腿后面，包括股二头肌、半腱肌和半膜肌。

1. 股二头肌 位于大腿后部外侧，有长、短两头，长头起自坐骨结节，短头起自股骨粗线，止于腓骨头。

2. 半腱肌和半膜肌 均起自坐骨结节，分别止于胫骨上端内侧面和胫骨内侧髁的后面。

大腿肌后群的作用是屈膝关节和伸髋关节。半屈膝时，还可使膝关节旋外和旋内。

三、小腿肌

小腿肌位于胫、腓骨周围，分为前群、后群和外侧群（表2-12，图2-73，图2-74）。

表2-12 小腿肌的名称、起止点和作用

肌群		名称	起点	止点	主要作用
前群		胫骨前肌	胫腓骨前面的上端和骨间膜	内侧楔骨和第1跖骨底	使足背屈和内翻
		蹲长伸肌		蹲趾远节趾骨	使足背屈
		趾长伸肌		第2~5趾骨	
外侧群		腓骨长肌	腓骨外侧	内侧楔骨和第1跖骨底	使足外翻，跖屈维持足横弓
		腓骨短肌		第5跖骨	
后群	浅层	腓肠肌	股骨内外侧髁后面	会合成跟腱止于跟骨结节	屈膝，足跖屈站立时固定膝踝关节，防止身体前倾
		比目鱼肌	胫骨比目鱼肌线和腓骨后面		
	深层	趾长屈肌	胫腓骨后面及骨间膜	2~5趾远节趾骨底	跖屈和屈2~5趾
		蹲长屈肌		蹲趾的远节趾骨底	跖屈和屈蹲趾
		胫骨后肌		足舟骨，内、中、外侧楔骨	跖屈和内翻

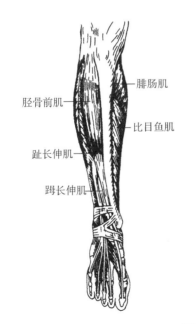
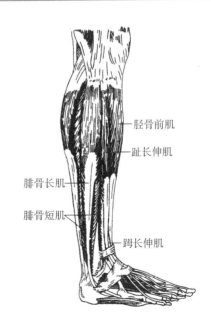

图2-73 小腿肌前、外侧群

（一）前群

前群位于小腿前外侧，从内侧向外侧依次为胫骨前肌、蹲长伸肌、趾长伸肌。收缩时可使踝关节伸

（足背屈），胫骨前肌还可使足内翻，姆长伸肌还可伸姆趾，趾长伸肌还能伸第2~5趾。

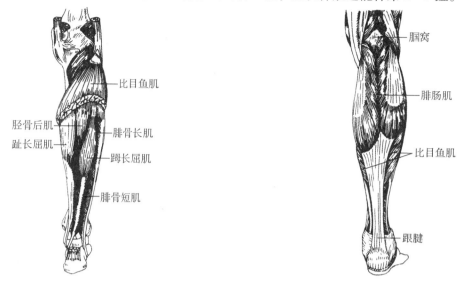

图2-74 小腿肌后群

（二）外侧群

外侧群位于小腿外侧，包括腓骨长肌和腓骨短肌，两肌的肌腱经外踝后方至足底。收缩时可使足外翻和屈踝关节（足跖屈）。

（三）后群

后群位于小腿后面，分为浅、深两层（图2-74）。

1. 浅层 即小腿三头肌，由腓肠肌和比目鱼肌构成，形成粗壮的"小腿肚"。腓肠肌以内、外侧两个头分别起自股骨内、外侧髁的后面；比目鱼肌起自胫、腓骨上端的后面。两肌向下移行为粗大的跟腱，止于跟骨结节。作用：收缩时屈踝关节和屈膝关节，是维持身体直立姿势的重要肌。

2. 深层 从内侧向外侧依次为趾长屈肌、胫骨后肌和姆长屈肌。其肌腱均经内踝后方转至足底。三肌收缩时可屈踝关节，并分别可屈第2~5趾、足内翻和屈姆趾。

四、足肌

足肌可分为足背肌和足底肌。足背肌包括姆短伸肌和趾短伸肌，分别伸姆趾和第2~4趾。足底肌也分为内侧群、外侧群和中间群，作用是运动足趾和维持足弓（图2-75）。

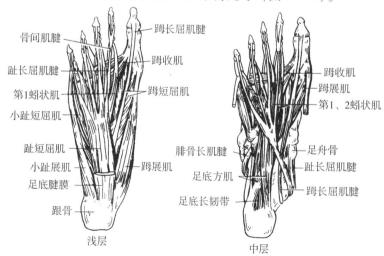

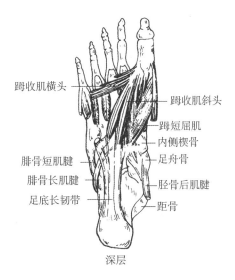

图 2 - 75 足肌

答案解析

目标检测

一、单项选择题

1. 胸骨角平对（ ）
   A. 第 1 肋软骨　　　　B. 第 2 肋软骨　　　　C. 第 3 肋软骨
   D. 第 4 肋软骨　　　　E. 第 5 肋软骨

2. 骨的主要构造不包括（ ）
   A. 骨膜　　　　　　　B. 骨质　　　　　　　C. 骨髓腔
   D. 骨髓　　　　　　　E. 骨小梁

3. 属于脑颅骨的是（ ）
   A. 枕骨　　　　　　　B. 上颌骨　　　　　　C. 颧骨
   D. 舌骨　　　　　　　E. 鼻骨

4. 关节的基本结构不包括（ ）
   A. 关节盘　　　　　　B. 关节面　　　　　　C. 关节腔
   D. 关节囊　　　　　　E. 以上都是

5. 肘关节的组成不包括（ ）
   A. 桡尺近侧关节　　　B. 桡尺远侧关节　　　C. 肱尺关节
   D. 肱桡关节　　　　　E. 以上都是

6. 人体最大、最复杂的关节是（ ）
   A. 肘关节　　　　　　B. 膝关节　　　　　　C. 肩关节
   D. 踝关节　　　　　　E. 颞下颌关节

7. 咀嚼肌不包括（ ）
   A. 颞肌　　　　　　　B. 咬肌　　　　　　　C. 口轮匝肌
   D. 翼内肌　　　　　　E. 翼外肌

8. 膈的主动脉裂孔平对 （　　）

    A. 第 8 胸椎　　　　　　　　B. 第 9 胸椎　　　　　　　　C. 第 10 胸椎

    D. 第 12 胸椎　　　　　　　 E. 第 1 腰椎

9. 既可屈肩关节，又可屈肘关节的肌是 （　　）

    A. 肱二头肌　　　　　　　　B. 肱肌　　　　　　　　　　C. 肱桡肌

    D. 肱三头肌　　　　　　　　E. 旋前圆肌

10. 既能屈髋关节，又能屈膝关节的肌是 （　　）

    A. 股四头肌　　　　　　　　B. 缝匠肌　　　　　　　　　C. 股二头肌

    D. 半腱肌　　　　　　　　　E. 股薄肌

二、思考题

1. 膝关节腔内有哪些结构？其作用如何？

2. 咀嚼肌包括哪些？各有何作用？

（于清梅）

书网融合……

    本章小结　　　　　　　　微课1　　　　　　　　微课2　　　　　　　　题库

PPT

第三章　内脏概述

◎· 学习目标

　　1. 通过本章学习，掌握内脏的组成；胸部的标志线和腹部的分区；熟悉内脏的分类及特点；了解胸部的标志线和腹部的分区的实用意义。

　　2. 具有对人体内脏临床问题的整体认知，培养看待临床问题的整体观。

　　内脏（viscera）是消化、呼吸、泌尿和生殖系统器官的总称。主要位于胸腔、腹腔和盆腔内，在形态结构上借孔道直接或间接与外界相通。

》》 情境导入

　　情景描述　患者，男，21 岁，中午就餐后突发腹痛，表现为剑突下剧烈疼痛，来院就诊，咨询问诊台护士就诊的科室。

　　讨论　请问该患者可能出现哪些器官的疾病？

一、内脏的一般结构

内脏各器官按其构造可分为中空性器官和实质性器官两大类。

（一）中空性器官

中空性器官呈管状或囊状，内部有空腔，如胃、肠、气管、输尿管、子宫等，其管（囊）壁通常由3～4 层组织组成。

（二）实质性器官

实质性器官内部没有特定的空腔，表面包以结缔组织的被膜，并伸入器官实质内，将器官分隔成若干小叶状结构，如肝小叶等。实质性器官的血管、淋巴管、神经和导管等出入处，常为一凹陷区域，称为该器官的门，如肝门、肾门等。

二、胸部标志线和腹部分区

大部分内脏器官位于胸、腹腔内，位置相对固定。为了便于描述器官的位置和体表投影，通常在胸、腹部体表确定若干标志线，将腹部分为若干区（图 3－1）。

（一）胸部标志线

1. 前正中线　沿人体前面正中所作的垂直线。

2. 胸骨线　沿胸骨最宽处的外侧缘所作的垂直线。

3. 锁骨中线　通过锁骨中点所作的垂直线。

4. 胸骨旁线　通过胸骨线与锁骨中线之间中点所作的垂直线。

5. 腋前线　经腋前襞所作的垂直线。

6. 腋后线　经腋后襞所作的垂直线。

7. 腋中线　经腋前、后线之间中点所作的垂直线。

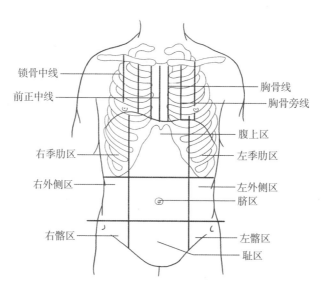

图 3-1 胸部标志线与腹部分区（9 分法）

8. 肩胛线 沿肩胛骨下角所作的垂直线。

9. 后正中线 沿人体后面正中所作的垂直线。

（二）腹部的分区

解剖学上常采用 2 条横线和 2 条纵线将腹部分为 9 区。上横线采用通过两侧肋弓最低点的连线，下横线采用通过两侧髂结节的连线，两条纵线为通过两侧腹股沟韧带中点所作的垂直线。上述 4 条线相交将腹部分成 9 个区：左、右季肋区，腹上区，左、右腹外侧区，脐区，左、右髂区（腹股沟区）和腹下区（耻区）。临床上常采用 4 区法进行划分，即通过脐作水平线和垂直线，将腹部分成左上腹、右上腹、左下腹和右下腹 4 个区。

 素质提升

细致护理，成就患者的"生命保护神"

细致的临床观察不仅需要护理人员有细致的工作作风和强烈的责任感，更重要的是要有高超的专业技术水平。例如，咳痰是呼吸系统疾病的常见症状之一，借助支气管黏膜上皮纤毛运动、支气管平滑肌的收缩及咳嗽反射，将呼吸道分泌物从口腔排出体外。在临床护理工作中应促进有效排痰，例如常见的物理疗法：吸入疗法、胸部叩击、体位引流、机械吸痰等，以患者能进行有效咳嗽、将痰液咳出，呼吸道通畅为护理措施有效的评价指标。尤其对于一些卧床患者，需要护理人员的细致护理和严格遵守常规评价标准，否则容易诱发患者窒息。因此运用多种措施在日常护理工作中培养细致护理能力，才能当好患者的"生命保护神"。

目标检测

答案解析

单项选择题

1. 下列不属于内脏器官的是（　　）

A. 胃   B. 子宫   C. 肺

D. 肝   E. 心

2. 下列属于实质性器官的是（ ）

    A. 胃   B. 子宫   C. 肾

    D. 膀胱   E. 气管

3. 下列关于胸部标志线的描述，错误的是（ ）

    A. 沿人体前面正中所作的垂直线称前正中线

    B. 通过锁骨中点所作的垂直线称锁骨中线

    C. 通过腋前襞所作的垂直线称腋前线

    D. 通过腋后襞所作的垂直线称腋中线

    E. 通过肩胛骨下角所作的垂直线称肩胛线

4. 分9个区时，腹部标志线和分区描述错误的是（ ）

    A. 上横线是两侧肋弓最低点的连线

    B. 下横线是两侧髂结节间连线

    C. 两条纵线分别是通过左、右腹股沟韧带中点的连线

    D. 分右上腹、左上腹、右下腹、左下腹4个区

    E. 分左、右季肋区，腹上区，左、右腹外侧区，脐区，左、右髂区，腹下区9个区

（陈地龙）

书网融合……

本章小结   题库

第四章　消化系统

◎•学习目标

1. 通过本章学习，重点掌握消化系统的组成；上、下消化道的概念；消化管各部的形态、位置和分部；阑尾根部的体表投影；肝的位置、形态；肝小叶组织结构；肝外胆道的组成；胰的位置和外形。掌握腹膜、腹膜腔的定义，腹膜形成的主要结构。

2. 学会观察辨认消化系统各部分的主要形态结构及其微细结构，具有准确应用消化系统结构知识指导胃镜检查、胃肠减压，灌肠等护理的能力，培养良好的医患沟通能力。

≫ 情境导入

情景描述　患者，男，70岁。反复上腹部隐痛3年，伴反酸、嗳气、纳差，加重3个月，近期发作较为频繁，疼痛无规律，进食后不能缓解。遂行胃镜检查，诊断为消化性溃疡。

讨论　1. 对该患者行胃镜检查，器械通过食管时经哪些狭窄？

2. 假如该患者患有食管静脉曲张，是否适合进行胃镜检查？

消化系统（alimentary system）由消化管和消化腺两部分组成（图4-1）。消化管是指从口腔至肛门的迂曲管道，自上而下包括口腔、咽、食管、胃、小肠（十二指肠、空肠、回肠）和大肠（盲肠、阑尾、结肠、直肠和肛管）。临床上通常把从口腔到十二指肠的这部分管道称为上消化道，空肠以下的部分称为下消化道。消化腺可分泌消化液，按体积的大小和位置的不同，可分为大消化腺和小消化腺两种。大消化腺位于消化管壁外，为一个独立的器官，如肝、胰和大唾液腺。小消化腺分布于消化管壁内，位于黏膜层或黏膜下层，如颊腺、食管腺、胃腺和肠腺等。消化腺分泌的消化液经腺管排入消化管内。

消化系统的主要功能是摄取食物，对食物进行物理和化学性消化，吸收营养物质，将食物残渣形成粪便排出体外。

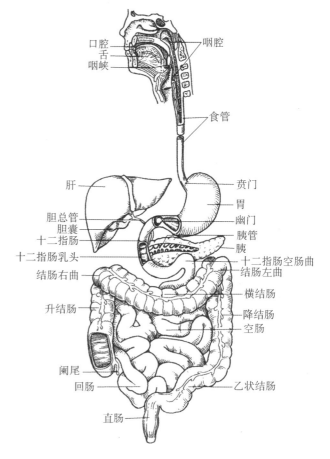

图4-1　消化系统的构成

第一节 消化管 📱微课

一、消化管的一般结构

除口腔和咽外，消化管壁可分为四层，由内向外依次为黏膜、黏膜下层、肌层和外膜（图4-2）。

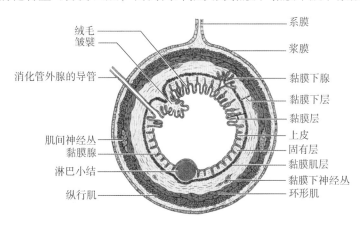

图4-2 消化管的一般结构

（一）黏膜

黏膜是消化管壁的最内层，由黏膜上皮、固有层和黏膜肌层组成，是消化管各段结构差异最大、功能最重要的部分。

1. 上皮 构成黏膜的表层。分布在口腔、咽、食管和肛管下部的上皮为复层扁平上皮，以保护功能为主；分布在胃、小肠和大肠的上皮为单层柱状上皮，以消化、吸收功能为主。

2. 固有层 位于上皮深面，由疏松结缔组织构成，内含丰富的毛细血管、毛细淋巴管、腺体和淋巴组织等。

3. 黏膜肌层 为薄层的平滑肌，其收缩和舒张可改变黏膜的形态，促进腺体分泌物排出和血液、淋巴的运行，有利于食物的消化和吸收。

（二）黏膜下层

黏膜下层由疏松结缔组织构成，内含小动脉、小静脉、淋巴管、黏膜下神经丛和小消化腺。

在食管、胃和小肠等部位黏膜和黏膜下层共同向管腔面突起，形成皱襞，扩大了黏膜的表面积。

（三）肌层

肌层在口腔、咽、食管上段和肛门等处为骨骼肌，其余各段为平滑肌。肌层一般分为内、外两层，内层呈环行排列，外层呈纵行排列。在某些部位环行肌增厚形成括约肌。肌层的收缩和舒张运动，可使食物与消化液充分混合，并将食物不断推进。

（四）外膜

外膜为消化管壁的最外一层，分为纤维膜和浆膜。纤维膜仅由薄层结缔组织构成，主要分布于食管、直肠和十二指肠后壁。浆膜除薄层结缔组织外，还有间皮覆盖，主要分布于胃、小肠和大肠的大部分。浆膜表面光滑，可减少器官之间的摩擦，有利于胃肠的活动。

二、口腔

口腔（oral cavity）是消化管的起始部，容纳舌和牙等器官；其前壁为上、下唇，两侧壁为颊，上壁为腭，下壁为口腔底（图4-3，图4-4）。口腔向前经口裂与外界相通，向后经咽峡通咽。口腔借上、下牙弓及牙龈分为前外侧部的口腔前庭和后内侧部的固有口腔。当上、下牙列咬合时，口腔前庭可经第三磨牙后方的间隙与固有口腔连通。

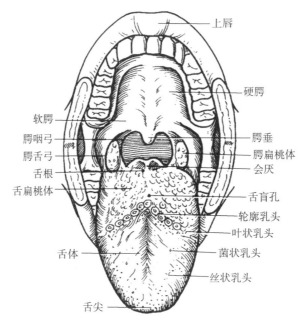

图4-3 口腔与舌

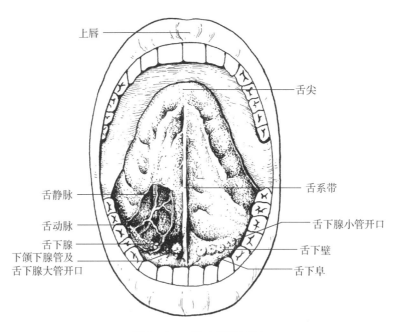

图4-4 口腔底及舌下面

（一）唇

唇（lips）分上、下唇，由皮肤、口轮匝肌和黏膜组成。皮肤与黏膜的移行部称为唇红，呈红色，含有丰富的毛细血管，当缺氧时则呈绛紫色，临床称为发绀。上、下唇之间的裂隙称口裂。口裂两侧，上、下唇结合处为口角。上唇外面正中的纵行浅沟称人中，为人类所特有，昏迷患者急救可在此处进行指压或针刺。上唇外面两侧与颊部交界处的弧形浅沟称鼻唇沟。

（二）颊

颊（cheek）是口腔的两侧壁，由黏膜、颊肌、皮下组织和皮肤构成。在上颌第二磨牙牙冠相对的颊黏膜上有腮腺管的开口。

（三）腭

腭（palate）是口腔的顶，分隔鼻腔与口腔（图4-3）。分为前2/3的硬腭和后1/3的软腭。硬腭以骨腭为基础表面覆以黏膜构成，黏膜与骨膜紧密相贴。软腭主要由肌、肌腱和黏膜构成。软腭的后缘游离，中部有一垂向下方的突起，称为腭垂（悬雍垂）。腭垂两侧向外下方各有两对弓状的黏膜皱襞，前方的一对为腭舌弓，延续于舌根的外侧，后方的一对为腭咽弓，向下延至咽侧壁。两弓之间的间隙称扁桃体窝，容纳腭扁桃体。腭垂、软腭后缘、两侧的腭舌弓及舌根共同围成咽峡，是口腔和咽的分界。

（四）舌

舌（tongue）位于口腔底，具有协助咀嚼、吞咽食物、感受味觉和辅助发音等功能。舌由骨骼肌和表面覆盖的黏膜构成。

1. 舌的形态 舌分上、下两面，上面为舌背，其后部有一向前开放的倒"V"字形的界沟将舌分为前2/3舌体和后1/3舌根，舌体的前端为舌尖。舌下面的黏膜在舌正中线处有一连于口腔底的黏膜皱襞，称舌系带（图4-4）。在舌系带根部的两侧各有一小的黏膜隆起，称舌下阜，其顶端有下颌下腺管和舌下腺大管的开口。舌下阜向后外侧延续形成的带状黏膜皱襞，称舌下襞，其深面藏有舌下腺。

2. 舌黏膜 舌面上覆盖着黏膜，黏膜表面有许多密集的小突起，称为舌乳头，根据其形态可分为四种：①丝状乳头，体积最小，数量最多，呈白色，遍布于舌背，具有一般感觉功能；②菌状乳头，多见于舌尖和舌侧缘，略大于丝状乳头，数量较少，呈红色，多散布于丝状乳头之间；③叶状乳头，位于舌侧缘的后部，腭舌弓的前方，人类不发达；④轮廓乳头，体积最大，有7~11个，分布于界沟前方，中央隆起，周围有环状沟。菌状乳头、叶状乳头和轮廓乳头中有味蕾。味蕾为味觉感受器，可感受酸、甜、苦、咸等味觉刺激。在舌根背部的黏膜内，有许多由淋巴组织构成的大小不等的突起，称舌扁桃体。

3. 舌肌 为骨骼肌，分为舌内肌和舌外肌。舌内肌的起、止点均在舌内，其肌束分纵行、横行和垂直三种，收缩时可改变舌的形态。舌外肌起于舌周围各骨，止于舌内，收缩时可改变舌的位置。舌外肌每侧有4块，其中较为重要的是颏舌肌。颏舌肌起自下颌体后面的颏棘，肌纤维呈扇形向后上方止于舌。两侧颏舌肌同时收缩，拉舌向前下方，即伸舌；一侧收缩可使舌尖伸向对侧。如一侧颏舌肌瘫痪，伸舌时，舌尖偏向瘫痪侧。

（五）牙

牙（teeth）是机体最坚硬的器官，具有咀嚼食物和辅助发音等功能。牙镶嵌于上、下颌骨的牙槽内，分别排列成上牙弓和下牙弓。

1. 牙的种类和排列 人的一生有两组牙发生，即乳牙和恒牙。根据牙的形状和功能，牙可分为切牙、尖牙和磨牙三种。恒牙又有前磨牙和磨牙之分。乳牙一般在出生后6个月开始萌出，到3岁左右出齐，共20颗，上、下颌各10颗（图4-5）。6岁左右，乳牙开始脱落，逐渐更换成恒牙。恒牙在12~14岁出齐，但第三磨牙萌出时间最晚，有的要迟至17~25岁甚至更晚，故称迟牙或智牙。约30%的人迟牙终生不萌，因此，正常恒牙数为28~32颗（图4-6）。临床上为记录牙的位置，常以被检查者的方位为准，以"十"记号划分成4个区，来表示左、右侧及上、下颌牙的排列方式，并用罗马数字Ⅰ～Ⅴ表示乳牙，用阿拉伯数字1～8表示恒牙。

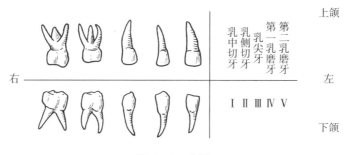

图 4-5 乳牙

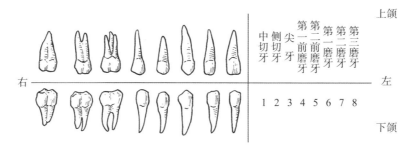

图 4-6 恒牙

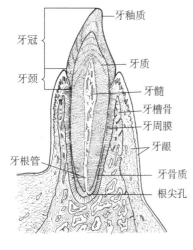

图 4-7 下颌切牙

2. 牙的形态 牙的大小及形状虽有不同，但基本结构大致相同，牙可分为牙冠、牙颈和牙根三部分（图4-7）。牙冠是暴露于牙龈以外的部分。牙根是嵌入牙槽内的部分。切牙、尖牙和前磨牙只有1个牙根，下颌磨牙有2个牙根，上颌磨牙有3个牙根。牙颈是牙冠与牙根之间的部分，外有牙龈所包绕。牙冠内部的腔隙，称牙冠腔。牙根内的细管称牙根管，开口于牙根尖端的牙根尖孔。牙的血管和神经通过牙根尖孔和牙根管进入牙冠腔。牙根管与牙冠腔并称牙腔或髓腔，容纳牙髓。

3. 牙的构造 牙由牙质、釉质、牙骨质和牙髓组成。牙质构成牙的大部分，呈淡黄色，硬度仅次于釉质。釉质覆盖在牙冠牙质的外面，为人体内最坚硬的组织。牙骨质包于牙根及牙颈的牙质外面。牙髓位于牙腔内，由结缔组织、神经和血管等共同组成。牙髓内含有丰富的感觉神经末梢，故牙髓炎时，疼痛剧烈。

4. 牙周组织 包括牙槽骨、牙周膜和牙龈三部分。牙槽骨即构成牙槽的骨质。牙周膜是介于牙槽骨与牙根之间的致密结缔组织膜，具有固定牙根和缓解咀嚼所产生压力的作用。牙龈是口腔黏膜的一部分，紧贴于牙颈周围及邻近的牙槽骨上，呈淡红色，血管丰富，因直接与骨膜紧密相连，故牙龈不能移动。牙周组织对牙具有固定、支持和保护作用。

三、咽

咽（pharynx）是一个上宽下窄、前后略扁的漏斗形肌性管道。咽的前壁不完整，自上而下分别通入鼻腔、口腔和喉腔；后壁平坦；两侧壁与颈部大血管和甲状腺侧叶等相邻。咽位于第1～6颈椎前方，上端起于颅底，下端在第6颈椎下缘续于食管。以腭帆游离缘和会厌上缘平面为界，将咽分为鼻咽、口咽和喉咽三部分。咽是消化道与呼吸道的共同通道（图4-8）。

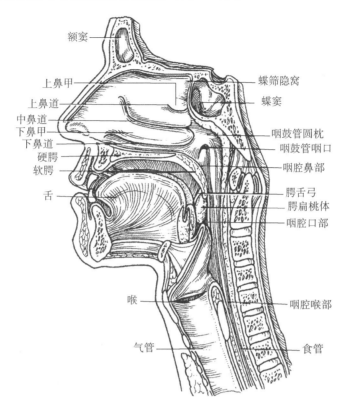

图4-8　头颈部正中矢状切面

（一）鼻咽

鼻咽位于鼻腔后方，向上到达颅底，向下至腭帆游离缘平面续口咽部，向前经鼻后孔与鼻腔相通。鼻咽部上壁后部的黏膜内有丰富的淋巴组织，称为咽扁桃体，其两侧壁上，下鼻甲后方约1cm处有咽鼓管咽口，鼻咽腔经此通过咽鼓管与中耳的鼓室相通。咽鼓管咽口平时是关闭的，当用力张口或吞咽时，空气就会通过咽鼓管进入鼓室，以使鼓膜两侧的气压平衡。咽鼓管咽口的前、上、后方的弧形隆起称咽鼓管圆枕，是寻找咽鼓管咽口的标志。其后上方与咽后壁之间的纵行深窝称咽隐窝，是鼻咽癌的好发部位。

（二）口咽

口咽位于口腔的后方，向前经咽峡与口腔相通，向上续于鼻咽，向下与喉咽相通。口咽的前壁，有一呈矢状位的黏膜皱襞称舌会厌正中襞，连于舌根后部正中与会厌之间。舌会厌正中襞两侧的深窝称为会厌谷。口咽侧壁上的腭扁桃体，位于腭舌弓与腭咽弓之间的扁桃体窝内，是淋巴器官，具有防御功能。咽扁桃体、腭扁桃体、舌扁桃体及其周围黏膜内的淋巴组织等共同构成咽淋巴环，是消化道和呼吸道上端的防御性结构，具有重要的防御功能。

（三）喉咽

喉咽位于会厌上缘和环状软骨下缘平面之间，喉腔的后方，向后下与食管相接，向前经喉口与喉腔相通。在喉口的两侧各有一深窝称梨状隐窝，为异物易滞留的部位（图4-9）。

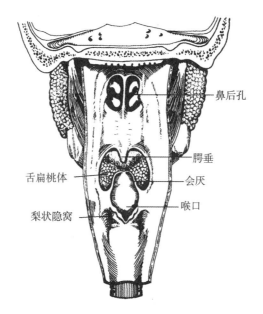

图 4 - 9　咽腔（切开咽后壁）

四、食管

（一）食管的形态和位置

食管（esophagus）为一前后略扁的肌性管道，长约 25cm，上端在第 6 颈椎体下缘平面与咽相续，向下行于气管后方，经过胸廓上口进入胸腔，穿过膈的食管裂孔入腹腔，下端约平第 11 胸椎体高度与胃的贲门连接。食管按行程可分为颈部、胸部和腹部三部分。颈部较短，长约 5cm，平对第 6 颈椎体下缘至胸骨颈静脉切迹平面之间；胸部最长，有 18 ～20cm，位于胸骨颈静脉切迹平面至膈食管裂孔之间；腹部最短，仅 1～2cm，自食管裂孔至贲门的部分（图 4 - 10）。

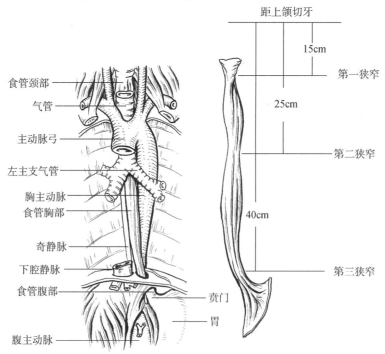

图 4 - 10　食管及其狭窄

（二）食管的狭窄

食管全长有三处生理性狭窄。第一狭窄位于食管起始处，相当于第 6 颈椎体下缘水平，距上颌中切牙约 15cm；第二狭窄位于食管与左主支气管交叉处，相当于第 4~5 胸椎体之间水平，距上颌中切牙约 25cm；第三狭窄位于食管穿过膈的食管裂孔处，相当于第 10 胸椎水平，距上颌中切牙约 40cm。这些狭窄处是食管异物易滞留和肿瘤的好发部位。

（三）食管的微细结构

食管壁分四层，由内向外依次为黏膜、黏膜下层、肌层和外膜（图 4-11）。食管腔面有纵形皱襞，食物通过时皱襞消失。

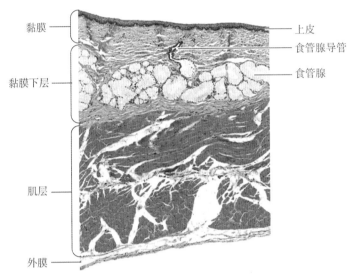

图 4-11　食管光镜像（低倍）

1. **黏膜**　表面为未角化的复层扁平上皮，下端与胃贲门部的单层柱状上皮骤然相接。固有层为疏松结缔组织，并形成乳头状突向上皮。黏膜肌层由纵行平滑肌束组成。

2. **黏膜下层**　为疏松结缔组织，内含黏液性和混合性的食管腺，其导管穿过黏膜开口于食管腔。

3. **肌层**　分内环行与外纵行两层。食管上 1/3 段为骨骼肌，下 1/3 段为平滑肌，中 1/3 段两种肌细胞兼有。

4. **外膜**　为纤维膜，由疏松结缔组织构成。

五、胃

胃（stomach）是消化管最膨大的部分，上接食管，下续十二指肠。成人胃的容量约 1500ml。胃具有容纳食物、分泌胃液、初步消化食物及内分泌功能。

（一）胃的形态和分部

胃的形态受年龄、性别、体位、体型和充盈状态等多种因素的影响。胃在完全空虚时略呈管状，高度充盈时可呈球囊形。胃可分为前、后两壁，上、下两口，大、小两弯。胃前壁朝向前上方，后壁朝向后下方；上口为入口称贲门，与食管相续，下口为出口称幽门，与十二指肠相接；胃的上缘凹向右上方称胃小弯，其最低处形成一弯曲，称角切迹；胃的下缘凸向左下方称胃大弯（图 4-12）。

通常将胃分为四部分：①贲门部，贲门附近的部分，与其他部分无明显分界；②胃底，贲门平面以上向左上膨出的部分；③胃体，胃底与角切迹之间的部分，是胃的主体部分；④幽门部，是角切迹与幽门之间的部分，临床上常把幽门部称为胃窦。幽门部的大弯侧有一不明显的浅沟称中间沟，此沟将幽门部分为左侧幽门窦和右侧的幽门管两部分。胃小弯和幽门部是胃溃疡和胃癌的好发部位。

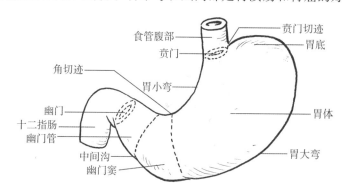

图 4-12　胃的形态和分部

（二）胃的位置和毗邻

胃的位置因体位、体型和充盈程度不同而有较大的变化。胃在中等程度充盈时，大部分位于左季肋区，小部分位于腹上区。胃前壁右侧与肝左叶相邻；左侧与膈相邻，并被左肋弓掩盖；中间部位于剑突下方，直接贴于腹前壁，此为临床胃触诊的部位。胃的后壁与胰、横结肠、左肾上部和左肾上腺相邻；胃底与膈和脾相邻。贲门位于第 11 胸椎体左侧，幽门约在第 1 腰椎体右侧。

（三）胃壁的微细结构

胃壁由内向外依次分为黏膜、黏膜下层、肌层和外膜四层（图 4-13）。

1. 黏膜　较厚，呈淡红色。黏膜表面有许多针尖大小、不规则的小窝，称胃小凹。胃小凹的底有胃腺的开口。胃空虚时，腔面形成许多纵行皱襞，充盈时皱襞变低或展平。

（1）上皮　为单层柱状上皮，其细胞能分泌黏液，保护胃黏膜。

（2）固有层　由疏松结缔组织构成，内含大量管状的胃腺。胃腺依部位不同分为贲门腺、幽门腺和胃底腺（图 4-14）。

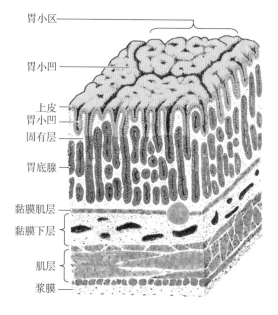

图 4-13　胃壁立体结构模式图

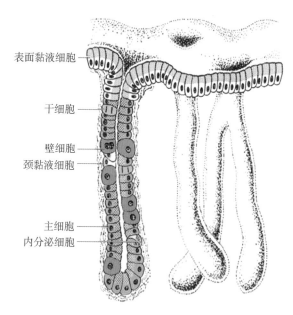

图 4-14　胃底腺立体结构模式图

1）贲门腺和幽门腺　分别位于贲门部和幽门部，主要分泌黏液和溶菌酶等。

2）胃底腺　位于胃底和胃体，是分泌胃液的主要腺体。胃底腺主要由壁细胞、主细胞和颈黏液细胞构成。①主细胞：又称胃酶细胞，数量最多，主要位于腺的中、下部。细胞呈柱状，核圆形，位于细胞基底部；基部胞质嗜碱性，顶部胞质有许多酶原颗粒，HE 染色多溶失。主细胞可分泌胃蛋白酶原，经胃液中的盐酸作用后转化为有活性的胃蛋白酶。②壁细胞：又称泌酸细胞，数量较少，主要位于腺的上、中部。细胞体积较大，呈圆形或锥形，细胞核呈圆形，位于中央，细胞质嗜酸性。壁细胞可分泌盐酸。盐酸具有杀菌作用，还能激活胃蛋白酶原，使其转化为胃蛋白酶，对蛋白质进行初步分解。壁细胞还可分泌内因子，内因子是一种糖蛋白，能促进回肠对维生素 B_{12} 的吸收，以供红细胞生成的需要。③颈黏液细胞：数量少，位于腺的上部。细胞呈柱状，核扁圆形，位于基底部，核上方有较多黏原颗粒，可分泌黏液。

（3）黏膜肌层　由内环行和外纵行两层薄层平滑肌组成。

2. 黏膜下层　由疏松结缔组织构成，含有较大的血管、神经丛和淋巴管。

3. 肌层　由内斜行、中环行、外纵行三层平滑肌构成，较厚。环形肌在幽门处增厚形成幽门括约肌，它能控制胃内容物进入十二指肠的速度，防止小肠内容物逆流至胃。

4. 外膜　胃壁的外膜属于浆膜。

六、小肠

小肠（small intestine）是消化管中最长的一段，长 5 ~ 7m。上端起于幽门，下端接盲肠，可分为十二指肠、空肠和回肠三部分，是消化和吸收的重要器官，还有某些内分泌功能。

（一）十二指肠

十二指肠介于胃与空肠之间，上接幽门，下续空肠，长约25cm，呈"C"形包绕胰头。可分为上部、降部、水平部和升部（图4 – 15）。

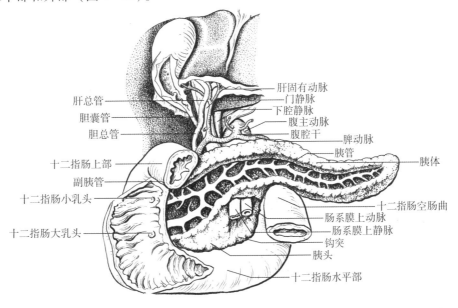

图 4 – 15　十二指肠和胰

1. 上部　是十二指肠中活动度最大的一部分，长约5cm。上接幽门，水平向右后方，行至肝门下方胆囊颈的后下方急转向下，移行为降部，转折处称为十二指肠上曲。上部与幽门相连接约2.5cm 的一段肠管，其肠壁较薄，管径较大，黏膜面光滑平坦无环状襞，临床上称为十二指肠球，是十二指肠溃疡及穿孔的好发部位。

2. 降部　起自十二指肠上曲，长 7 ~ 8cm，沿第 1 ~ 3 腰椎体和胰头的右侧下行，至第 3 腰椎体的右侧弯向左行，移行为水平部，转折处称为十二指肠下曲。降部中份后内侧壁上有一纵行的黏膜襞，称为十二指肠纵襞，其下端的乳头状隆起称为十二指肠大乳头，有胆总管和胰腺管的共同开口。

3. 水平部 又称为下部，长约10cm，起自十二指肠下曲，在第3腰椎体平面向左行，横过下腔静脉至腹主动脉前方移行于升部。肠系膜上动脉、静脉紧贴此部的前面下行。

4. 升部 起自水平部末端，长2～3cm，斜向左上方，行至第2腰椎体左侧转向前下移行为空肠。十二指肠与空肠转折处形成的弯曲称十二指肠空肠曲。其上后壁被一束由肌纤维和结缔组织构成的十二指肠悬肌固定于右膈脚上。十二指肠悬肌和包绕于其下段表面的腹膜皱襞共同构成十二指肠悬韧带，又称 Treitz 韧带，是手术中确定空肠起始的重要标志。

（二）空肠和回肠

空肠上端起于十二指肠空肠曲，回肠下端接续盲肠，空肠和回肠迂回盘曲在腹腔中、下部，周围有结肠环绕。空肠和回肠都由小肠系膜连于腹后壁，其活动度较大。空肠和回肠无明显界限，空肠位于腹腔的左上部，约占空、回肠全长的近侧2/5，管径较大，管壁较厚，血管较多，在活体呈淡红色，黏膜皱襞密而高，含有孤立淋巴滤泡；回肠位于腹腔右下部，部分位于盆腔内，约占空、回肠全长的远侧3/5，管径较小，管壁较薄，血管不如空肠丰富，颜色较淡，黏膜皱襞疏而低，含有集合淋巴滤泡（图4-16）。

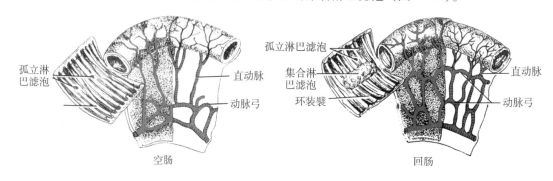

图 4-16 空肠和回肠

（三）小肠壁的微细结构

小肠壁分为黏膜、黏膜下层、肌层和外膜四层（图4-17）。

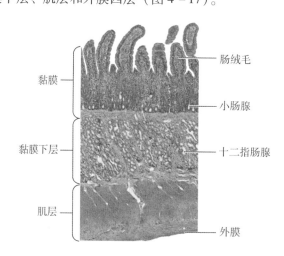

图 4-17 十二指肠光镜图（低倍）

1. 黏膜 上皮为单层柱状上皮，固有层内含丰富的血管和淋巴管及大量的小肠腺和淋巴组织。小肠的腔面形成许多环形皱襞和肠绒毛。

（1）**环形皱襞** 是小肠的黏膜和黏膜下层共同向肠腔内隆起形成。空肠环形皱襞密而高，回肠环形皱襞疏而低。

（2）**肠绒毛** 是小肠黏膜的上皮和固有层向肠腔内突出形成的指状突起（图4-18）。肠绒毛的表面是单层柱状上皮，主要由柱状细胞和杯状细胞构成，柱状细胞游离面有密集而排列整齐的微绒毛。固有层构成肠绒毛的中轴，其中央有1~2条纵行的毛细淋巴管，称中央乳糜管；中央乳糜管周围有丰富的毛细血管和散在的平滑肌纤维。肠上皮吸收的脂类物质进入中央乳糜管疏松，而氨基酸、单糖等物质主要进入毛细血管，平滑肌纤维的收缩和舒张，有利于物质的吸收和血液、淋巴的转运。

小肠的环形皱襞、绒毛和微绒毛等结构，扩大了小肠黏膜的吸收面积。有利于小肠对营养物质的吸收。

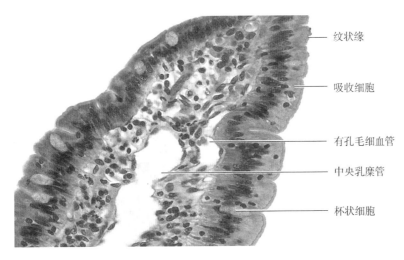

图4-18 小肠绒毛光镜图（高倍）

（3）**小肠腺** 是黏膜上皮下陷至固有层而形成的管状腺，腺管开口于相邻绒毛根部之间。小肠腺主要由柱状细胞、杯状细胞和潘氏细胞构成。潘氏细胞呈锥体形，成群分布在小肠腺的底部，分泌溶菌酶，对肠道微生物有杀灭作用。

（4）**淋巴组织** 小肠固有层内散布有许多淋巴组织，是小肠壁重要的防御结构。在十二指肠和空肠中含有散在的淋巴组织，称孤立淋巴滤泡。回肠中的淋巴组织常聚集成群，称集合淋巴滤泡。

2. 黏膜下层 由疏松结缔组织构成，内有较大的血管、淋巴管和神经丛。十二指肠黏膜下层有十二指肠腺，分泌黏稠的碱性黏液，使十二指肠免受胃酸的侵蚀。

3. 肌层 由内环行和外纵行两层平滑肌组成。

4. 外膜 除十二指肠后壁为纤维膜外，其余各段小肠均为浆膜。

七、大肠

大肠（large intestine）是消化管的末段，长约1.5m，分为盲肠、阑尾、结肠、直肠和肛管五部分。大肠的主要功能是吸收水分、维生素和无机盐，并将食物残渣形成粪便，排出体外。大肠管径较粗，壁较薄，盲肠和结肠具有3种特征性结构。①结肠带：由肠壁的纵行肌增厚形成，有3条。结肠带沿大肠纵轴平行排列，汇集于阑尾根部。②结肠袋：肠管向外膨出的囊状突起，是因结肠带短于肠管所致。③肠脂垂：是沿结肠带两侧分布的大小不等的脂肪突起（图4-19）。以上3种形态特征是鉴别大肠和小肠的标志。

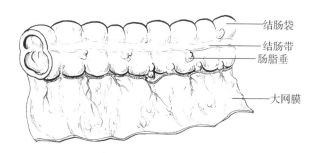

图 4 - 19 结肠的特征性结构

（一）盲肠

盲肠（cecum）是大肠的起始部，左续接回肠，上续升结肠，下端为盲端，位于右髂窝内（图 4 - 20）。回肠末端突入盲肠的开口，称为回盲口，此处肠壁环形肌增厚，并覆以黏膜形成上、下两片半月形皱襞，称为回盲瓣，可控制小肠内容物流入盲肠的速度，还可防止盲肠内容物逆流回小肠。在回盲瓣下方约 2cm 处有阑尾的开口。

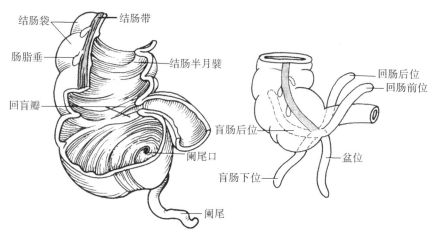

图 4 - 20 盲肠和阑尾

（二）阑尾

阑尾（vermiform appendix）为蚓状盲管，位于右髂窝内，长 6 ~ 8cm。阑尾根部连于盲肠后内壁，末端游离，位置变化较大，可有盆位、盲肠下位、盲肠后位和回肠前、后位等（图 4 - 20）。阑尾根部的体表投影，通常在脐与右髂前上棘连线的中、外 1/3 交点处，称为麦氏（McBurney）点。急性阑尾炎时，此处常有明显压痛。

（三）结肠

结肠（colon）介于盲肠与直肠之间，呈"M"形，包绕在空、回肠的周围，分为升结肠、横结肠、降结肠和乙状结肠四部分（图 4 - 21）。

1. 升结肠 长约 15cm，起自盲肠上端，沿右侧腹后壁上升至肝右叶下方，转折向左前下方移行于横结肠，转折处的弯曲称结肠右曲（又称肝曲）。

2. 横结肠 长约 50cm，起自结肠右曲，向左横行至脾下方转折向下续于降结肠，转折处称为结肠左曲（又称脾曲）。横结肠由横结肠系膜连于腹后壁，活动度较大，其中间部可下垂至脐或低于脐平面。

3. 降结肠 长约 25cm，起自结肠左曲，沿腹后壁左侧下降，至左髂嵴处移行于乙状结肠。

4. 乙状结肠 长约 40cm，于左髂嵴处起自降结肠，沿左髂窝转入盆腔内，全长呈"乙"字形弯

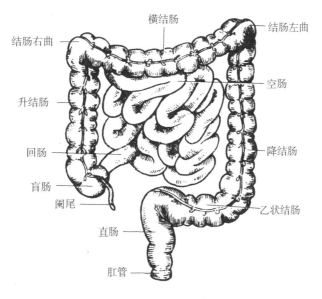

图4-21 小肠和大肠

曲，至第3骶椎平面续于直肠。乙状结肠由乙状结肠系膜连于盆腔左后壁，活动度较大。乙状结肠是憩室和肿瘤等的好发部位。

（四）直肠

直肠（rectum）位于盆腔内，全长10~14cm（图4-22，图4-23）。于第3骶椎前方接乙状结肠，沿骶、尾骨前面下行，穿过盆膈移行于肛管。直肠在矢状面上形成两个弯曲：骶曲是直肠上段沿着骶、尾骨前面下降，形成一个凸向后方的弯曲；会阴曲是直肠末段绕过尾骨尖，转向后下方，形成一个凸向前方的弯曲。直肠在冠状面上形成三个凸向侧方的弯曲，但位置不恒定，上、下两个凸向右侧，中间较大的一个凸向左侧。临床上进行直肠镜、乙状结肠镜检查时，应注意这些弯曲部位，以免损伤直肠壁。

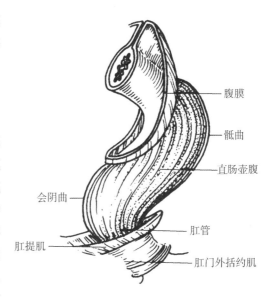

图4-22 直肠的位置和弯曲

直肠下段肠腔膨大，称为直肠壶腹。直肠壶腹内面的黏膜及环行肌形成2~3个半月形的直肠横襞。中间的直肠横襞最大，位置恒定，通常位于直肠前右侧壁，距肛门约7cm，可作为乙状结肠镜检查的定位标志。

（五）肛管

肛管为消化管的最末段，长3~4cm，上端接直肠，下端终于肛门（图4-23）。肛管内有6~10条纵行的黏膜皱襞，称为肛柱。各肛柱下端借半月形黏膜皱襞相连，此襞称为肛瓣。肛瓣与其相邻的两个肛柱下端之间围成开口向上的隐窝，称为肛窦，肛窦易积存粪屑，感染可引起肛窦炎。各肛柱的下端与肛瓣边缘连成的锯齿状环行线，称为齿状线（肛皮线）。齿状线以上肛管内面为黏膜，以下为皮肤。齿状线上、下的部分在动脉来源、静脉回流、淋巴引流以及神经分布等方面各不相同。在齿状线下方有一宽约1cm的环状区域，表面光滑呈浅蓝色，称肛梳（痔环）。肛梳下缘有一环行浅沟，称白线，是肛门内、外括约肌的交界处。肛门是肛管的下口，为一前后纵行的裂孔。

肛管的黏膜下和皮下有丰富的静脉丛，在病理情况下，静脉丛淤血曲张向管腔突起，称为痔。发生在齿状线以上的痔为内痔，齿状线以下的为外痔，跨于齿状线上、下的为混合痔。

在肛管和肛门周围有肛门内、外括约肌和肛提肌等。肛门内括约肌属平滑肌，由肠壁的环行肌在肛管上 3/4 处增厚而成，此肌有协助排便的作用，但无明显的括约肛门功能。肛门外括约肌为骨骼肌，位于肛门内括约肌周围和下方，围绕整个肛管。肛门外括约肌受意识支配，有较强的控制排便功能。

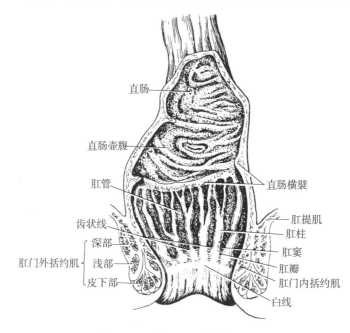

图 4-23　直肠和肛管的内面观

第二节　消化腺

消化腺有小消化腺和大消化腺两种，小消化腺分布于消化管壁内，如食管腺、胃腺、肠腺等；大消化腺独立于消化管外，主要包括唾液腺、胰腺和肝。

一、唾液腺

唾液腺（salivary gland）位于口腔的周围，分泌唾液可湿润口腔黏膜、清洁口腔、帮助消化等。唾液腺分大、小两类。小唾液腺位于口腔各部黏膜或黏膜下层内，属黏液腺，如唇腺、舌腺、颊腺和腭腺等。大唾液腺有 3 对，即腮腺、下颌下腺和舌下腺（图 4-24）。

1. 腮腺　是最大的一对唾液腺，略呈锥体形，底面朝外，尖向内侧突向咽旁。其浅部略呈三角形，向上到达颧弓，向下至下颌角，向前至咬肌后，向后至乳突前缘和胸锁乳突肌前缘的上部。其深部位于下颌支与胸锁乳突肌之间的下颌后窝内。从腮腺前缘发出腮腺管，于颧弓下方一横指处越过咬肌表面，至咬肌前缘处弯向内侧，斜穿颊肌，开口于平对上颌第二磨牙牙冠的颊黏膜上。

2. 下颌下腺　呈卵圆形，位于下颌体下缘及二腹肌前、后腹所围成的下颌下三角内。其导管自腺体内侧面发出，沿口腔底黏膜深面向前，开口于舌下阜。

3. 舌下腺　是大唾液腺中最小的一对，呈杏核状。位于口腔底舌下襞的深面。其导管有大、小两种，大管有一条，与下颌下腺管汇合共同开口于舌下阜，小管有 5～15 条，短而细，直接开口于舌下襞黏膜表面。

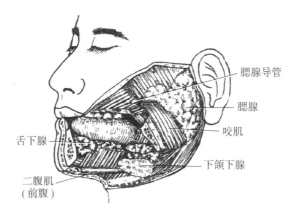

图 4－24 唾液腺

二、肝

肝（liver）是人体内最大的腺体，也是最大的消化腺。肝的血液供应极为丰富，呈红褐色，质软而脆，受外力冲击易破裂出血。肝是机体新陈代谢最活跃的器官，除分泌胆汁促进脂肪的消化吸收外，还具有参与蛋白质、脂类、糖类等多种物质的合成、分解与转化，同时具有解毒、防御以及胚胎时期造血等功能。

（一）肝的形态

肝呈不规则的楔形，分上、下两面和前、后、左、右四缘（图 4－25，图 4－26）。肝的上面膨隆与膈相邻，称膈面，借矢状位的镰状韧带将肝分为左、右两叶。肝的下面凹凸不平，与腹腔器官相邻，称脏面。脏面的中部有近似"H"形的沟，分别为左、右纵沟和横沟。左纵沟前部有肝圆韧带，为胚胎时期脐静脉闭锁后的遗迹，后部有静脉韧带，为胚胎时期静脉导管闭锁后的遗迹。右纵沟前部为胆囊窝，容纳胆囊，后部为腔静脉沟，有下腔静脉通过。横沟即肝门，有肝左、右管，肝固有动脉左、右支，肝门静脉左、右支以及神经和淋巴管等出入。出入肝门的结构被结缔组织包绕，构成肝蒂。肝脏面借"H"形沟分为四叶：右纵沟右侧的右叶，左纵沟左侧的左叶，横沟前方的方叶，横沟后方的尾状叶。肝的前缘和左缘较薄锐，后缘和右缘较钝圆。

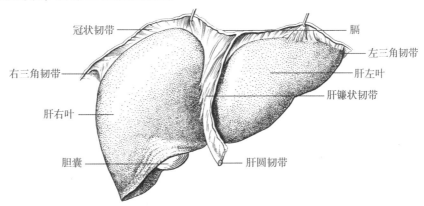

图 4－25 肝的上面（膈面）

（二）肝的位置和体表投影

肝大部分位于右季肋区和腹上区，小部分位于左季肋区。肝的前面大部分被胸廓所掩盖，仅在腹上区左、右肋弓间的部分直接与腹前壁相贴。肝的上界与膈穹隆一致，在右锁骨中线平第 5 肋，在前正中线平剑胸结合处，在左锁骨中线平第 5 肋间隙。肝的下界，右侧大致与右肋弓一致，在腹上区可达剑突下约3cm，左侧被左肋弓掩盖。7岁以下儿童，肝下界可低于肋弓下缘1～2cm。肝的位置可随膈的运动而上、下移动，在平静呼吸时，肝可上、下移动2～3cm。

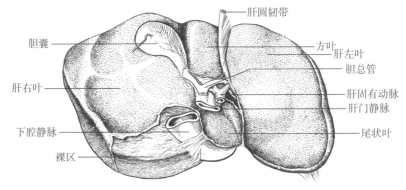

图4－26　肝的下面（脏面）

（三）肝的微细结构

肝的表面大部分覆盖着浆膜，浆膜的深面是一层富含弹性纤维的致密结缔组织。在肝门处，结缔组织随出入肝门的结构进入肝实质，并将肝实质分隔成许多肝小叶。相邻的几个肝小叶之间有门管区（图4－27）。

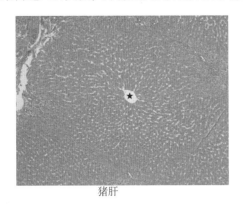
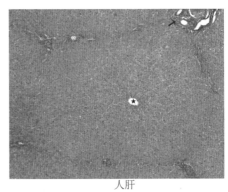

猪肝　　　　　　　　　　　　　　　　人肝

图4－27　肝组织光镜像（低倍）
★中央静脉；→肝门管区

1. 肝小叶　是肝的基本结构和功能单位，呈多面棱柱状，长约2mm，宽约1mm，主要由中央静脉、肝板、肝血窦、窦周隙及胆小管构成（图4－28）。每个肝小叶中央有一条纵行的中央静脉；肝细胞以中央静脉为中心，呈放射状排列形成肝板；肝板之间的不规则腔隙称肝血窦；肝板内相邻肝细胞之间的微细管道称胆小管；肝细胞与肝血窦内皮细胞之间的狭窄间隙称窦周隙。

（1）中央静脉　位于肝小叶长轴的中央，管壁薄而不完整，由内皮细胞和少量结缔组织构成，有肝血窦的开口（图4－29）。

（2）肝板　肝细胞以中央静脉为中心，呈放射状排列成板状结构，称肝板，在组织切片上呈索条状，称肝索。相邻肝板彼此相连成网（图4－30，图4－31）。

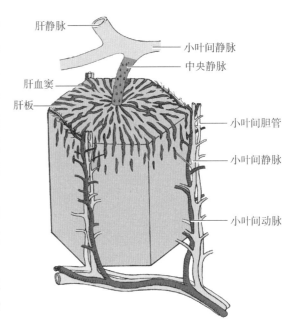

图4－28　肝小叶立体结构模式图

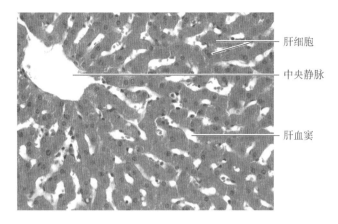

图 4 - 29 肝小叶光镜像（高倍）

肝细胞构成了肝实质的主要成分，体积较大，呈多面体形。肝细胞因周围接触的结构不同，分为三种不同的功能面，即肝细胞连接面、血窦面和胆小管面。血窦面和胆小管面有发达的微绒毛，可扩大肝细胞的表面积。相邻肝细胞的连接面有紧密连接、桥粒和缝隙连接等结构。肝细胞的细胞质呈嗜酸性，内有大小不等的嗜碱性颗粒状物质；细胞核大而圆，位于细胞中央，偶有双核。电镜下，肝细胞的细胞质内有丰富的细胞器和内含物，如线粒体、内质网、溶酶体、高尔基复合体、糖原颗粒及脂滴和色素等。

（3）肝血窦　位于相邻肝板之间，相互分支吻合成网，是扩大了的形状不规则的毛细血管（图 4 - 30）。肝血窦的壁由一层扁平内皮细胞构成，内皮细胞有孔，细胞外面无基膜。因此，肝血窦的壁通透性较大，有利于肝细胞与血液之间进行物质交换。肝血窦腔内散在有肝巨噬细胞，又称库普弗细胞，胞体较大，形态不规则。肝巨噬细胞具有较强的吞噬能力，可吞噬病毒、细菌、异物及衰老的红细胞等。

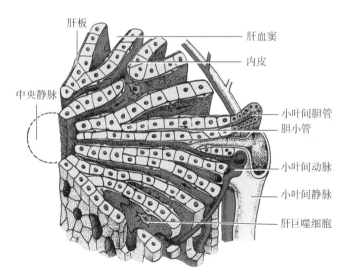

图 4 - 30　肝板、肝血窦和胆小管模式图

（4）窦周隙　是肝血窦内皮细胞与肝细胞之间的狭窄间隙。电镜下，窦周隙内充满从肝血窦内渗出的血浆，肝细胞表面的微绒毛浸于窦周隙的血浆中。窦周隙是肝细胞与血液之间进行物质交换的重要场所（图 4 - 31）。窦周隙内还有一种贮脂细胞，有贮存维生素 A 和产生网状纤维的功能。

（5）胆小管 是相邻肝细胞之间由细胞膜局部凹陷形成的微细管道，在肝板内穿行并吻合成网（图4-31）。胆小管呈放射状走向肝小叶的周边，出肝小叶后汇合成小叶间胆管。肝细胞分泌的胆汁直接进入胆小管。若肝的病变导致肝细胞损伤时，胆小管的正常结构被破坏，胆汁经窦周隙、肝血窦流入血液，形成黄疸。

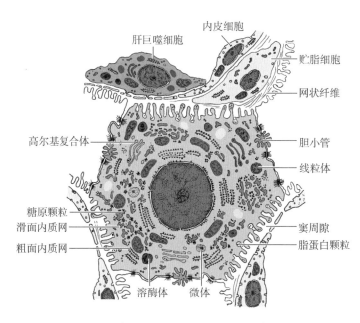

图4-31 肝细胞、肝血窦、窦周隙和胆小管关系模式图

2. 门管区 相邻肝小叶之间结缔组织较多的区域，内有小叶间动脉、小叶间静脉和小叶间胆管，此区域称门管区（图4-32）。小叶间动脉是肝固有动脉的分支，管径小，管壁厚；小叶间静脉是肝门静脉的分支，腔大而不规则，管壁薄；小叶间胆管是由胆小管汇集而成的，管径较小，管壁由单层立方上皮构成。

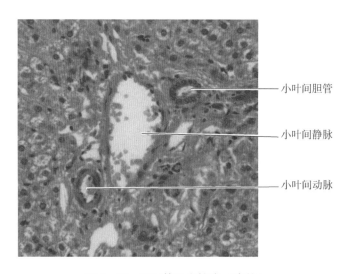

图4-32 肝门管区光镜像（高倍）

（四）肝的血液循环

肝的血液供应丰富，接受肝门静脉和肝固有动脉的双重血液供应，最后汇合成肝静脉出肝。

1. 肝门静脉　是肝的功能血管，主要收集胃肠静脉和脾静脉的血液，将肠道吸收的营养物质输入肝内供肝细胞代谢和转化。肝门静脉入肝后反复分支，在小叶间形成小叶间静脉，把血液输入肝血窦。

2. 肝固有动脉　是肝的营养血管，其内的血液含有丰富的氧和营养物质，供肝细胞代谢需要。肝固有动脉入肝后，其分支与肝门静脉的分支伴行，在小叶间形成小叶间动脉，把血液输入肝血窦。

肝血窦内含有来自肝门静脉和肝固有动脉的混合血液。肝血窦内的血液与肝细胞进行物质交换后，汇入中央静脉，中央静脉汇合成小叶下静脉，小叶下静脉经多次汇合，最后汇合成三条肝静脉，在肝的后缘出肝，汇入下腔静脉。

（五）胆囊和输胆管道

1. 胆囊　位于肝下面的胆囊窝内，上面借结缔组织与肝相连，下面被覆腹膜，容量 40～60ml，有贮存和浓缩胆汁的功能。胆囊略呈长梨形，可分为胆囊底、胆囊体、胆囊颈和胆囊管四部分。胆囊底为突向前下方的盲端，露于肝前缘并与腹前壁相贴，其体表投影位于右锁骨中线与右肋弓下缘相交处。当胆囊发生病变时，此处常有明显压痛。中间部分为胆囊体，后端狭细为胆囊颈，胆囊颈弯向左下移行于胆囊管。胆囊内面衬有黏膜，胆囊颈和胆囊管的黏膜呈螺旋状突入腔内，形成螺旋襞，有控制胆汁进出的作用，胆囊结石常由于螺旋襞的阻碍而易嵌顿于此处。

胆囊管、肝总管和肝脏面围成的三角形区域，称为胆囊三角（Calot 三角），其内有胆囊动脉通过，该三角是胆囊手术中寻找胆囊动脉的标志。

2. 输胆管道　是指将肝细胞分泌的胆汁输送到十二指肠的管道，分为肝内和肝外两部分（图 4-33）。肝内胆道包括胆小管和小叶间胆管；肝外胆道包括肝左管、肝右管、肝总管、胆囊管、胆囊和胆总管等。

胆小管汇合成小叶间胆管，小叶间胆管逐级汇合成肝左管和肝右管，肝左、右管出肝门后汇合成肝总管。肝总管下行与胆囊管汇合成胆总管。胆总管在肝十二指肠韧带内下行，经十二指肠上部后方，到达胰头与十二指肠降部之间与胰管汇合，形成膨大的肝胰壶腹（Vater 壶腹），开口于十二指肠大乳头。在肝胰壶腹

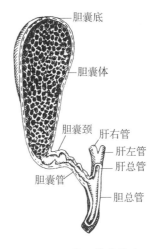

图 4-33　输胆管道模式图

周围有环形的平滑肌，称为肝胰壶腹括约肌（Oddi 括约肌），具有控胆汁和胰液排出的作用。肝胰壶腹括约肌平时保持收缩状态，由肝细胞分泌的胆汁，经肝左、右管，肝总管，胆囊管进入胆囊内贮存并浓缩；进食后，尤其进高脂肪食物，在神经 - 体液因素的调节下，胆囊收缩，肝胰壶腹括约肌舒张，使胆囊内的胆汁经胆囊管、胆总管、肝胰壶腹、十二指肠大乳头，排入到十二指肠腔内。

胆汁排出的途径如下：

肝细胞分泌胆汁→胆小管→小叶间胆管→肝左、右管→肝总管→胆总管→十二指肠

⚙ **素质提升**

中国肝胆外科之父——吴孟超院士

吴孟超（1922—2021），著名的肝胆外科专家，中国科学院院士，中国肝胆外科的开拓者和主要创始人之一，被誉为"中国肝胆外科之父"。2005年获国家最高科学技术奖，2011年5月，中国将17606号小行星命名为"吴孟超星"。吴孟超院士创立了肝脏外科的关键理论和技术体系，最先提出中国人肝脏解剖"五叶四段"的新见解，在国内首创常温下间歇肝门阻断切肝法，率先突破人体中肝叶手术禁区，建立了完整的肝脏海绵状血管瘤和小肝癌的早期诊治体系。创建了世界上规模最大的肝脏疾病研究和诊疗中心，牵头指导了一系列具有国际先进水平的基础研究工作。他领导的学科规模从一个"三人研究小组"发展到目前的三级甲等专科医院和肝胆外科研究所，成为国际上规模最大的肝胆疾病诊疗中心和科研基地；设立吴孟超肝胆外科医学基金，奖励为中国肝胆外科事业做出卓著贡献的杰出人才和创新性研究；培养了大批高层次专门人才。

三、胰

（一）胰的位置和形态

胰是人体的第二大消化腺。胰位于胃的后方，横贴于腹后壁，平对第1~2腰椎体，属于腹膜外位器官，前面被胃、横结肠和大网膜遮盖，后面有下腔静脉、胆总管、肝门静脉和腹主动脉等结构。胰呈三棱形，质柔软，色灰红，可分为胰头、胰颈、胰体、胰尾四部分，各部分之间无明显界限。胰头为右端膨大部分，在第2腰椎体右前方，被十二指肠包绕，在胰头下部有突向左后上方的钩突；胰颈是胰头与胰体之间的狭窄部，其后方有肠系膜上静脉通过；胰体位于胰头与胰尾之间，呈棱柱状，占胰的大部分；胰尾为伸向左上方较细的部分，可抵及脾门。胰管位于胰实质内，自胰尾起始，沿胰长轴右行至胰头，胰管沿途收集许多支管，末端与胆总管汇合成肝胰壶腹，共同开口于十二指肠大乳头。有时在胰头上部胰管上方常有副胰管，开口于十二指肠小乳头。

（二）胰的微细结构

胰表面被覆薄层结缔组织被膜，被膜伸入胰内将实质分隔成许多小叶。胰实质由外分泌部和内分泌部组成（图4-34）。外分泌部分泌胰液，对食物消化起重要作用。内分泌部分泌激素，主要参与调节糖的代谢。

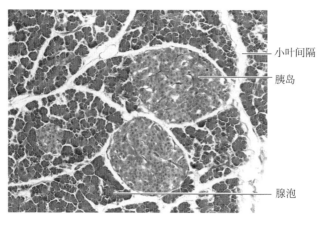

图4-34 胰腺光镜像（低倍）

1. 外分泌部 占胰的大部分，由腺泡和导管组成。腺泡由浆液性腺细胞构成，腺细胞呈锥体形，核圆形，位于细胞基底部，胞质顶部含嗜酸性酶原颗粒；导管起于腺泡腔，逐级汇合成小叶内导管、小叶间导管和胰管。胰的外分泌部可分泌胰液，内含蛋白酶、脂肪酶和淀粉酶等多种消化酶，能分解消化蛋白质、脂肪和糖类。

2. 内分泌部 又称胰岛，是散在于胰外分泌部腺泡之间大小不等的细胞团，胰尾部较多，胰岛主要有 A、B、D 三种内分泌细胞。① A 细胞：约占胰岛细胞总数的 20%，多分布于胰岛的周边，细胞体积较大，呈多边形。A 细胞分泌胰高血糖素，可促进肝细胞内的糖原分解为葡萄糖，抑制糖原合成，使血糖浓度升高。② B 细胞：约占胰岛细胞总数的 70%，多位于胰岛的中央，细胞体积较小。B 细胞分泌胰岛素，可促进细胞、组织对葡萄糖的摄取和利用，促进肝细胞合成糖原，使血糖浓度降低。③ D 细胞：约占胰岛细胞总数的 5%，数量较少，散在分布于 A、B 细胞之间。D 细胞可分泌生长抑素，对 A、B 细胞的分泌起调节作用。

第三节 腹 膜

一、腹膜与腹膜腔

腹膜（peritoneum）是由间皮和结缔组织构成的一层浆膜，呈半透明，薄而光滑。衬于腹、盆壁内表面的腹膜，称壁腹膜；覆盖在腹、盆腔脏器表面的腹膜，称脏腹膜。壁腹膜与脏腹膜相互延续移行，共同围成不规则的潜在性腔隙，称为腹膜腔（图 4 - 35）。男性的腹膜腔是封闭的，女性的腹膜腔可经输卵管、子宫、阴道与外界相通。腹膜腔内有少量浆液。

腹膜具有分泌、吸收、保护、支持、防御和修复等功能。正常情况下腹膜能分泌少量的浆液，可润滑腹膜，减少器官之间的摩擦。病理情况下，腹膜渗出增加，产生大量积液，形成腹水；腹膜有广阔的表面，具有较强的吸收能力，可吸收腹膜腔内的液体。不同部位腹膜的吸收能力有差别，上腹部腹膜的吸收能力较强，而盆腔腹膜的吸收力较弱，故腹膜炎或腹部手术后的患者多采取半卧位，使炎性渗出液流向下腹部，以减缓腹膜对有害物质的吸收；腹膜形成的韧带、系膜等结构对脏器有固定和支持作用。

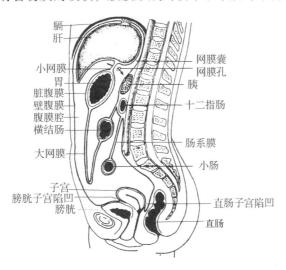

图 4 - 35 腹膜矢状切面

二、腹膜与腹腔、盆腔脏器的关系

根据腹膜覆盖器官的范围不同，可将腹、盆腔器官分为三类，即腹膜内位器官、腹膜间位器官和腹膜外位器官（图4－36）。

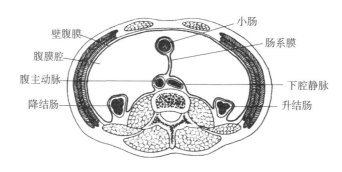

图4－36 腹膜与脏器的关系模式图

（一）腹膜内位器官

器官的表面几乎都被腹膜覆盖，如胃、空肠、盲肠、阑尾、横结肠、乙状结肠、脾、卵巢、输卵管等，这类器官的活动性较大。

（二）腹膜间位器官

器官的表面大部分或三面被腹膜覆盖，如升结肠、降结肠、直肠上段、肝、胆囊和子宫等，这类器官的活动性较小。

（三）腹膜外位器官

器官仅有一面被腹膜覆盖，如十二指肠的降部和水平部、胰、肾、肾上腺和输尿管等，这类器官的位置固定，几乎不能活动。

三、腹膜形成的主要结构

腹膜在器官与腹、盆壁之间以及器官之间相互移行，形成韧带、系膜、网膜、陷凹和皱襞等腹膜结构（图4－37）。这些结构不仅对器官起着固定和连接的作用，也是血管和神经等出入器官的途径。

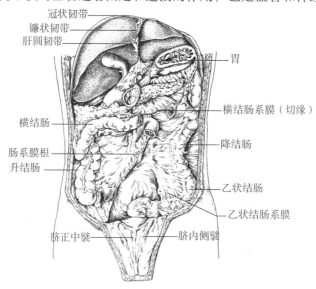

图4－37 腹膜形成的主要结构

（一）网膜

网膜是连于胃小弯和胃大弯的腹膜皱襞，内有血管、神经、淋巴管和结缔组织等，包括小网膜和大网膜（图4－38）。

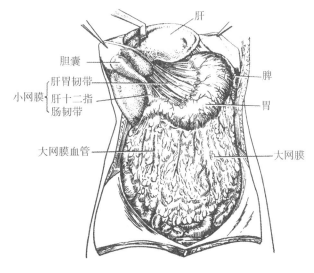

图4－38　网膜

1. 小网膜　是连于肝门与胃小弯、十二指肠上部之间的双层腹膜结构。其中连于肝门与胃小弯之间的部分，称为肝胃韧带，内有胃左、右动静脉，胃上淋巴结和分布于胃的神经等；连于肝门与十二指肠上部之间的部分，称为肝十二指肠韧带，内有胆总管、肝固有动脉和肝门静脉通过。小网膜的右缘游离，其后方为网膜孔，经此孔可进入网膜囊。

2. 大网膜　是连于胃大弯与横结肠之间的腹膜结构。呈围裙状悬垂于横结肠和小肠的前方。大网膜由四层腹膜构成，前两层是由胃前、后壁的腹膜自胃大弯和十二指肠上部下垂而成，降至脐平面稍下方，返折向上形成大网膜后两层，并向后上包被横结肠移行为横结肠系膜。成人的大网膜前两层和后两层常愈合在一起。大网膜内含有脂肪、血管、淋巴管和巨噬细胞等，有重要的防御功能。当腹膜腔内有炎症时，大网膜的游离部可向病灶处移动，并将病灶包裹，以限制炎症蔓延扩散。故腹部手术时，可根据大网膜移动的位置探查病变部位。小儿的大网膜较短，当下腹部炎症或阑尾炎穿孔时，病灶不易被大网膜包裹，常造成弥漫性腹膜炎。

3. 网膜囊　是位于小网膜和胃后方与腹后壁腹膜之间的扁窄间隙，又称为小腹膜腔。其前壁为小网膜、胃后壁腹膜和大网膜的前两层；后壁为大网膜后两层、横结肠及其系膜以及覆盖在胰、左肾、左肾上腺等处的腹膜；上壁为肝尾状叶及膈下面的腹膜；下壁为大网膜的返折处；右侧借网膜孔与腹膜腔的其他部分相通。网膜囊位置较深，胃后壁穿孔时，胃内容物常积聚在囊内，给早期诊断带来一定的困难。

（二）系膜

系膜是脏、壁腹膜相互延续移行形成的将肠管连于腹后壁的双层腹膜结构。其内含有进出肠管的血管、神经、淋巴管、淋巴结等。主要的系膜有肠系膜、阑尾系膜、横结肠系膜和乙状结肠系膜等（图4－37）。

1. 肠系膜　是将空、回肠连于腹后壁的双层腹膜结构，呈扇形，多皱褶。其附着于腹后壁的部分称肠系膜根。肠系膜根起自第2腰椎体的左侧，斜向右下止于右骶髂关节前方，长约15cm。由于肠系膜较长，因而空、回肠的活动性较大，易发生肠扭转或肠套叠等。

2. 阑尾系膜　是阑尾与回肠末端之间的三角形双层腹膜结构。其游离缘内有阑尾的血管走行，故切除阑尾时，应从阑尾系膜游离缘进行血管结扎。

3. 横结肠系膜　是将横结肠连于腹后壁的双层腹膜结构。其根部起自结肠右曲，向左跨过右肾中部、十二指肠降部、胰头等器官前方至结肠左曲。

4. 乙状结肠系膜　是将乙状结肠系连于左下腹的双层腹膜结构。其根部附着于左髂窝和骨盆的左后壁。该系膜比较长，乙状结肠活动度较大，易发生肠扭转。系膜内有乙状结肠血管、直肠上血管、淋巴管、淋巴结和神经丛等。

（三）韧带

韧带是连于腹、盆壁与器官之间或连接相邻器官之间的腹膜结构，对器官起固定、支持和悬吊作用。

1. 肝的韧带　肝的下面有肝胃韧带和肝十二指肠韧带，肝的上面有镰状韧带、冠状韧带和左、右三角韧带等。①镰状韧带：位于膈下面与肝上面之间的双层腹膜结构，呈矢状位。其下缘增厚、游离，含有肝圆韧带。②冠状韧带：呈冠状位，由膈下面的腹膜返折至肝上面所形成的双层腹膜结构。两层间无腹膜被覆的肝表面，称为肝裸区。在冠状韧带的左、右端，前、后两层黏合增厚形成左、右三角韧带。

2. 脾的韧带　①胃脾韧带：是连于胃底和脾门之间的双层腹膜结构，向下与大网膜左侧部相延续。韧带内有胃短血管、胃网膜左血管等。②脾肾韧带：是连于脾门至左肾前面的双层腹膜结构，其内有胰尾、脾血管等。③膈脾韧带：为脾肾韧带的上部，由脾上端连至膈下的腹膜结构。

（四）腹膜皱襞、隐窝和陷凹

腹膜皱襞是指腹、盆腔壁与器官之间或器官与器官之间的腹膜形成的隆起，其深部常有血管走行。隐窝是指皱襞与皱襞之间或皱襞与腹、盆腔壁之间形成的腹膜凹陷，常见的隐窝有：十二指肠上隐窝、十二指肠下隐窝、盲肠后隐窝、乙状结肠间隐窝和肝肾隐窝等。肝肾隐窝位于肝右叶与右肾之间，其左界为网膜孔和十二指肠降部，右界为右结肠旁沟。仰卧位时，肝肾隐窝是腹膜腔的最低部位，腹膜腔内的液体易积存于此。

腹膜陷凹是指较大的腹膜隐窝，主要位于盆腔内，为腹膜在盆腔器官之间移行返折形成（图4-35）。男性在直肠与膀胱之间有直肠膀胱陷凹，凹底距肛门约7.5cm。女性在膀胱与子宫之间有膀胱子宫陷凹，在直肠与子宫之间有直肠子宫陷凹，后者又称Douglas腔，较深，凹底距肛门约3.5cm，与阴道后穹隆之间仅隔以阴道后壁和腹膜。站立或坐位时，男性的直肠膀胱陷凹和女性的直肠子宫陷凹是腹膜腔的最低部位，故腹膜腔内的积液多聚积于此，临床上可进行直肠穿刺和阴道后穹隆穿刺抽取液体或引流，以诊治疾病。

目标检测

答案解析

一、单项选择题

1. 下列结构中不属于下消化道的是（　　）

  A. 十二指肠　　　　　　B. 空肠　　　　　　　　C. 回肠

  D. 阑尾　　　　　　　　E. 盲肠

2. 消化管腔内形成的纵行和环形皱襞不包括（　　）

  A. 黏膜上皮　　　　　　B. 黏膜固有层　　　　　C. 黏膜肌层

  D. 黏膜下层　　　　　　E. 外膜

3. 下列关于口腔的描述，错误的是（ ）

    A. 口腔是消化管的起始部　　　B. 口腔向前与外界相通　　　C. 口腔的侧壁是颊

    D. 口腔分口腔前庭和固有空腔　E. 当上、下牙列咬合时，口腔前庭与固有口腔互不相通

4. 鼻咽癌的好发部位是（ ）

    A. 咽狭　　　　　　　　　　　B. 腭扁桃体　　　　　　　　C. 咽隐窝

    D. 咽鼓管咽口　　　　　　　　E. 梨状隐窝

5. 食管的第二个狭窄约距中切牙（ ）

    A. 15cm　　　　　　　　　　B. 25cm　　　　　　　　　C. 40cm

    D. 45cm　　　　　　　　　　E. 50cm

6. 胃溃疡好发的部位是（ ）

    A. 贲门　　　　　　　　　　　B. 胃底　　　　　　　　　　C. 胃体

    D. 幽门　　　　　　　　　　　E. 胃小弯近幽门窦

7. 具有结肠带、结肠袋和肠脂垂的消化管是（ ）

    A. 横结肠　　　　　　　　　　B. 直肠　　　　　　　　　　C. 回肠

    D. 空肠　　　　　　　　　　　E. 十二指肠

8. 肝的上面分为肝右叶、左叶的分界标志（ ）

    A. 肝门　　　　　　　　　　　B. 镰状韧带　　　　　　　　C. 冠状韧带

    D. 三角韧带　　　　　　　　　E. 肝圆韧带

9. 进出肝门的结构不包括（ ）

    A. 肝固有动脉　　　　　　　　B. 肝左管　　　　　　　　　C. 胆总管

    D. 门静脉　　　　　　　　　　E. 肝右管

10. 不属于腹膜内位器官的是（ ）

    A. 胃　　　　　　　　　　　　B. 升结肠　　　　　　　　　C. 空肠

    D. 盲肠　　　　　　　　　　　E. 横结肠

二、思考题

    患者，男，16 岁。持续性右下腹疼痛 4 天，加重 4 小时入院。患者在 4 天前无明显诱因开始出现右下腹疼痛，伴轻度恶心。4 小时前疼痛加剧，疼痛呈阵发性痉挛痛，呕吐 1 次，呕吐为胃内容物，非喷射性，遂来我院就诊，收住院治疗。患者神志清，一般情况差，急性病容，体温 38.7℃，白细胞计数增高，腹平软，未见肠型及蠕动波，右下腹压痛，反跳痛。

    问题：1. 阑尾常见的位置有哪些?

           2. 在体表如何确定阑尾根部的位置?

（徐红涛）

书网融合……

    本章小结　　　　　　　　　微课　　　　　　　　　题库

第五章 呼吸系统

PPT

◎ 学习目标

1. 通过本章学习，重点掌握呼吸系统的组成，上、下呼吸道的概念；鼻旁窦的组成及其开口部位；喉的位置和结构；气管的位置和分部；左、右主支气管的形态差别；肺的位置、形态、微细结构和体表投影；胸膜、胸膜腔的概念，肋膈隐窝；胸膜的体表投影。

2. 学会观察辨认呼吸道、肺及胸膜、纵隔的主要形态结构，具有运用呼吸系统的知识进行临床护理工作及健康科普的能力，具有关心、尊重患者的意识及良好的职业素养。

》 情境导入

情景描述 患者，男，58 岁。因咳嗽、咳痰，伴痰中带血 2 个月，胸部 CT 提示左上肺软组织影，不均匀强化，病变周围毛刺征改变，伴左肺上叶支气管远端闭塞，考虑为肿瘤性病变。遂行支气管镜检查。

讨论 1. 对该患者行支气管镜检查时经过哪些结构？

2. 支气管的形态特点有哪些？

呼吸系统（respiratory system）由呼吸道和肺两部分组成。呼吸道包括鼻、咽、喉、气管和主支气管，是气体运输的通道。肺由肺实质和肺间质组成，是气体交换的器官。肺实质由肺内各级支气管和肺泡构成；肺间质由肺内的结缔组织、血管、淋巴管和神经等构成。临床上通常把鼻、咽、喉称为上呼吸道，气管、主支气管和肺内各级支气管称为下呼吸道。呼吸系统的主要功能是进行气体交换，即吸入氧气、排出二氧化碳。此外，还有嗅觉、发声、内分泌以及协助静脉血回流入心等功能（图 5 - 1）。

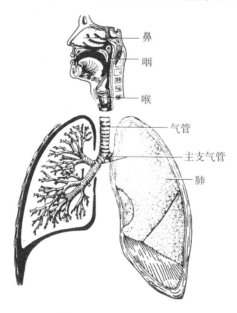

鼻
咽
喉
气管
主支气管
肺

图 5 - 1 呼吸系统概观

第一节　呼吸道

一、鼻

鼻（nose）是呼吸道的起始部，既是气体通道，又是嗅觉器官，还兼有辅助发音的功能。鼻可分为外鼻、鼻腔和鼻旁窦三部分。

（一）外鼻

外鼻位于面部中央，呈三棱锥体形，以鼻骨和鼻软骨为支架，外被皮肤构成。外鼻上端在两眶之间的狭窄部分称鼻根，向下延续为鼻背。外鼻下端游离为鼻尖，鼻尖两侧扩大呈半圆形隆起为鼻翼，当呼吸困难时，鼻翼可出现扇动，小儿更为明显。鼻翼下方的两孔为鼻孔，是气体进出呼吸道的门户。鼻尖和鼻翼处皮肤较厚，富含皮脂腺和汗腺，是酒渣鼻和痤疮的好发部位。从鼻翼向外下方到口角的浅沟称鼻唇沟。

（二）鼻腔

鼻腔以鼻骨和鼻软骨为支架，内衬黏膜和皮肤，被鼻中隔分为左、右两腔。鼻中隔由骨性鼻中隔（包括筛骨垂直板和犁骨）和鼻中隔软骨，表面被覆黏膜构成（图 5-2）。每侧鼻腔向前经鼻孔与外界相通，向后经鼻后孔通咽，并以弧形隆起的鼻阈为界，分为鼻前庭和固有鼻腔两部分。

1. 鼻前庭　位于鼻腔的前下部，相当于鼻翼所遮盖部分。内面衬以皮肤，长有鼻毛，可滤过灰尘和净化吸入的空气。鼻前庭是疖肿的好发部位，由于缺乏皮下组织，故发生疖肿时，疼痛较为剧烈。

2. 固有鼻腔　位于鼻腔的后上部，是鼻腔的主要部分，内面衬以黏膜。

鼻腔外侧壁自上而下有上鼻甲、中鼻甲和下鼻甲三个鼻甲，各鼻甲下方的裂隙，分别称为上鼻道、中鼻道和下鼻道（图 5-3）。在上鼻甲的后上方与蝶骨体之间有一凹陷称蝶筛隐窝。上、中鼻道及蝶筛隐窝分别有鼻旁窦的开口，下鼻道的前部有鼻泪管的开口。

鼻腔内侧壁是鼻中隔。其前下部黏膜较薄，血管丰富而表浅，是鼻出血（鼻衄）的常见部位，临床上称为易出血区或 Little 区。

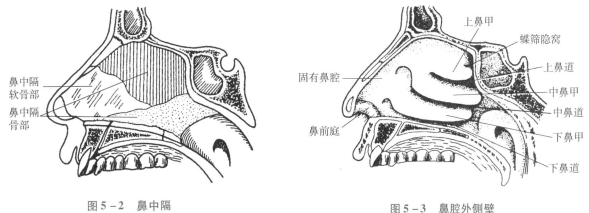

图 5-2　鼻中隔　　　　　　　　　　　　　　　　图 5-3　鼻腔外侧壁

鼻腔的黏膜依其生理功能不同，分为嗅区和呼吸区两部分。嗅区位于上鼻甲及其相对应的鼻中隔以上的黏膜，活体上呈苍白色或淡黄色，黏膜内含有嗅细胞，有感受嗅觉的功能。呼吸区是指嗅区以外的黏膜，活体上呈粉红色，内含丰富的血管和混合腺，表层为假复层纤毛柱状上皮，对吸入的空气有加温、加湿和净化作用。

（三）鼻旁窦

鼻旁窦（paranasal sinuses）又称副鼻窦，是鼻腔周围颅骨内开口于鼻腔的含气空腔，内衬黏膜，可调节吸入空气的温度、湿度，并对发声起共鸣作用。鼻旁窦共四对，包括额窦、筛窦、蝶窦和上颌窦（图5-4，图5-5）。

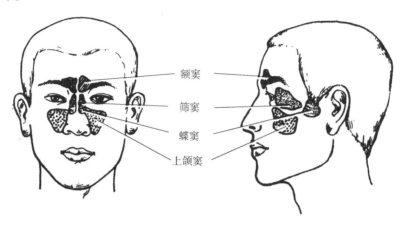

图5-4 鼻旁窦的投影

1. 额窦 位于额骨内，两侧眉弓深面，开口于中鼻道。

2. 筛窦 位于筛骨迷路内，由大小不一、排列不规则的含气小房组成，分为前、中、后三群。前、中群开口于中鼻道，后群开口于上鼻道。

3. 蝶窦 位于蝶骨体内，垂体窝下方，开口于蝶筛隐窝。

4. 上颌窦 位于上颌骨体内，是鼻旁窦中最大的一对，开口于中鼻道。

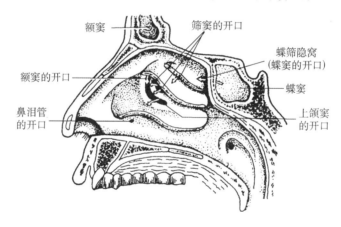

图5-5 鼻旁窦的开口

鼻旁窦的黏膜与鼻腔黏膜相延续，因此鼻腔的炎症可蔓延至鼻旁窦，引起鼻窦炎。上颌窦是鼻旁窦中最大的一对，其开口位于上颌窦内侧壁最高处，且窦口高于窦底，窦腔内的分泌物不易排出，所以临床上鼻窦炎中以上颌窦炎最为多见。

二、喉

喉（larynx）既是呼吸道，又是发声器官。

（一）喉的位置

喉位于颈前部正中，成人的喉相当于第4~6颈椎的高度，女性略高于男性，小孩略高于成人。喉上借韧带和肌与舌骨相连，下与气管相续，前方被皮肤、筋膜和舌骨下肌群所覆盖，后方与喉咽紧密相邻，两侧有颈部的大血管、神经及甲状腺侧叶。由于喉与舌骨和咽紧密连结，故当吞咽或发声时，喉可上、下移动。

（二）喉的构造

喉是中空性器官，由软骨、韧带、喉肌和喉黏膜构成。

1. 喉软骨 是喉的支架，包括不成对的甲状软骨、环状软骨、会厌软骨和成对的杓状软骨（图5－6）。

（1）**甲状软骨** 位于舌骨的下方，环状软骨的上方，是喉软骨中最大的一块，构成喉的前壁和外侧壁。甲状软骨由左、右两块近似方形的软骨板在前方愈着而成，愈着处构成前角，前角的上端向前突出称喉结，成年男性尤为明显。两甲状软骨板的后缘游离，向上、下各伸出一对突起，分别称上角和下角。上角借韧带与舌骨大角相连，下角与环状软骨构成关节。

（2）**环状软骨** 位于甲状软骨的下方，下与气管相连，形似指环。其前部低而窄，称环状软骨弓，可在活体上触及，平对第6颈椎，是重要的体表标志；后部高而宽，称环状软骨板。环状软骨是呼吸道中唯一完整的环形软骨，对维持呼吸道通畅有重要作用。

（3）**会厌软骨** 位于甲状软骨的后上方，形似树叶，上端宽阔而游离，下端细尖而附着在甲状软骨前角的后面，外覆黏膜形成会厌。当吞咽时，喉上提，会厌盖住喉口，可防止食物进入喉腔。

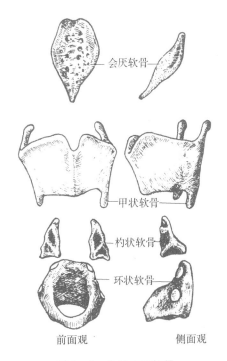

前面观　　　　　　　侧面观

图5－6　分离的喉软骨

（4）**杓状软骨** 位于环状软骨板的上方，左、右各一，近似三棱锥形，尖朝上，底朝下与环状软骨板上缘两侧的杓关节面构成关节。杓状软骨底有两个突起，向前伸出的突起称声带突，有声韧带附着；向外侧伸出的突起称肌突，有喉肌附着。

2. 喉的连结 喉的连结主要是喉软骨之间以及喉软骨与舌骨之间的连结（图5－7）。

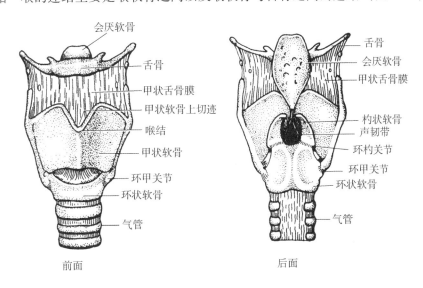

前面　　　　　　　　后面

图5－7　喉的软骨及其连结

（1）环甲关节　由甲状软骨下角与环状软骨两侧的关节面构成。此关节可使甲状软骨在冠状轴上做前倾和复位运动，使声带紧张或松弛。

（2）环杓关节　由杓状软骨底和环状软骨板上缘两侧的关节面构成。此关节可使杓状软骨在垂直轴上做旋转运动，使声门裂开大或缩小。

（3）弹性圆锥　为弹性纤维组成的膜状结构，自甲状软骨前角的后面，向下、向后附着于环状软骨上缘和杓状软骨声带突。此膜上端游离，紧张于甲状软骨前角与杓状软骨声带突之间，称声韧带，是构成声带的基础。弹性圆锥前部较厚，附着于甲状软骨下缘与环状软骨弓上缘之间，称环甲正中韧带。当急性喉阻塞来不及进行气管切开术时，可在环甲正中韧带处进行穿刺或切开，建立暂时性的通气道，抢救患者生命。

（4）甲状舌骨膜　是连于甲状软骨上缘与舌骨之间的结缔组织膜。

3. 喉肌　为数块短小的骨骼肌，附着于喉软骨的内面和外面。按其功能可分为两群，一群作用于环甲关节，使声带紧张或松弛，以调节音调的高低；另一群作用于环杓关节，使声门裂开大或缩小，以调节音量的大小（图5-8）。

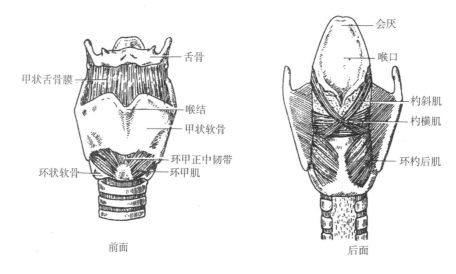

图5-8　喉肌

4. 喉腔　是由喉软骨、韧带、纤维膜、喉肌和喉黏膜围成的管腔，向上经喉口与喉咽相通，向下与气管相通。喉腔的上口称喉口，朝向后上方。

在喉腔中部的侧壁上有两对呈前后方向的黏膜皱襞，上方的一对称前庭襞，活体呈粉红色，两侧前庭襞之间的裂隙称前庭裂。下方的一对称声襞，比前庭襞更为突出，活体呈苍白色，两侧声襞之间的裂隙称声门裂，是喉腔最狭窄的部位。声襞及其内面的声韧带和声带肌共同构成声带。肺内呼出的气流通过声门裂时振动声带而发音（图5-9～图5-11）。

喉腔以前庭裂和声门裂为界分为三部分。

（1）喉前庭　是从喉口至前庭裂平面之间的部分。

（2）喉中间腔　是前庭裂和声门裂两平面之间的部分，是喉腔中最短小的部分。喉中间腔向两侧突出的裂隙称喉室。

（3）声门下腔　是声门裂平面至环状软骨下缘之间的部分，此区黏膜下组织比较疏松，炎症时易发生水肿，尤其是婴幼儿的喉腔较小，水肿时易引起喉阻塞，造成呼吸困难。

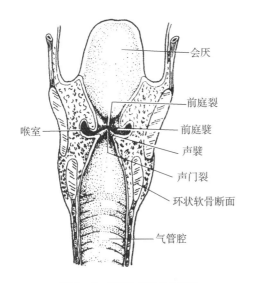

图 5-9 喉腔（冠状切面）

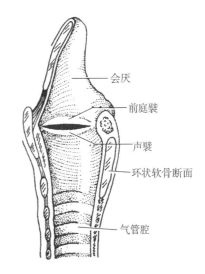

图 5-10 喉腔（矢状切面）

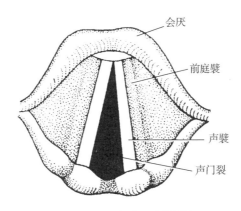

图 5-11 喉腔（上面观）

三、气管与支气管

气管与主支气管是连接喉与肺之间的管道。

（一）气管

气管（trachea）位于食管的前方，上端在第 6 颈椎下缘平面连于环状软骨，经颈部正中下行进入胸腔，至胸骨角平面分为左、右主支气管，分叉处称气管杈。在气管杈内面，有一向上凸的半月状纵嵴称气管隆嵴，稍偏向左侧，是支气管镜检查的定位标志。

气管由 14~17 个"C"形的气管软骨环以及连接各环之间的平滑肌和结缔组织构成。气管软骨为透明软骨，其缺口向后，由平滑肌和结缔组织构成的气管膜壁所封闭（图 5-12）。

根据气管的行程与位置，可分为颈、胸两部。颈部较短而浅，沿颈前正中线下行，可在体表触

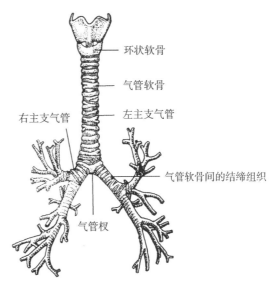

图 5-12 气管和支气管

及。在第2~4气管软骨环的前面有甲状腺峡部横过，两侧邻有甲状腺侧叶和颈部大血管。胸部较长，位于胸腔内。临床上行气管切开时，常选取在第3~5气管软骨环处施行。

（二）支气管

支气管（bronchi）是指由气管分出的各级分支，其中第一级分支是主支气管。主支气管包括左、右主支气管。

左主支气管细而长，长4~5cm，走行较倾斜，经左肺门入肺。

右主支气管粗而短，长2~3cm，走行较陡直，经右肺门入肺。

根据左、右主支气管的形态特点，以及气管隆嵴稍偏向左侧，且右肺通气量较大等因素，因此临床上气管内异物多坠入右主支气管。

（三）气管与主支气管的微细结构

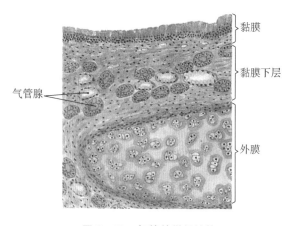

气管腺

黏膜

黏膜下层

外膜

图5-13　气管的微细结构

气管与主支气管的管壁结构相似，由内向外依次分为黏膜、黏膜下层和外膜，各层间无截然分界（图5-13）。

1. 黏膜　由上皮和固有层构成。上皮为假复层纤毛柱状上皮，杯状细胞较多。固有层由富含弹性纤维的结缔组织构成，内有小血管、腺导管和淋巴组织等结构。

2. 黏膜下层　由疏松结缔组织构成，内有血管、淋巴管、神经和气管腺。气管腺与黏膜上皮中的杯状细胞分泌的黏液可润滑黏膜表面，黏附吸入空气中的灰尘和细菌，有利于黏膜上皮的纤毛正常摆动。

3. 外膜　较厚，主要由"C"形的透明软骨环和疏松结缔组织构成，软骨环能保持气管、主支气管管道开放，保证气流通畅。气管软骨环之间有弹性纤维构成的韧带相连接，缺口处由结缔组织封闭，内含平滑肌束。

第二节　肺

一、肺的位置和形态

（一）肺的位置

肺（lung）位于胸腔内，膈的上方，纵隔的两侧，左、右各一。肺质软而轻，呈海绵状，富有弹性。肺表面有脏胸膜包被，光滑润泽。婴幼儿的肺呈淡红色，随着年龄的增长，由于吸入空气中的灰尘不断沉积于肺，肺的颜色逐渐变成灰色或深灰色。

（二）肺的形态

肺略呈圆锥形，具有一尖（肺尖）、一底（肺底）、两面（外侧面和内侧面）和三缘（前缘、后缘和下缘）（图5-14）。

肺尖钝圆，经胸廓上口向上伸入颈根部，高出锁骨内侧1/3段上方2~3cm，相当于第7颈椎棘突的高度。肺底与膈相邻，向上方凹陷，又称膈面。肺的外侧面隆凸，邻贴胸壁内面的肋和肋间隙，称为肋面；内侧面与纵隔相邻，称为纵隔面。纵隔面中部凹陷处称肺门，是主支气管、肺动脉、肺静脉、淋巴管和神经等结构进出肺的部位。这些进出肺门的结构被结缔组织包绕在一起，构成肺根。肺的前缘薄而锐，左肺前缘下部有一弧形凹陷，称心切迹；后缘钝圆，贴于脊柱两侧；下缘较薄锐，伸向胸壁与膈的间隙内（图 5 - 15）。

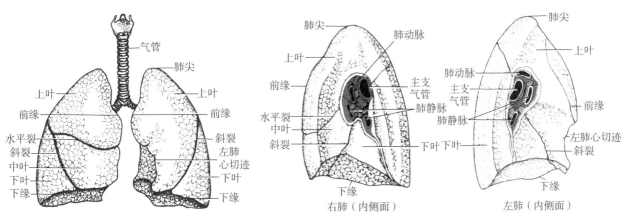

图 5 - 14　气管、主支气管和肺

图 5 - 15　左肺、右肺内侧面

　　由于心脏位置偏左以及肝位置的影响，故左肺狭而长，右肺宽而短。每侧肺都有深入肺内的裂隙，肺借此分成肺叶。左肺被一由后上斜向前下的斜裂分成上、下两叶；右肺除斜裂外，还有一近似水平走向的水平裂，因此右肺被斜裂和水平裂分为上、中、下三叶。

二、肺内支气管和支气管肺段

　　左、右主支气管进入肺门后分出肺叶支气管，左主支气管分为上、下两支，右主支气管分出上、中、下三支，分别进入相应的肺叶。肺叶支气管在各肺叶内再发出的分支，即为肺段支气管。肺段支气管继续在肺内反复分支。每一肺段支气管及其分支和它所属的肺组织，构成一个支气管肺段，简称肺段。肺段呈圆锥形，尖朝向肺门，底朝向肺的表面。左、右肺通常分为 10 个肺段，有时因左肺出现共干肺段支气管，因此左肺也可分为 8 个肺段。临床上常以肺段为单位进行定位诊断及肺切除术（图 5 - 16）。

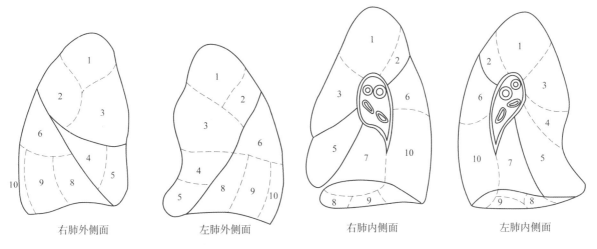

图 5 - 16　肺段模式图

三、肺的微细结构 📱微课

　　肺的表面覆有一层浆膜，即脏胸膜。肺组织分为肺实质和肺间质两部分。

（一）肺实质

主支气管入肺后呈树枝状反复分支，称为支气管树。肺实质包括肺内支气管树及终末的肺泡。主支气管经肺门进入肺后，依次分支为肺叶支气管、肺段支气管、小支气管、细支气管（管径小于1mm）、终末细支气管（管径小于0.5mm）、呼吸性细支气管、肺泡管、肺泡囊和肺泡（图5-17）。每根细支气管连同它的各级分支和肺泡构成一个肺小叶（图5-18）。每个肺叶有50~80个肺小叶。

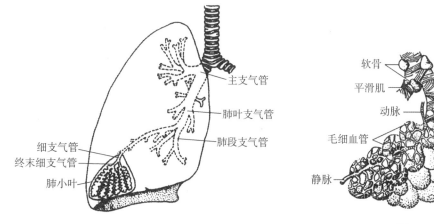

图5-17 肺内结构模式图

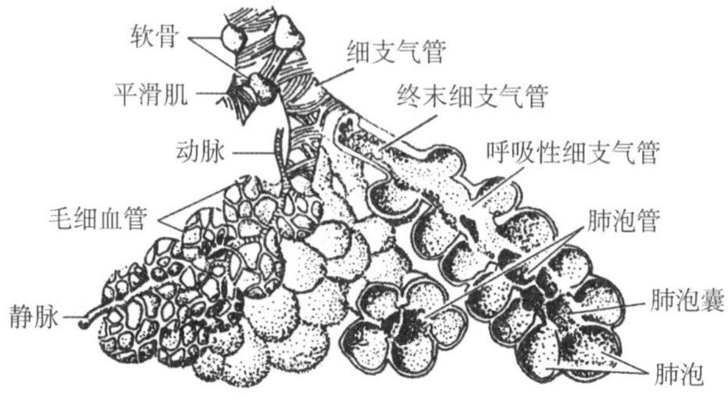

图5-18 肺小叶示意图

根据肺实质的功能不同，将其分为导气部和呼吸部两部分。

1. 导气部 从肺叶支气管到终末细支气管，只能传送气体，不能进行气体交换，构成肺的导气部。其管壁组织结构与支气管基本相似，但随着分支，管径由大变小，管壁由厚变薄，管壁组织结构也发生相应的变化，主要是：①上皮由假复层纤毛柱状上皮逐渐移行为单层纤毛柱状上皮或单层柱状上皮；②杯状细胞、腺体和软骨片逐渐减少，最后消失；③平滑肌逐渐增多，最后形成完整的环形肌层。

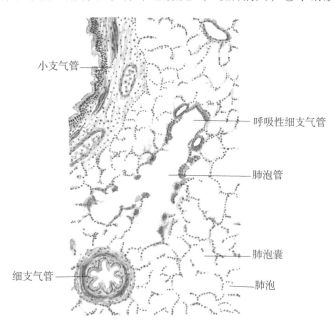

图5-19 肺的微细结构

2. 呼吸部 呼吸性细支气管及其以下各段壁上连有肺泡，能进行气体交换，构成肺的呼吸部，包括呼吸性细支气管、肺泡管、肺泡囊和肺泡（图5-19）。

（1）呼吸性细支气管 是终末细支气管的分支，管壁连有少量肺泡，上皮为单层立方上皮，外面有少量环形平滑肌和结缔组织。

（2）肺泡管 是呼吸性细支气管的分支，管壁上连有大量肺泡，因而管壁自身结构很少，只存在于相邻肺泡开口之间，呈结节状膨大。

（3）肺泡囊 是肺泡管的分支，为数个肺泡共同开口的囊状腔隙，相邻肺泡开口之间没有平滑肌，故无结节状膨大。

（4）肺泡 是肺支气管树的终末部分，呈囊泡状，直径约0.2mm，开口于肺泡囊、肺泡管或呼吸性细支气管，是气体交换的场所，成人每侧肺有3亿~4亿个肺泡。肺泡壁主要由肺泡上皮和基膜构成。肺泡上皮为单层上皮，由Ⅰ型肺泡细胞和Ⅱ型肺泡细胞组成（图5-20）。

1）Ⅰ型肺泡细胞　细胞呈扁平形，数量少，约占肺泡细胞的25%，但覆盖了肺泡表面积的95%，是进行气体交换的部位。Ⅰ型肺泡细胞无增殖能力，损伤后由Ⅱ型肺泡细胞增殖分化补充。

2）Ⅱ型肺泡细胞　细胞呈圆形或立方形，数量多，约占肺泡细胞的75%，但覆盖面积仅为肺泡表面积的5%左右。Ⅱ型肺泡细胞能分泌肺泡表面活性物质，在肺泡上皮腔面形成一层薄膜。

肺泡表面活性物质的主要成分是磷脂、蛋白质和糖胺多糖等，主要功能是降低肺泡表面张力，稳定肺泡直径的大小。吸气时肺泡扩张，表面活性物质密度降低，表面张力增大，导致肺泡回缩力增

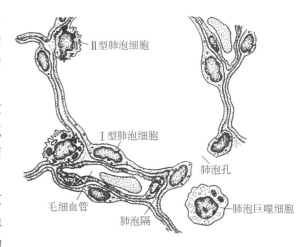

图5-20　肺泡与肺泡隔

大，可防止肺泡过度膨胀；呼气时肺泡缩小，表面活性物质密度增加，表面张力降低，阻止肺泡过度塌陷。某些早产儿的Ⅱ型肺泡细胞发育不良，不能产生表面活性物质，出生后肺泡不能扩张，出现呼吸困难，甚至死亡。

3）肺泡孔　是相邻肺泡间的小孔，肺泡孔的数目随年龄增长而增加。空气可借肺泡孔互相流通，在肺部感染时，肺泡孔也是炎症蔓延的通道。

（二）肺间质

肺间质由肺内的结缔组织、血管、淋巴管和神经等构成。

1. 肺泡隔　是相邻肺泡之间的薄层结缔组织，其内含有丰富的毛细血管网、大量的弹性纤维和散在的成纤维细胞、肺巨噬细胞及肥大细胞等（图5-20）。

肺泡隔内毛细血管网与肺泡上皮紧密相贴，有利于血液中的CO_2与肺泡内的O_2进行交换。弹性纤维使肺泡具有弹性，有利于肺泡在呼气时的回缩。肺巨噬细胞来源于血液中的单核细胞，能吞噬吸入的灰尘、异物、细菌及渗出的红细胞。吞噬大量灰尘颗粒后的肺泡巨噬细胞称尘细胞。在左心衰竭出现肺淤血时，大量渗出的红细胞被肺巨噬细胞吞噬，血红蛋白被分解为含铁血色黄颗粒，该类肺巨噬细胞称为心衰细胞。

2. 气-血屏障　又称呼吸膜，是肺泡腔内氧气与肺泡隔毛细血管内血液携带的二氧化碳进行气体交换所通过的结构，由肺泡腔内表面的液体层、Ⅰ型肺泡细胞与基膜、薄层结缔组织、毛细血管基膜与内皮构成。正常的呼吸膜厚$0.2 \sim 0.5\mu m$，当肺纤维化或肺水肿时，呼吸膜增厚，影响气体交换，导致机体缺氧。

 素质提升

著名呼吸病学专家——钟南山院士

钟南山，我国著名呼吸病学专家，广州医科大学附属第一医院国家呼吸系统疾病临床医学研究中心主任，中国工程院院士，中国抗击非典型肺炎的领军人物，公共卫生事件应急体系建设的重要推动者。长期从事呼吸系统疾病的临床、教学和科研工作，重点开展哮喘、慢阻肺疾病、呼吸衰竭和呼吸系统常见疾病的规范化诊疗、疑难病、少见病和呼吸危重症救治等方面的研究。2003年，他以实事求是和坚持真理的科学态度，最终证实"非典病毒"是一种新型冠状病毒，并最早制定出《非典型肺炎临床诊断标准》，探索出了"三早三合理"的治疗方案，在全世界率

先形成了一套富有明显疗效的防治经验，这是中国对世界的贡献。他带领团队探索建立符合中国国情的呼吸道重大传染病防控体系，建立国际先进的新发特发呼吸道重大传染病"防—治—控"医疗周期链式管理体系，为推动我国建立公共卫生防治体系、提高重大疫情侦察监测能力和效率、加强应急队伍建设等方面发挥了重要作用。

第三节　胸　膜

一、胸腔、胸膜和胸膜腔的概念

（一）胸腔

胸腔（thoracic cavity）由胸壁与膈围成，上界为胸廓上口，向上与颈部相通，下界借膈与腹腔隔开。胸腔内的左、右两侧容纳有胸膜腔和左、右肺，中间是纵隔。

（二）胸膜

胸膜（pleura）是一层薄而光滑的浆膜，分为互相移行的脏胸膜和壁胸膜两部分。脏胸膜紧贴在肺表面，并伸入肺叶间裂内。壁胸膜衬贴于胸壁内面、膈上面和纵隔两侧（图5-21）。

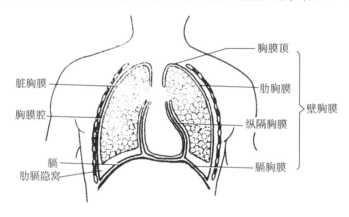

图5-21　胸膜和胸膜腔示意图

（三）胸膜腔

胸膜腔（pleural cavity）是由脏、壁两层胸膜在肺根处互相移行而形成密闭的潜在性腔隙。左、右各一，互不相通，腔内呈负压，含有少量浆液，在呼吸运动时可减少两层胸膜间的摩擦。

二、壁胸膜分部及胸膜隐窝

（一）壁胸膜分部

壁胸膜按部位不同分为四部分：①胸膜顶，突出胸廓上口，覆盖肺尖；②肋胸膜，贴于胸壁内表面；③膈胸膜，贴于膈的上面；④纵隔胸膜，贴在纵隔的两侧（图5-21）。

（二）胸膜隐窝

胸膜隐窝是各部壁胸膜相互移行转折处，胸膜腔内形成的较大间隙，在深吸气时肺下缘也不能充满其间。其中最大、最重要的是肋膈隐窝。

肋膈隐窝又称肋膈窦，是肋胸膜和膈胸膜相互移行转折处形成的一个半环形间隙（图 5 - 21）。肋膈隐窝是胸膜腔的最低部位，当胸膜发生炎症时，渗出液首先积聚于此处，是临床上进行胸膜腔穿刺抽液的常选部位。

三、胸膜下界与肺下界的体表投影

（一）胸膜下界的体表投影

两侧胸膜顶和胸膜前界的体表投影分别与肺尖和肺前缘的体表投影基本一致。两侧胸膜前界的下段在胸骨体下部与左侧第 4、5 肋软骨后方形成一个无胸膜区，称心包区，其间显露心及心包。临床上常在胸骨左缘第 4 肋间隙（左剑肋角）进行心内注射或心包穿刺，不会伤及肺和胸膜（图 5 - 22）。

胸膜下界是肋胸膜与膈胸膜的返折线，两侧大致相同。右侧起于第 6 胸肋关节处，左侧起于第 6 肋软骨后方，两侧均斜向外下方，在锁骨中线处与第 8 肋相交，在腋中线处与第 10 肋相交，在肩胛线处与第 11 肋相交，在后正中线处平第 12 胸椎棘突高度（图 5 - 22，图 5 - 23，表 5 - 1）。

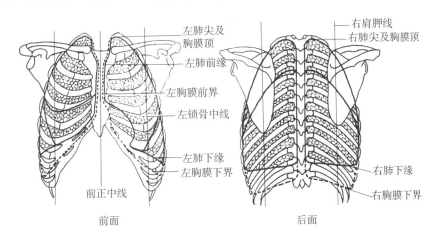

图 5 - 22　肺和胸膜的体表投影（前面和后面）

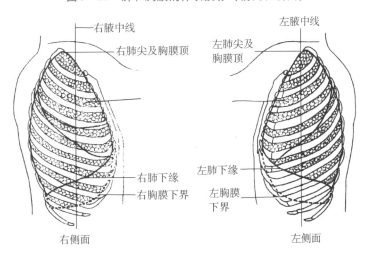

图 5 - 23　肺和胸膜的体表投影（右侧面和左侧面）

（二）肺下界的体表投影

左、右肺的前缘，自肺尖开始，斜向内下，经胸锁关节后方至第 2 胸肋关节的水平，左、右靠近，并垂直下降。右侧到达第 6 胸肋关节处，移行为右肺下缘；左肺下降至第 4 胸肋关节处，因有左肺心切迹而转向左下做弧形弯曲至第 6 肋软骨中点（距前正中线约 4cm）处，移行为左肺下缘（图 5 - 22）。

两肺下缘体表投影基本相同，均沿第6肋软骨下缘行向外下方，在锁骨中线处与第6肋相交，在腋中线处与第8肋相交，在肩胛线处与第10肋相交，在后正中线处平第10胸椎棘突（图5－22，图5－23，表5－1）。

表5－1　肺和胸膜下界的体表投影

	锁骨中线	腋中线	肩胛线	后正中线
肺下界	第6肋	第8肋	第10肋	平第10胸椎棘突
胸膜下界	第8肋	第10肋	第11肋	平第12胸椎棘突

第四节　纵隔

纵隔（mediastinum）是两侧纵隔胸膜之间所有器官、结构和组织的总称。纵隔的上界是胸廓上口，下界是膈，前界是胸骨，后界是脊柱胸段，两侧界是纵隔胸膜。

纵隔通常以胸骨角与第4胸椎下缘平面为界，将其分为上纵隔和下纵隔。下纵隔又以心包前、后壁为界，分为前纵隔、中纵隔和后纵隔（图5－24）。

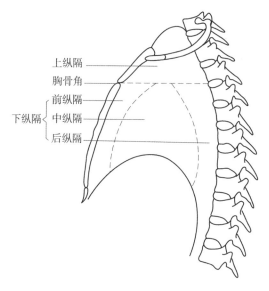

图5－24　纵隔分部示意图

1. 上纵隔　主要有胸腺、头臂静脉、上腔静脉、主动脉弓及其三大分支、气管、食管、胸导管、迷走神经、膈神经和淋巴结等。

2. 下纵隔　分为前纵隔、中纵隔和后纵隔。

（1）前纵隔　位于胸骨体与心包之间，内有胸腺下部、结缔组织和淋巴结。

（2）中纵隔　位于前、后纵隔之间，内主要有心包、心和出入心的大血管根部、膈神经、淋巴结等。

（3）后纵隔　位于心包后壁与脊柱之间，内主要有主支气管、食管、胸主动脉、胸导管、奇静脉、半奇静脉、副半奇静脉、迷走神经、胸交感干和淋巴结等。

答案解析

目标检测

一、单项选择题

1. 下列关于呼吸系统的叙述，正确的是（　　）
   A. 呼吸系统由呼吸道和肺组成　　　　B. 呼吸系统的功能仅是进行气体交换
   C. 肺由肺泡构成　　　　　　　　　　D. 鼻、咽、喉、气管称上呼吸道
   E. 主支气管及其在肺内的分支称下呼吸道

2. 上、下呼吸道的分界器官是（　　）
   A. 咽　　　　　　　　B. 喉　　　　　　　　C. 气管
   D. 气管权　　　　　　E. 主支气管

3. 鼻黏膜的易出血区位于（　　）
   A. 上鼻甲　　　　　　B. 中鼻甲　　　　　　C. 下鼻甲
   D. 鼻中隔前下份　　　E. 嗅区

4. 分泌物最不易排出的鼻旁窦是（　　）
   A. 额窦　　　　　　　B. 蝶窦　　　　　　　C. 筛窦的前筛窦、中筛窦
   D. 筛窦的后筛窦　　　E. 上颌窦

5. 呼吸道软骨中，唯一完整的软骨是（　　）
   A. 甲状软骨　　　　　B. 环状软骨　　　　　C. 会厌软骨
   D. 气管软骨环　　　　E. 杓状软骨

6. 关于主支气管的说法，正确的是（　　）
   A. 左主支气管短、粗，走行方向较垂直　　B. 是指喉到肺之间的管道
   C. 右主支气管短、细，走行方向近似水平　D. 是气管权至肺门之间的管道
   E. 右主支气管长、细，行方向较垂直

7. 下列关于肺外形的描述，错误的是（　　）
   A. 右肺较宽短　　　　B. 左肺较狭长　　　　C. 左肺分为两叶
   D. 右肺有心切迹　　　E. 肺尖高出锁骨内侧 1/3 上方 2～3cm

8. 肋膈隐窝位于（　　）
   A. 肋胸膜与膈胸膜移行处　　B. 脏、壁胸膜移行处　　C. 正常时含大量浆液
   D. 膈胸膜与纵隔胸膜移行处　E. 深吸气时肺下缘可伸入其中

9. 下列关于肺下界的体表投影的描述，正确的是（　　）
   A. 在锁骨中线与第 8 肋相交　B. 在腋中线与第 10 肋相交　C. 在肩胛线与第 11 肋相交
   D. 后正中线第 10 胸椎棘突　　E. 在腋前线与第 10 肋相交

10. 肺内分泌表面活性物质的细胞是（　　）
    A. Ⅰ型肺泡上皮细胞　　B. Ⅱ型肺泡上皮细胞　　C. 肺泡巨噬细胞
    D. 杯状细胞　　　　　　E. 内皮细胞

二、思考题

患者，男，40 岁。以咳嗽伴活动后气促 1 个月为主诉入院，患者于 1 个月前无明显诱因开始出现咳

嗽、咳痰，伴活动后气促，以上坡时明显，同时伴有午后潮热、盗汗、体重下降，无畏寒、寒战，无胸痛、心悸，无咯血，无头昏、头痛等伴随症状。患者院外行胸部平扫 CT 提示左肺尖片絮状影，伴左侧胸腔积液征象；PPD 试验（＋＋＋）。遂来我院就诊，收入住院治疗，病程中患者精神、进食欠佳，睡眠可，大小便正常。

问题：1. 患者咳痰时痰液依次经过哪些途径排出体外？

2. 胸腔积液容易积聚在什么解剖部位？

（刘晴晴）

书网融合……

本章小结　　　　　微课　　　　　题库

第六章　泌尿系统

　　1. 通过本章学习，重点掌握泌尿系统的组成及功能；肾的形态及位置；肾门的概念及出入肾门的主要结构；肾的被膜；肾区的概念及临床意义；肾单位的概念及组成；滤过膜的概念及组成；输尿管的行程、分段及狭窄；膀胱的形态、位置及膀胱三角；女性尿道的形态特点。

　　2. 学会观察辨认泌尿系统各部分的主要形态结构及其微细结构，具有准确使用泌尿系统结构知识指导膀胱穿刺术、导尿术等能力。

　　泌尿系统（urinary system）由肾、输尿管、膀胱和尿道组成（图6-1）。其主要功能是排出机体新陈代谢过程中产生的废物和多余的水，保持机体内环境的平衡和稳定。肾产生尿液，并由输尿管输送到膀胱暂时储存，当尿液达到一定量后，再经尿道排出体外。

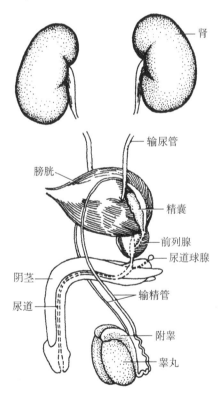

图6-1　男性泌尿生殖系统概观

» 情境导入

　　情景描述　患者，女，62岁。因痔疮手术行腰椎麻醉术后突然出现腹痛难忍，膀胱内充满尿液不能排出。诊断为急性尿潴留，遂行导尿术治疗。

　　讨论　对该患者行导尿术治疗时要经过哪些结构？

第一节 肾

一、肾的形态、位置和被膜

（一）肾的形态

肾（kidney）是实质性器官，左右各一，形似蚕豆，新鲜时呈红褐色，质地柔软，表面光滑。肾可分为内、外侧两缘，前、后两面和上、下两端。肾的上端较宽而薄，下端较窄而厚；肾的前面较凸，朝向前外侧，后面较平坦，紧贴在腹后壁；肾的外侧缘隆凸，内侧缘中部凹陷，此凹陷称为肾门，是肾盂、血管、淋巴管和神经等结构出入的部位。这些出入肾门的结构被结缔组织包裹形成肾蒂。肾门向肾实质内凹陷形成的腔隙称为肾窦。其内有肾动脉、肾静脉、淋巴管、肾小盏、肾大盏、肾盂和脂肪组织等结构。

（二）肾的位置

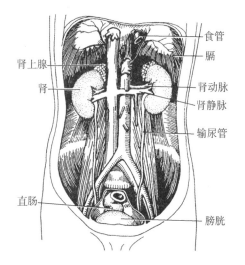

食管
膈
肾上腺
肾
肾动脉
肾静脉
输尿管
直肠
膀胱

图 6-2 肾和输尿管的位置

肾位于腹后壁上部，脊柱两侧，为腹膜外位器官（图 6-2）。两肾上端相距较近，下端相距较远。右肾比左肾低半个椎体左右。左肾上端平第 11 胸椎下缘，下端平 2 腰椎下缘。右肾上端平第 12 胸椎，下端达第 3 腰椎。左侧第 12 肋斜过左肾后面的中部，右侧第 12 肋斜过右肾后面的上部。肾门约平第 1 腰椎体平面，距正中线约 5cm。临床上常将竖脊肌外侧缘与第 12 肋所形成的夹角处，称为肾区，当肾有疾病时，此部位常有压痛或叩击痛。

左肾前上部与胃底后面相邻，中部与胰尾和脾血管相邻，下部邻接空肠和结肠左曲。右肾前上部与肝相邻，下部与结肠右曲相邻，内侧邻接十二指肠降部。两肾上端邻接肾上腺。两肾后面的上 1/3 与膈相邻，下部自内向外与腰大肌、腰方肌及腹横肌相邻。

（三）肾的被膜

肾的表面包有三层被膜，由内向外依次为纤维囊、脂肪囊和肾筋膜（图 6-3，图 6-4）。

1. 纤维囊 贴于肾表面，薄而坚韧，由致密结缔组织和少量弹力纤维构成。在肾破裂或肾部分切除时，必须缝合此囊，以防肾下垂和肾实质撕裂。

2. 脂肪囊 位于纤维囊的外面，为肾周围的囊状脂肪层。临床上的肾囊封闭术，就是将药物注入脂肪囊内。

3. 肾筋膜 位于脂肪囊的外面，由致密结缔组织构成，包裹在肾和肾上腺的周围。肾筋膜可分为前、后两层，在肾上腺上方和肾的外侧，前、后层互相融合；在肾的下方，两层互相分离，其间有输尿管通过；在肾的内侧，两侧肾筋膜前层互相移行。后层与腰大肌和腰方肌的筋膜相融合。肾筋膜向深面发出许多结缔组织小束，穿过脂肪囊与肾纤维囊紧密相连，对肾起固定作用。

肾的正常位置主要依靠肾筋膜、肾脂肪囊、肾血管维持，肾的邻近器官、腹膜和腹内压等也对肾有一定的固定作用。当肾的固定装置不健全时，肾可向下移位，造成肾下垂或游走肾。

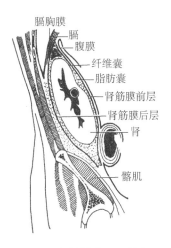

图 6－3　肾的被膜（矢状切面）

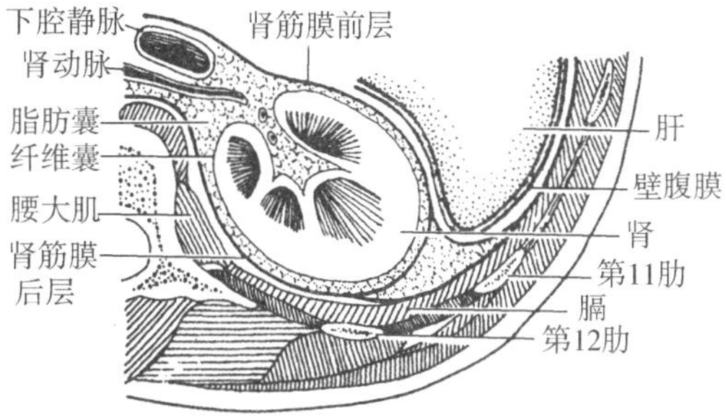

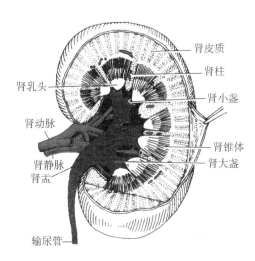

图 6－4　肾的被膜（横切面）

（四）肾的构造

在肾的冠状切面上，将肾实质分为皮质和髓质两部分（图 6－5）。肾皮质主要位于肾实质浅层，富含血管，新鲜时呈红褐色。皮质伸入髓质内的部分称为肾柱。肾髓质位于肾实质深层，血管较少，新鲜时呈淡红色，主要由 10～20 个肾锥体构成。肾锥体呈锥体形，其底朝向皮质，尖端钝圆呈乳头状，朝向肾门，称为肾乳头。肾乳头上有许多乳头孔，为乳头管向肾小盏的开口。肾生成的尿液经乳头孔流入肾小盏内。

在肾窦内有肾小盏，为漏斗形的膜状小管，围绕肾乳头。每 2～3 个肾小盏合成一个肾大盏，再由 2～3 个肾大盏汇合形成一个扁漏斗状的肾盂。肾盂出肾门后逐渐缩窄变细，移行为输尿管。

图 6－5　肾的剖面结构

二、肾的微细结构 微课

肾实质由大量肾单位和集合小管构成，肾内的少量结缔组织、血管、淋巴管和神经等构成肾间质。肾单位由肾小体和肾小管构成，是尿液形成的结构和功能单位。肾小管与集合小管相连接，都是单层上皮构成的管道，合称为泌尿小管（图 6－6）。

- 泌尿小管
  - 肾单位
    - 肾小体
      - 血管球
      - 肾小囊
    - 肾小管
      - 近端小管
        - 近端小管曲部（近曲小管）
        - 近端小管直部
      - 细段
      - 远端小管
        - 远端小管直部
        - 远端小管曲部（远曲小管）
  - 集合小管（集合管）

（近端小管直部、细段、远端小管直部 → 肾单位袢）

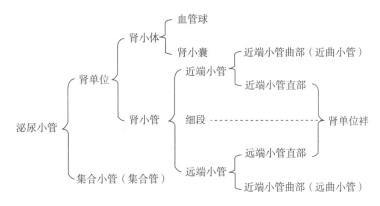

图 6－6　肾泌尿小管的组成

（一）肾单位

肾单位（nephron）是肾结构和功能的基本单位，由肾小体和与其相连的肾小管两部分构成。每个肾约有 150 万个肾单位，肾单位与集合小管共同行使泌尿功能（图 6 - 7）。

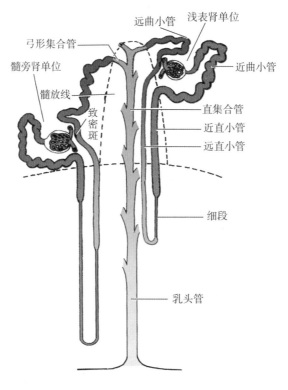

图 6 - 7 肾单位和集合管模式图

1. 肾小体 位于肾皮质内，呈球形，故又称肾小球。由血管球和肾小囊组成。肾小体拥有两个极，微动脉出入的一端为血管极，其对侧一端与肾小管相连，称尿极（图 6 - 8）。

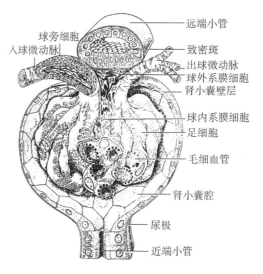

图 6 - 8 肾小体的结构模式图

（1）血管球 是包饶在肾小囊内的一团盘曲成球状的毛细血管，一端与入球微动脉相连，另一端与出球微动脉相连。血管球的毛细血管壁极薄，由一层有孔的内皮细胞及其外面的基膜构成，故通透性较大。由于入球微动脉较粗短，出球微动脉较细长，所以血管球的毛细血管内形成较高的压力，有利于原尿的生成。

（2）肾小囊　是肾小管起始端膨大并凹陷而成的杯状双层囊，两层囊壁之间的腔隙称肾小囊腔。肾小囊外层称壁层，由单层扁平上皮构成；内层称脏层，紧贴于血管球毛细血管基膜的外面，由单层足细胞构成。电镜下可见足细胞的胞体较大，从胞体伸出几个较大的初级突起，每个初级突起又发出许多次级突起。相邻足细胞的次级突起互相交错，突起之间有微小的裂隙，称裂孔。裂孔上覆盖有薄膜，称裂孔膜（图6-9）。

当血液流经肾小球时，除血细胞和血浆蛋白质等大分子物质外，血液中的其他小分子物质均可滤入肾小囊腔形成原尿。在血液滤入肾小囊腔时，必须经过毛细血管的有孔内皮、基膜和裂孔膜，这三层结构组成滤过膜，又称为滤过屏障（图6-10）。

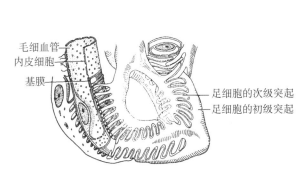

图6-9　足细胞与毛细血管超微结构模式图

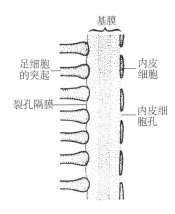

图6-10　滤过膜模式图

2. 肾小管　是与肾小囊壁层相连的一条细长而弯曲的管道，由单层上皮构成，从近端至远端依次分为近端小管、细段和远端小管三部分（图6-7）。

（1）近端小管　与肾小体相连，是肾小管中最长、最粗的一段。分为近端小管曲部和近端小管直部，近端小管曲部盘曲于肾小体附近，近端小管直部直行入髓质。近端小管壁的上皮细胞呈立方形或锥体形，细胞界限不清，其游离面有微绒毛。近端小管是重吸收的主要场所，重吸收原尿中几乎全部营养物质、大部分水和部分无机盐。

（2）细段　位于髓质内，近端小管直部管径骤然变细移行为细段。由单层扁平上皮构成，有利于水和离子的通过。

（3）远端小管　由单层立方上皮构成，无刷状缘。依次分为远端小管直部和远端小管曲部两部分，其末端与集合管相连。远端小管是离子交换的重要部位，上皮细胞可重吸收水、Na^+和排出 K^+、H^+、NH_3等，对维持体液的酸碱平衡起重要作用。

髓襻为近端小管直部、细段和远端小管直部共同构成的"U"形结构。髓襻能减缓原尿在肾小管中的流速，有利于重吸收原尿中的水分和无机盐。

（二）集合小管

集合小管由远曲小管汇合而成。它自皮质行向髓质，最后移行为乳头管开口于乳头孔。集合小管由单层立方上皮构成，至乳头管成为单层柱状上皮，主要功能是重吸收水和交换离子，使原尿进一步浓缩。

肾小体形成的原尿经过肾小管和集合小管后，绝大部分的水、营养物质和无机盐等被重吸收入血液，部分离子也在此进行交换，肾小管的上皮细胞还分泌和排出机体的部分代谢产物，原尿经进一步浓缩，最后形成终尿。终尿经乳头管排入肾小盏，其量为每天1~2L，占原尿的1%。因此，肾在生成尿液的过程中不仅排出了机体的代谢废物，而且对维持机体的水盐平衡和内环境的稳定起着重要的调节作用。

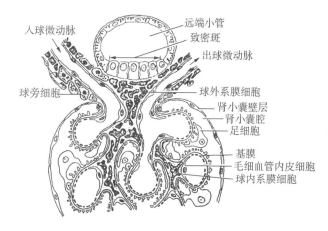

图 6 – 11　球旁复合体模式图

（三）球旁复合体

球旁复合体位于肾小体的血管极处，大致呈三角形，由球旁细胞、致密斑和球外系膜细胞组成（图 6 – 11）。

1. 球旁细胞　是入球微动脉接近肾小体血管极处，其管壁的平滑肌细胞特化而成的上皮样细胞。球旁细胞呈立方形或多边形，细胞核大而圆，细胞质呈弱嗜碱性，含有分泌颗粒。球旁细胞可分泌肾素，肾素能引起小动脉收缩，使血压升高。

2. 致密斑　是远端小管曲部接近肾小体血管极处一侧的管壁上皮细胞增高变窄形成的一个椭圆形隆起。每个致密斑由排列紧密的 20 ~ 30 个柱状细胞构成。致密斑是一种离子感受器，能够感受远端小管内 Na^+ 的浓度变化。

3. 球外系膜细胞　位于入球微动脉、出球微动脉和致密斑围成的三角形区域内。球旁细胞在球旁复合体的功能活动中起到信息传递的作用。

（四）肾的血液循环

肾动脉直接由腹主动脉发出，经肾门入肾后分为数支叶间动脉，叶间动脉在肾柱内上行至皮质和髓质交界处，分支为弓形动脉。弓形动脉分出若干小叶间动脉，走向皮质，小叶间动脉沿途分出许多入球微动脉进入肾小体，形成血管球。血管球汇合成出球微动脉离开肾小体后，分支形成球后毛细血管网，分布在肾小管周围。球后毛细血管网依次汇合成小叶间静脉、弓形静脉、叶间静脉，最后形成肾静脉出肾（图 6 – 12，图 6 – 13）。

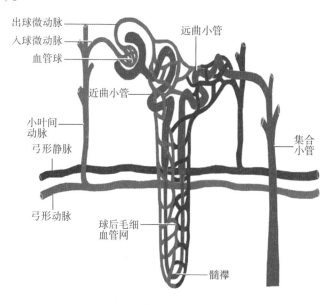

图 6 – 12　肾血液循环模式图

肾的血液循环有两种作用，一是营养肾组织，二是参与尿的生成。肾的血液循环特点是：①肾动脉直接由腹主动脉发出，血管粗短，血流量大而快，约占心输出量的 1/4；②入球微动脉管径比出球微动

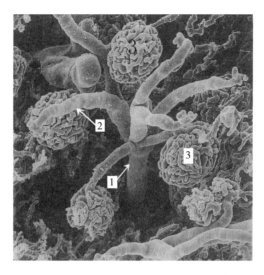

图 6-13 小叶间动脉、入球微动脉和血管球扫描电镜图

1. 小叶间动脉；2. 入球微动脉；3. 血管球

脉粗，使血管球内形成较高的压力，有利于滤过；③形成两次毛细血管网，第一次是入球微动脉形成血管球，有利于过滤作用，第二次是出球微动脉在肾小管周围形成球后毛细血管网，有利于肾小管上皮细胞重吸收；④直小血管袢与髓袢相伴行，有利于水的重吸收和原尿浓缩。

 素质提升

中国泌尿外科先驱——吴阶平院士

吴阶平（1917—2011），著名的医学科学家、医学教育家、社会活动家、九三学社杰出领导人，中国科学院、中国工程院资深院士。长期从事泌尿外科的临床与科研工作，是中国泌尿外科的先驱者之一，在泌尿外科领域具有独创性见解与开拓性研究。吴院士敢于人先，开拓创新，于上世纪 50 年代，率先广泛应用经皮肾穿刺造影于诊断，并率先开展经皮肾穿刺造口术治疗。60年代开创性设计了特殊的导管以改进前列腺增生手术，该导管被称为"吴氏导管"，使患者手术出血量大为减少，手术时间大大缩短，极大地减轻了患者的痛苦，提高了疗效。

第二节 输尿管道

一、输尿管的走行及狭窄

（一）输尿管的行程和分段

输尿管（ureter）起自肾盂，终于膀胱，是一对细长的管道，成人管径平均为 0.5~0.7cm，全长 20~30cm。位于腹膜后，沿腰大肌的前面下行，于小骨盆上口处跨越髂总动脉分叉处的前方入盆腔至膀胱底的外上角，斜穿膀胱壁，开口于膀胱底。输尿管按行程可分为腹段、盆段和壁内段（图 6-14）。腹段为输尿管起始部至小骨盆上口处。左输尿管越过左髂总动脉末端前方，右输尿管越过右髂外动脉起始部前方，进入盆腔移行为盆段；盆段为小骨盆上口至膀胱底处，男性输尿管在膀胱底与输精管后外方交叉，女性输尿管在子宫颈外侧约 2cm 处，从子宫动脉后下方绕过；壁内段是输尿管斜穿膀胱壁的部分，止于膀胱腔内面的输尿管口。当膀胱充盈时，膀胱内压升高，压迫壁内段，使管腔闭合，可阻止尿液由膀胱反流入输尿管。

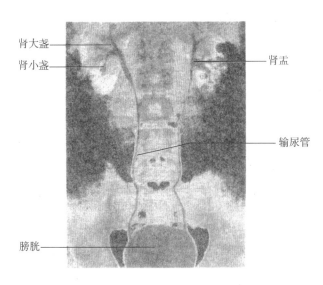

图 6 – 14 输尿管（造影）

肾大盏
肾小盏
肾盂
输尿管
膀胱

（二）输尿管的狭窄

输尿管全程有三处生理性狭窄：第一处狭窄位于输尿管的起始处，即肾盂与输尿管移行处；第二处狭窄位于小骨盆的上口处，即输尿管越过髂血管处；第三处狭窄为输尿管穿膀胱壁处。这些狭窄是输尿管结石容易滞留的部位。

二、膀胱的形态、位置和结构

膀胱（urinary bladder）是一个肌性囊状的储尿器官，有较大的伸缩性，其形态、位置及壁的厚度可随尿液的充盈程度而发生变化。成人膀胱的容量为 350～500ml，最大可达 800ml，新生儿膀胱容量约为成人的 1/10，女性膀胱容积略小于男性。

（一）膀胱的形态

膀胱空虚时呈三棱锥体形，可分为尖、体、底和颈四部分（图 6 – 15）。膀胱尖细小，朝向前上方；膀胱底略呈三角形，朝向后下方；膀胱尖与膀胱底之间的大部分为膀胱体；膀胱的最下部称膀胱颈，膀胱颈的下端有尿道内口，与尿道相接。膀胱充盈时呈卵圆形。

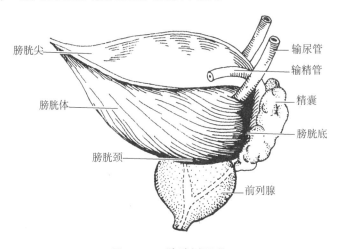

膀胱尖
膀胱体
膀胱颈
输尿管
输精管
精囊
膀胱底
前列腺

图 6 – 15 膀胱侧面观

（二）膀胱的位置

成人膀胱位于小骨盆腔前部，耻骨联合后方。膀胱空虚时，全部位于盆腔内，膀胱尖一般不超过耻骨联合上缘；膀胱充盈时，膀胱尖高出耻骨联合上缘，此时由腹前壁返折到膀胱上面的腹膜也随之上移，膀胱前下壁则直接与腹前壁相贴（图 6 – 16）。因此，膀胱充盈时，在耻骨联合上方进行膀胱穿刺或手术，可不伤及腹膜。

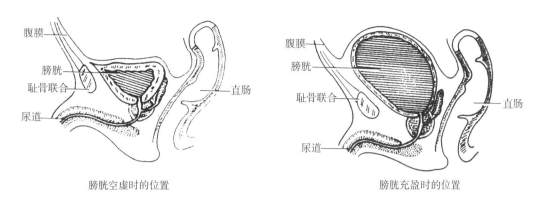

膀胱空虚时的位置 　　　　　　　　　　　膀胱充盈时的位置

图 6 - 16　膀胱的位置

膀胱底的后方，在男性与精囊、输精管壶腹和直肠相邻；在女性则与子宫和阴道相邻。膀胱颈下方，在男性邻接前列腺，女性邻接尿生殖膈（图 6 - 17，图 6 - 18）。

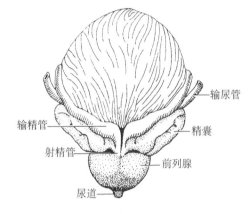

图 6 - 17　男性膀胱后面的毗邻

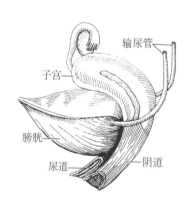

图 6 - 18　女性膀胱后面的毗邻

（三）膀胱壁的结构

膀胱壁分为三层，由内向外依次为黏膜、肌层和外膜（图 6 - 19，图 6 - 20）。黏膜由上皮和固有层组成，黏膜的上皮为变移上皮。膀胱空虚时，黏膜形成许多皱襞，充盈时皱襞则消失。在膀胱底内面，位于两侧输尿管口和尿道内口之间的三角形区域，称为膀胱三角，此处黏膜无论膀胱处于充盈或空虚状态均光滑无皱襞，是肿瘤、结核和炎症的好发部位。两输尿管口之间的横行皱襞称为输尿管间襞，呈苍白色，是膀胱镜检查时寻找输尿管口的标志。膀胱肌层为平滑肌，亦称膀胱逼尿肌，在尿道内口周围环形平滑肌增厚，形成膀胱括约肌。膀胱上面的外膜为浆膜，其他部分为纤维膜。

三、尿道

尿道（urethra）是膀胱通往体外的排尿管道，起于膀胱的尿道内口，终于尿道外口。男、女性尿道的结构和功能差异很大，女性尿道仅有排尿功能，男性尿道除了排尿，还有排精的功能。

女性尿道较男性尿道宽、短而直，易于扩张，长 3 ~ 5cm。女性尿道起于膀胱的尿道内口，经阴道前方行向前下，穿尿生殖膈，终于阴道前庭前方的尿道外口。女性尿道穿尿生殖膈处，周围有尿道括约肌环绕，有控制排尿和紧缩阴道的作用。女性尿道前方为耻骨联合，后方紧贴阴道前壁。

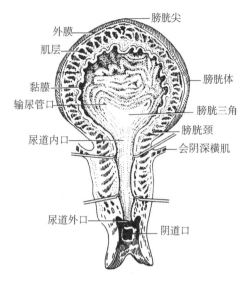

图 6-19 女性膀胱和尿道的冠状切面

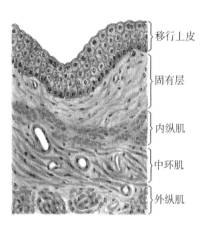

图 6-20 膀胱微细结构

目标检测

答案解析

一、单项选择题

1. 下列不属于泌尿系统结构的是（ ）

    A. 肾   B. 前列腺   C. 膀胱

    D. 尿道   E. 输尿管

2. 肾的被膜从内向外依次是（ ）

    A. 肾筋膜、脂肪囊、纤维囊   B. 肾筋膜、纤维囊、脂肪囊   C. 脂肪囊、纤维囊、肾筋膜

    D. 纤维囊、肾筋膜、脂肪囊   E. 纤维囊、脂肪囊、肾筋膜

3. 肾蒂中不包括（ ）

    A. 肾动脉   B. 肾静脉   C. 肾盂

    D. 淋巴管   E. 输尿管

4. 成人肾门约平（ ）

    A. 第 11 胸椎   B. 第 12 胸椎   C. 第 1 腰椎

    D. 第 2 腰椎   E. 第 3 腰椎

5. 肾单位的组成包括（ ）

    A. 肾小体和泌尿小管   B. 肾小体和肾小管   C. 肾小体和髓袢

    D. 肾小球和集合管   E. 肾小囊和肾小球

6. 下列关于输尿管的描述，正确的是（ ）

    A. 起于肾大盏，终于膀胱   B. 全长 35~40cm   C. 分为腹、盆两部

    D. 管腔有两狭窄   E. 男性输尿管在膀胱底与输精管后外方交叉

7. 输尿管的第一处狭窄位于（ ）

    A. 肾盂与输尿管移行处   B. 小骨盆入口处   C. 穿膀胱壁处

    D. 跨越髂血管处   E. 与子宫动脉交叉处

8. 下列关于膀胱三角的描述，错误的是（ ）

    A. 在膀胱底的内面   B. 缺少黏膜下层   C. 该处黏膜皱襞较多

    D. 是膀胱肿瘤的好发部位   E. 位于两输尿管口与尿道内口三者之间

9. 下列关于女性尿道的描述，错误的是（ ）

    A. 较男性尿道短、宽、直   B. 长 3~5cm   C. 仅有排尿的功能

    D. 末端开口于阴道前庭   E. 前邻耻骨联合，后邻直肠

10. 能分泌肾素的细胞是（ ）

    A. 致密斑   B. 球旁细胞   C. 足细胞

    D. 球外系膜细胞   E. 血管球内皮细胞

二、思考题

患者，女，58 岁。以左肾区疼痛 1 小时为主诉入院，患者于 1 小时前无明显诱因出现左肾区疼痛，呈持续性绞痛，伴恶心、呕吐，呕吐物为胃内物，同时有血尿、尿频、尿急、尿痛，遂来我院就诊，收入住院治疗，病程中患者精神、食纳欠佳，大小便尚可。既往有"肾结石"病史 2 年。

问题：1. 若结石向下滑落，通常易停留在哪些地方？

      2. 若该结石顺利排出体外，从上到下经过了哪些结构？

（谭　辉）

书网融合……

本章小结   微课   题库

第七章 生殖系统

PPT

学习目标

1. 通过本章学习，重点掌握生殖系统的组成及功能；睾丸的位置、形态及结构；输精管的分部；精索的组成和分部；前列腺的位置、形态、分叶；男性尿道的分部、狭窄、扩大、弯曲及临床意义；卵巢的形态、位置；输卵管的形态、位置、分部及临床意义；子宫的形态、位置及子宫的固定装置；阴道的形态及位置；阴道后穹隆与直肠子宫陷凹的关系；乳腺的结构特点；会阴的概念、境界与分区。

2. 学会观察辨认生殖系统各部分的主要位置、形态及其微细结构，具有准确使用生殖系统结构知识指导导尿术、后穹隆穿刺术、上环取环术、输卵管通液术等能力。

生殖系统（reproductive system）包括男性生殖系统和女性生殖系统，均包括暴露于体表的外生殖器和埋藏于体内的内生殖器两部分。内生殖器主要包括产生生殖细胞和分泌性激素的生殖腺、输送生殖细胞的生殖管道和生殖管道周围的附属腺体三部分。外生殖器为性交接器官（图7-1）。

情境导入

情景描述 患者，女，28岁，已婚，因"停经50天，阴道少量出血伴下腹痛4天，加重1天"来院就诊。患者平素月经规律，末次月经2022年1月1日，停经35天出现有轻微恶心、呕吐等早孕反应。4天前无明显诱因出现阴道少量出血，暗红色，伴有下腹坠痛，间断性，不伴肛门坠胀感，1天前突觉下腹坠痛加重，持续性，无法忍受，遂急诊来院。实验室检查：尿HCG（+）；血HCG 2050mIU/ml。阴道彩超：子宫前位，大小约70mm×56mm×48mm，子宫内膜厚8mm，左附件区可见约32.5mm×26.4mm×22.3mm不均匀中低回声，盆腔少量积液。门诊以"异位妊娠"收入院。

讨论 1. 异位妊娠主要发生在输卵管的什么部位？正常输卵管的位置、分部如何？

2. 子宫的位置、形态如何？

3. 何为月经？如何产生？正常月经周期为多少天？

第一节 男性生殖系统

男性生殖系统由内生殖器和外生殖器组成。内生殖器包括生殖腺（睾丸）、输精管道（附睾、输精管、射精管、男性尿道）和附属腺（前列腺、精囊、尿道球腺）。睾丸是男性的生殖腺，能产生生殖细胞（精子）和分泌雄激素。由睾丸产生的精子，先贮存在附睾内，射精时经输精管、射精管和尿道排出体外。精囊、前列腺和尿道球腺的分泌物参与精液的组成，供给精子营养，并有利于精子的活动。外生殖器包括阴囊和阴茎。

一、内生殖器

（一）睾丸

1. 睾丸的位置和形态　睾丸（testis）是男性的生殖腺，为成对的实质性器官，位于阴囊内，左、右各一。睾丸呈扁椭圆形，表面光滑，可分为内、外侧两面，前、后两缘和上下两端。内侧面较平坦，与阴囊中隔相邻，外侧面较隆凸，与阴囊壁相邻；前缘游离，后缘有系膜连于附睾，又叫系膜缘，有血管、神经、淋巴管出入；上端被附睾头覆盖，下端游离（图7-2）。

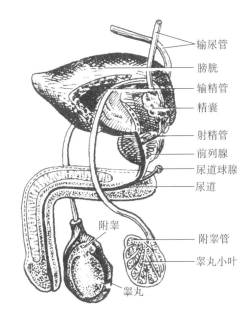

图7-1　男性生殖系统

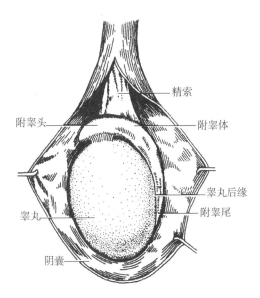

图7-2　睾丸及附睾

2. 睾丸的微细结构（图7-3，图7-4）　睾丸表面覆以致密结缔组织构成的白膜，白膜在睾丸后缘增厚，突入睾丸内形成睾丸纵隔。从睾丸纵隔发出许多结缔组织小隔，呈放射状伸入睾丸实质，将睾丸实质分成约250个锥体形的睾丸小叶。每个睾丸小叶内含有2~4条细长而弯曲的生精小管。生精小管逐渐向睾丸纵隔处集中并汇合成直精小管，进入睾丸纵隔后相互吻合成睾丸网，从睾丸网发出8~12条输出小管，经睾丸后缘的上部进入附睾。生精小管之间的结缔组织称睾丸间质。

（1）**生精小管**　是产生精子的部位，其管壁上皮由生精细胞和支持细胞构成。

1）**生精细胞**　是一系列不同发育阶段的生殖细胞的总称，包括精原细胞、初级精母细胞、次级精母细胞、精子细胞和精子。精原细胞较小，紧贴生精小管壁的基膜，核圆而染色较深。从青春期开始，在垂体促性腺激素的作用下，精原细胞不断分裂增殖，其

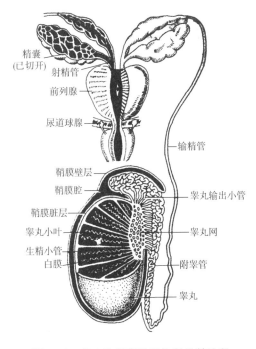

图7-3　睾丸和附睾的结构及排精途径

中部分精原细胞经历精原细胞、初级精母细胞、次级精母细胞的发育阶段，发育成为精子细胞。精子细胞体积较小，靠近管腔面。精子细胞经过复杂的形态变化发育成精子。一个初级精母细胞经过两次成熟分裂，生成四个精子，其染色体数目减少一半，分别为23，X或23，Y。精子形似蝌蚪，分为头部和尾部。精子的头部主要由细胞核浓缩而成，头的前2/3有顶体覆盖，顶体内有多种水解酶。受精时，精子释放顶体内的酶，分解卵细胞的表面结构，使精子进入卵内。精子的尾部细长，能摆动，是精子的运动装置（图7-5）。

2）支持细胞　细胞较大，呈不规则高锥状，具有支持、保护和营养生精细胞的作用。

（2）睾丸间质　是生精小管之间的疏松结缔组织，内含丰富的毛细血管、毛细淋巴管及间质细胞。间质细胞体积较大，呈圆形或多边形，核圆位于中央，胞质嗜酸性。间质细胞可合成和分泌雄激素。雄激素具有促进精子发生、男性生殖器官发育及激发和维持第二性征和性功能的作用。

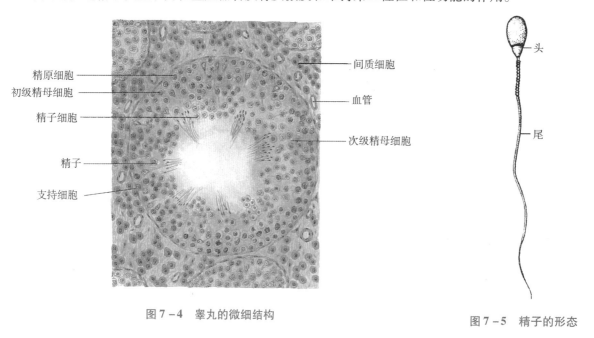

图7-4　睾丸的微细结构

图7-5　精子的形态

（二）附睾

附睾（epididymis）附着于睾丸上端和后缘，呈新月形，可分为头、体、尾三部分（图7-2）。上端膨大为附睾头，中部为附睾体，下端较细为附睾尾，附睾尾向后上弯曲移行为输精管。附睾具有储存和输送精子的功能，其分泌的附睾液可营养精子，并促进精子进一步成熟。附睾为男性生殖器结核的好发部位。

（三）输精管和射精管

1. 输精管（ductus deferens）　是附睾管的直接延续，长约50cm，管壁厚管腔小，活体触摸呈圆索状。输精管按其行程可分为四部分（图7-6）。

（1）睾丸部　起自附睾尾，沿睾丸后缘、附睾内侧上行，至睾丸上端移行为精索部。

（2）精索部　睾丸上端至腹股沟管皮下环之间，此段位置表浅，易于触及，为输精管结扎常选部位。

（3）腹股沟管部　位于腹股沟管的精索内。

（4）盆部　最长，位于盆腔内，由腹股沟管深环出腹股沟管，弯向内下，沿盆侧壁向后下，经输尿管末端前内方至膀胱底的后面，在此处膨大形成输精管壶腹。

2. 射精管（ejaculatory duct）　由输精管末端与精囊的排泄管汇合而成，长约2cm，穿前列腺实质，开口于尿道的前列腺部。

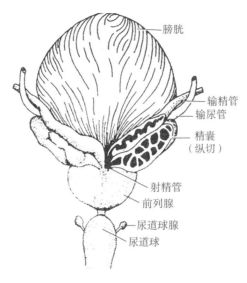

图7-6 膀胱、前列腺、精囊和尿道球腺（后面）

精索是位于睾丸上端至腹股沟管腹环之间的一对圆索状结构，内含输精管、睾丸动脉、蔓状静脉丛、输精管动脉、输精管静脉、神经、淋巴管和腹膜鞘突的残余部等。精索表面包有三层被膜，从内向外依次为精索内筋膜、提睾肌和精索外筋膜。

（四）附属腺体

1. 精囊（seminal vesicle） 又称精囊腺，是一对长椭圆形的囊状器官，位于膀胱底后方，输精管壶腹下外侧，其排泄管与输精管末端合成射精管。精囊的分泌物参与精液的组成。

2. 前列腺（prostate） 是由腺组织和平滑肌组织构成的不成对实质性器官，外面包有筋膜鞘，称前列腺囊，囊与前列腺之间有静脉丛，前列腺的分泌物是精液的主要成分。

（1）形态 呈前后稍扁的栗子形，可分为底、体、尖三部分。前列腺底为上端宽大的部分，邻接膀胱颈；前列腺尖为下端尖细的部分，向下接尿生殖膈；前列腺体为底与尖之间的部分，体的后面平坦，正中有一纵行浅沟称前列腺沟，直肠指检可触及此沟。前列腺一般分为5个叶，即前叶、中叶、后叶和两侧叶，尿道前列腺部从前列腺中叶穿过，后叶是前列腺肿瘤的好发部位（图7-7）。

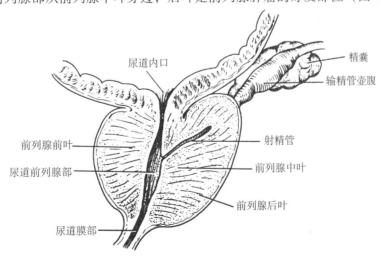

图7-7 前列腺分叶

（2）位置 前列腺位于膀胱与尿生殖膈之间。底与膀胱颈、精囊腺和输精管壶腹相邻，前方为耻骨联合，后方为直肠壶腹。直肠指诊时可触及前列腺后面，向上还可触及输精管壶腹和精囊腺。

3. 尿道球腺（bulbourethral gland） 是一对豌豆大小的球形器官，位于会阴深横肌内，排泄管开口于尿道球部。尿道球腺的分泌物参与精液的组成。

二、外生殖器

（一）阴囊

阴囊（scrotum）是位于阴茎根部后下方的囊状结构，阴囊壁由皮肤和肉膜构成（图7-2）。阴囊的皮肤薄而柔软，色素沉着明显，含有大量的弹性纤维，使皮肤富有伸展性。肉膜为浅筋膜，含有平滑肌，可随外界温度变化呈反射性收缩与舒张，以调节阴囊内的温度，有利于精子的生存和发育。由阴囊肉膜形成的阴囊中隔将阴囊分为左、右两部，分别容纳睾丸、附睾和精索。

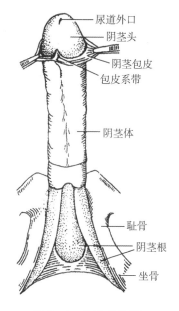

图7-8 阴茎的外形

（二）阴茎

阴茎（penis）可分为头、体、根三部分。阴茎后端为阴茎根部，藏于阴囊及会阴部皮肤的深面，固定于耻骨下支和坐骨支。中部为阴茎体，呈圆柱形，悬垂于耻骨联合的前下方。阴茎前端膨大为阴茎头，头的尖端处有矢状位的尿道外口，头后稍细的部分为阴茎颈（图7-8）。阴茎主要由两条阴茎海绵体和一条尿道海绵体构成，外面包以筋膜和皮肤（图7-9）。阴茎海绵体为两端尖细的圆柱体，左、右各一，位于阴茎的背侧。尿道海绵体位于阴茎海绵体腹侧，尿道贯穿其全长，前端膨大为阴茎头，中部呈圆柱形，后端膨大称尿道球。阴茎的皮肤薄而柔软，富于伸展性，皮下无脂肪组织。阴茎的皮肤在阴茎颈处反折游离向前，形成包绕阴茎头的双层皮肤皱襞，称阴茎包皮。在阴茎头腹侧，连于尿道外口下端与包皮之间的皮肤皱襞，称为包皮系带。做包皮环切术时勿损伤包皮系带，以免影响阴茎的勃起。

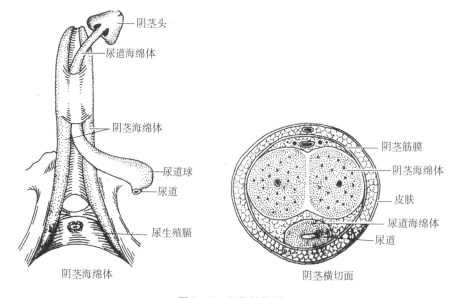

图7-9 阴茎的构造

（三）男性尿道

男性尿道（male urethra）是尿液和精液排出体外所经过的管道。男性尿道起自膀胱的尿道内口，止于阴茎头的尿道外口，成人男性尿道长16～22cm。按其走行可分为前列腺部、膜部和海绵体部三部分，临床上把尿道海绵体部称为前尿道，把尿道膜部和尿道前列腺部称为后尿道（图7－10）。

1. 前列腺部 为尿道穿过前列腺的部分，长约2.5cm，管腔最宽，在后壁上有射精管和前列腺排泄管的开口。

2. 膜部 为尿道穿过尿生殖膈的部分，周围有尿道膜部括约肌环绕，管腔最为狭窄，是最短的一段，长约1.5cm。

3. 海绵体部 为尿道穿过尿道海绵体的部分，是最长的一段，长约15cm。尿道球内的尿道较宽，称尿道球部，尿道球腺开口于此。在阴茎头处的尿道扩大成尿道舟状窝。

男性尿道全长有三个狭窄、三个扩大和两个弯曲（图7－11）。三个狭窄即尿道内口、尿道膜部和尿道外口，其中尿道外口为最狭窄的部位；三个扩大即尿道前列腺部、尿道球部和尿道舟状窝。两个弯曲：一个弯曲为耻骨下弯在耻骨联合的下方，凹向前上，包括前列腺部、膜部和海绵体部的起始段，此弯曲恒定无变化；另一个弯曲为耻骨前弯在耻骨联合前下方，凹向后下，在阴茎根与阴茎体之间，如将阴茎向上提起，此弯曲即可变直而消失。临床上导尿或向尿道内插入器械时应注意这些解剖特点。

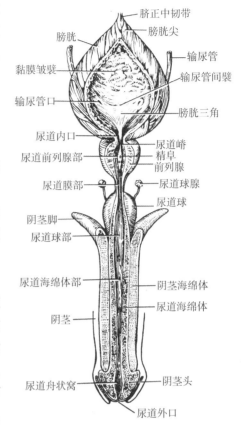

图7－10 男性尿道

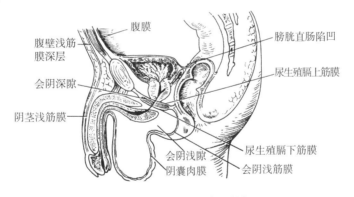

图7－11 男性盆腔正中矢状切面

第二节 女性生殖系统

女性生殖系统由内生殖器和外生殖器组成。内生殖器包括生殖腺（卵巢）、输送管道（输卵管、子宫、阴道）以及附属腺（前庭大腺）；女性外生殖器合称女阴（图7－12）。

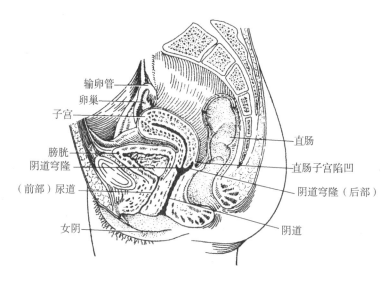

图 7-12 女性骨盆正中矢状切面

一、内生殖器

（一）卵巢

1. 卵巢的位置和形态 卵巢（ovary）为成对的实质性器官，位于骨盆腔侧壁、髂内外血管之间的卵巢窝内。卵巢呈扁卵圆形，灰红色，可分为内、外两侧面，前、后两缘和上、下两端（图 7-13）。内侧面朝向盆腔，与小肠相邻；外侧面平坦贴盆壁；前缘有系膜连阔韧带，称系膜缘，中部有血管、神经等出入，称卵巢门；后缘游离，称独立缘；上端与输卵管末端相接，称输卵管端；下端称子宫端，由卵巢固有韧带连于子宫角。卵巢借韧带保持其在盆腔的位置。卵巢悬韧带是由腹膜形成的皱襞，起自盆壁，止于卵巢上端，内含卵巢血管、淋巴、神经等，又称骨盆漏斗韧带，是手术寻找卵巢血管的标志；卵巢固有韧带是由结缔组织和平滑肌构成，起自卵巢下端，止于输卵管与子宫交界处的下方，表面盖以腹膜，形成一腹膜皱襞。卵巢的大小、形状因年龄而异。幼女的卵巢较小，表面光滑，性成熟期卵巢最大。此后，由于多次排卵，卵巢表面形成瘢痕，显得凹凸不平。35～40 岁卵巢开始缩小，50 岁左右随月经停止而萎缩。

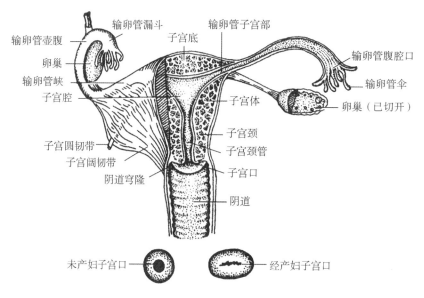

图 7-13 女性内生殖器（前面观）

2. 卵巢的微细结构 卵巢表面衬有单层扁平或立方上皮，上皮的深面为一层致密结缔组织，称白膜。卵巢实质分外周的皮质和中央的髓质两部分。皮质内含不同发育阶段的卵泡；髓质为疏松结缔组织、血管、淋巴管和神经等结构（图7-14）。

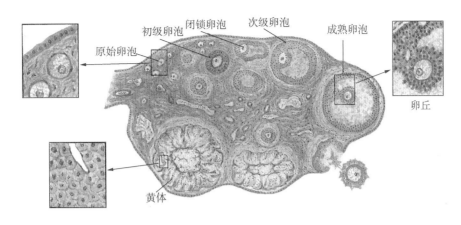

图7-14 卵巢的微细结构

（1）**卵泡的发育和成熟** 卵泡的发育是一个连续变化的过程，一般分为原始卵泡、初级卵泡、次级卵泡和成熟卵泡四个阶段。初级卵泡、次级卵泡合称生长卵泡。卵泡发育始于胚胎时期第5个月，两侧卵巢约有700万个原始卵泡，出生时有100万~200万个，青春期时约有4万个。青春期后在垂体分泌的促性腺激素的作用下卵泡开始发育，在一个月经周期内一般只有一个卵泡发育成熟并排卵。女子一生可排卵400~500个，其余卵泡均在发育的不同阶段退化为闭锁卵泡。

1）**原始卵泡** 位于皮质浅层，体积小，数量多。原始卵泡的中央为一个较大的初级卵母细胞，周围为一层小而扁平的卵泡细胞。初级卵母细胞是由胚胎期卵原细胞分化而成，并长期停滞于第一次减数分裂前期，直至排卵前；卵泡细胞较小，扁平形，排成单层，卵泡细胞与结缔组织间有基膜，有支持和营养卵母细胞的作用。

2）**初级卵泡** 卵泡细胞不断分裂增殖，由扁平形变为立方形或柱状，由单层变为多层。卵泡中的初级卵母细胞增大，在其周围出现一层均质、折光性强的嗜酸性糖蛋白膜，称透明带。紧贴透明带的一层柱状卵泡细胞呈放射状排列，形成放射冠。卵泡周围的结缔组织也逐渐增多，发育成富含细胞和血管的卵泡膜。

3）**次级卵泡** 卵泡体积进一步增大，当卵泡细胞增至6~12层时，卵泡细胞间出现一些不规则的腔隙，并逐渐融合成一个半月形的腔，称卵泡腔。卵泡腔内充满卵泡液。卵泡液由卵泡细胞分泌及血浆渗入形成。随着卵泡液的增多，卵泡腔逐渐扩大，初级卵母细胞及周围的卵泡细胞被挤到卵泡一侧，形成一个突入卵泡腔内的丘状隆起，称卵丘。分布在卵泡腔周围数层卵泡细胞构成卵泡壁，称颗粒层，卵泡细胞改称颗粒细胞。卵泡膜分化为内、外两层，内层含丰富的毛细血管和由基质细胞分化而来的膜细胞；外层纤维多，细胞和血管少，主要由结缔组织构成。膜细胞能分泌雄激素，雄激素进入颗粒细胞内转化为雌激素。

4）**成熟卵泡** 卵泡体积进一步增大，直径可达2cm以上，并向卵巢表面突出。由于卵泡液激增，卵泡腔变大，卵泡壁变薄。在排卵前36~48小时，初级卵母细胞完成第一次减数分裂，形成一个次级卵母细胞和一个很小的第一极体，次级卵母细胞随即进入第二次减数分裂，并停止在分裂中期。

（2）**排卵** 是成熟卵泡破裂，次级卵母细胞连同周围的透明带、放射冠以及卵泡液共同自卵巢排出，经腹膜腔进入输卵管的过程。女性自青春期开始排卵，每个月经周期一般只排1个卵，通常左、右两侧卵巢交替排卵。正常排卵多发生在下次月经来潮前14天左右。若排出的卵24h内未受精，次级卵母细胞便退化并被吸收。

（3）黄体　排卵后，残留的卵泡壁塌陷，卵泡膜和血管也随之陷入，在垂体分泌的黄体生成素的作用下，逐渐发育成一个体积较大且富含毛细血管的内分泌细胞团，新鲜时呈黄色，称黄体。黄体有两种细胞，即颗粒黄体细胞和膜黄体细胞。颗粒黄体细胞由卵泡壁的颗粒细胞分化而来，胞体较大，胞质着色较浅，数量多，常位于黄体中央，颗粒黄体细胞能分泌孕激素；膜黄体细胞由卵泡膜内层的膜细胞分化而来，胞体较小，胞质着色较深，数量少，常位于黄体周边，膜黄体细胞在颗粒黄体细胞的协同下产生雌激素。黄体维持时间的长短取决于排出的卵细胞是否受精。若排出的卵未受精，黄体仅维持14天左右就开始退化，这种黄体称为月经黄体。若排出的卵受精，在胎盘分泌的绒毛膜促性腺激素的作用下，黄体则继续发育增大，可维持6个月左右，这种黄体称为妊娠黄体。黄体退化后被增生的结缔组织取代，形成白体。

（二）输卵管

输卵管（uterine tube）是一对输送卵子的肌性管道，长10~12cm。输卵管连于子宫底的两侧，位于子宫阔韧带上缘内，内侧端开口于子宫腔，为输卵管的子宫口。外侧端游离，开口于腹膜腔，为输卵管的腹腔口。输卵管由内侧向外侧可分为四部分（图7-13）。

1. 输卵管子宫部　为穿过子宫壁的一段，直径约1mm，管腔最为狭窄，以输卵管子宫口通子宫腔。

2. 输卵管峡　紧靠子宫壁外面的一段，短而狭窄，壁较厚，血管分布较少，水平向外移行为壶腹部，输卵管结扎术常在此处进行。

3. 输卵管壶腹　较粗而长，壁薄，管腔大而弯曲，血液供应丰富，占输卵管全长的2/3，是受精的部位。

4. 输卵管漏斗　为外侧端的膨大部分，呈漏斗状，向后下弯曲覆盖卵巢。漏斗末端中央有输卵管腹腔口，开口于腹膜腔。在输卵管腹腔口周围，有许多细长的突起称输卵管伞，输卵管伞有引导卵进入输卵管的作用，也是手术寻找输卵管的标志。

（三）子宫 🅔微课

子宫（uterus）是壁厚、腔小的肌性器官，是产生月经和胚胎生长发育的场所。

1. 子宫的形态　成年未孕子宫呈前后稍扁倒置的梨形，长7~8cm，宽4cm，厚2~3cm。可分底、体、颈三部分（图7-15）：①子宫底，是两侧输卵管子宫口平面以上圆凸的部分；②子宫颈，是子宫下端缩细呈圆柱状的部分，子宫颈分为伸入阴道内的子宫颈阴道部和在阴道以上的子宫颈阴道上部；③子宫体，是子宫底与子宫颈之间的部分。子宫颈阴道上部与子宫体相接的部位较狭细，长约1cm，称子宫峡。在妊娠期，子宫峡可逐渐伸展延长，形成子宫下段，妊娠末期可延长至7~11cm，峡壁逐渐变薄，产科常选此处进行剖宫术。子宫的内腔较狭窄，可分为上、下两部。上部由子宫底与子宫体围成，称子宫腔。子宫腔呈前后略扁的三角形，底向上，两端通输卵管，向下通子宫颈管；下部位于子宫颈内称子宫颈管，呈梭形，上口通子宫腔，下口通阴道，称子宫口。未产妇的子宫口多为圆形，经产妇的子宫口为横裂状。

2. 子宫的位置　子宫位于盆腔中央，膀胱与直肠之间，下端接阴道，两侧有输卵管和卵巢。临床常把输卵管和卵巢合称子宫附件。子宫底在骨盆上口平面以下，子宫颈下端在坐骨棘平面以上。成年女性的子宫呈轻度前倾前屈位。前倾是指子宫向前倾斜，子宫的长轴与阴道的长轴形成向前开放的钝角；前屈是指子宫体和子宫颈之间弯曲而形成的钝角。

3. 子宫的固定装置　子宫的正常位置主要靠盆底肌、阴道的承托和韧带的牵引固定，如果这些结构薄弱或者松弛，可出现不同程度的子宫脱垂。固定子宫位置的韧带主要有以下四对（图7-16）。

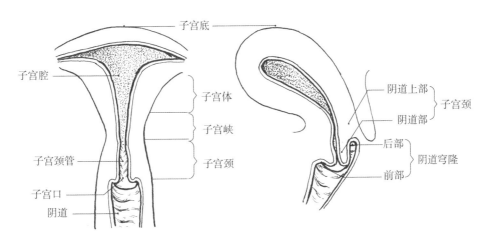

图 7 – 15　子宫的分部

（1）子宫阔韧带　略呈冠状位，位于子宫两侧，由子宫前、后面的腹膜自子宫侧缘向两侧延伸至骨盆侧壁和盆底而成。其上缘游离，包裹输卵管。子宫阔韧带可限制子宫向两侧移动。

（2）子宫圆韧带　由结缔组织和平滑肌构成，呈圆索状。起自子宫与输卵管交界处下方，在子宫阔韧带两层之间行向前外方，穿过腹股沟管，止于阴阜和大阴唇的皮下。子宫圆韧带是维持子宫前倾位的主要结构。

（3）子宫主韧带　由结缔组织和平滑肌构成，位于子宫阔韧带的下部，起自子宫颈两侧，止于骨盆侧壁。子宫主韧带可固定子宫颈，防止子宫向下脱垂。

（4）骶子宫韧带　由结缔组织和平滑肌构成，起自子宫颈后面，向后绕过直肠的两侧，止于骶前筋膜。骶子宫韧带向后上牵引子宫颈，维持子宫前屈状态。

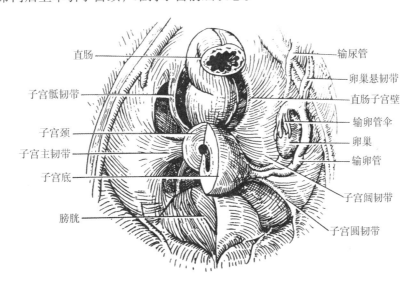

图 7 – 16　子宫的固定装置

4. 子宫壁的微细结构　子宫壁由内向外可分内膜、肌层和外膜三层（图 7 – 17）。

（1）内膜　即子宫黏膜，由单层柱状上皮和固有层构成。单层柱状上皮内有两种细胞，即分泌细胞和纤毛细胞；固有层较厚，由增殖能力较强的结缔组织构成，内含子宫腺、丰富的血管及大量低分化的基质细胞。子宫腺为上皮向固有层凹陷而形成单管状腺；固有层内的小动脉弯曲呈螺旋状走行，称为螺旋动脉。

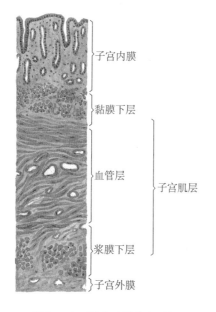

图 7-17 子宫壁的微细结构

子宫内膜浅层（约占 2/3）称功能层，从青春期开始，在卵巢分泌的激素作用下，可发生周期性脱落、出血。子宫内膜的深层（约占 1/3）称基底层，不随月经周期发生周期性的脱落，具有在月经期后增生和修复子宫内膜的作用。

（2）肌层　很厚，由成片或成束平滑肌组成，束间有结缔组织。肌层自外向内可分为浆膜下层、中间层和黏膜下层三层。三层肌纵横交织，中间层最厚，内含许多血管。

（3）外膜　在子宫底和子宫体为浆膜，其余部分为纤维膜。

5. 子宫内膜的周期性变化　自青春期起，在卵巢分泌的雌、孕激素的影响下，子宫内膜功能层发生周期性变化，即每 28 天左右发生一次剥脱、出血、增生和修复，称月经周期。每个月经周期是从月经的第 1 天起至下次月经来潮的前 1 天止，分为月经期、增生期和分泌期（图 7-18，图 7-19）。

（1）月经期　为月经周期的第 1~4 天。由于排出的卵未受精，卵巢内的黄体退化，雌、孕激素含量急剧下降，引起子宫内膜功能层的螺旋动脉持续收缩，导致功能层缺血坏死，随后螺旋动脉短暂扩张，毛细血管骤然充血、破裂，血液涌入功能层，与脱落的子宫内膜一起经阴道排出，即为月经。在月经期末，基底层残留的子宫腺细胞迅速分裂增生，修复内膜上皮，随即进入增生期。

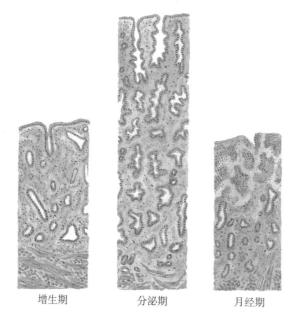

增生期　　　　分泌期　　　　月经期

图 7-18　子宫内膜的周期性变化

（2）增生期　为月经周期的第 5~14 天。此期的卵巢皮质内有一批卵泡正在生长，故称卵泡期。在卵泡分泌的雌激素作用下，基底层增生修复脱落的功能层，子宫内膜逐渐增厚，子宫腺增多、增长且弯曲，螺旋动脉也增长、弯曲。至增生期末，卵巢内的卵泡已趋于成熟并排卵，子宫内膜随之转入分泌期。

（3）分泌期　为月经周期的第15～28天。此时卵巢已排卵，黄体形成，故又称黄体期。在黄体分泌的雌、孕激素的作用下，子宫内膜继续增厚；子宫腺继续增长、弯曲，腺腔内充满腺细胞的分泌物；螺旋动脉增长、更加弯曲；固有层内组织液增多呈生理性水肿状态。子宫内膜的这些变化有利于胚泡的植入和发育。分泌期若发生妊娠，子宫内膜在孕激素的作用下继续发育、增厚；若未妊娠，黄体退化，孕激素和雌激素水平下降，子宫内膜功能层脱落，进入月经期。

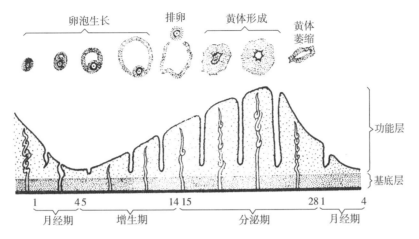

图 7－19　子宫内膜的周期性变化及其与卵巢周期性变化的关系

（四）阴道

阴道（vagina）是前后略扁的肌性管道，富有伸展性，是排出月经和娩出胎儿的通道。阴道分为前、后壁和上、下端。前壁较短，后壁较长，前、后壁常处于相贴状态；下端以阴道口开口于阴道前庭。未婚女子的阴道口周围有处女膜附着。处女膜破裂后，阴道口周围有处女膜痕。阴道上端宽阔，包绕子宫颈阴道部，两者之间形成环状间隙，称阴道穹隆，分为前穹、后穹和左、右两个侧穹。阴道后穹隆最深，与直肠子宫陷凹相邻，两者之间隔以阴道壁和腹膜。当直肠子宫陷凹有积液时，可经阴道后穹隆穿刺或引流，以帮助诊断和治疗。阴道位于盆腔的中央，前邻膀胱和尿道，后邻直肠和肛管。大部分在尿生殖膈以上，下部穿尿生殖膈而位于会阴区。

（五）前庭大腺

前庭大腺（greater vestibular gland）位于阴道口的两侧，前庭球后端的深面，形如豌豆，导管向内侧开口于阴道前庭（图7－20）。前庭大腺的分泌物有润滑阴道口的作用，如因炎症导致导管阻塞，可形成前庭大腺囊肿。

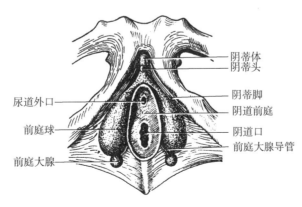

图 7－20　前庭大腺、阴蒂和前庭球

二、外生殖器

女性外生殖器又称女阴，包括阴阜、大阴唇、小阴唇、阴道前庭、阴蒂、前庭球（图7-21）。

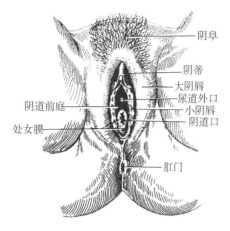

图7-21 女性外生殖器

1. 阴阜 位于耻骨联合前面的皮肤隆起区，皮下有较多的脂肪组织，青春期后阴阜的皮肤生有阴毛。

2. 大阴唇 位于阴阜的后下方，为一对纵行隆起的皮肤皱襞。外侧面颜色较深，前部长有阴毛，内侧面皮下有大量皮脂腺，光滑湿润。大阴唇的前端和后端左右连合，分别称唇前连合和唇后连合。

3. 小阴唇 位于大阴唇内侧的一对较薄的皮肤皱襞，表面光滑无毛。每侧小阴唇的前端形成前、后两个皱襞，左、右前皱襞会合构成阴蒂包皮，左、右后皱襞会合形成阴蒂系带。

4. 阴道前庭 是位于两侧小阴唇之间的裂隙，其前部有尿道外口，后部有阴道口，在阴道口与小阴唇之间偏后方有前庭大腺导管的开口。

5. 阴蒂 位于尿道外口的前上方，由两条阴蒂海绵体构成，阴蒂海绵体相当于男性的阴茎海绵体。阴蒂富有感觉神经末梢，感觉敏锐。

6. 前庭球 相当于男性的尿道海绵体，形似马蹄铁，位于尿道外口与阴蒂之间的皮下和大阴唇的深面

三、乳房

乳房（mamma）是人类和哺乳动物特有的结构。人的乳房为成对器官，男性的乳房不发达，女性的乳房在青春期后开始发育生长，妊娠和哺乳期有分泌活动。

（一）乳房的位置和形态

乳房位于胸前部，胸大肌和胸肌筋膜的表面，上起自第2~3肋，下至第6~7肋，内侧至胸骨旁线，外侧可达腋中线。未产妇的乳头平第4肋间隙或第5肋。成年未哺乳的乳房呈半球形，紧张而富有弹性。乳房中央有圆形突出的乳头，其顶端有输乳管的开口。乳头周围有色素较深的皮肤环形区，称乳晕。乳晕表面有许多小的隆起，其深面有乳晕腺，乳晕腺的分泌物可润滑乳头（图7-22）。乳头和乳晕的皮肤较薄，容易损伤。在妊娠后期和哺乳期，乳腺增生，乳房明显增大。停止哺乳后，乳腺萎缩，乳房变小。老年妇女的乳房萎缩而下垂。

（二）乳房结构

乳房由皮肤、纤维结缔组织、脂肪组织和乳腺构成（图7-23）。乳腺组织被结缔组织分隔成10~20个乳腺叶，每个乳腺叶有一条排出乳汁的输乳管，开口于乳头。乳腺叶和输乳管均以乳头为中心呈放射状排列，故乳房手术时，应尽量采取放射状切口，以减少对乳腺叶和输乳管的损伤。乳房皮肤与乳腺深部胸筋膜之间连有许多结缔组织小束，称乳房悬韧带或Cooper韧带，对乳腺起支持作用。当有癌组织浸润时，可使其缩短，牵拉表面皮肤而产生许多小的凹陷，呈"橘皮样"改变，是乳腺癌的早期体征之一。

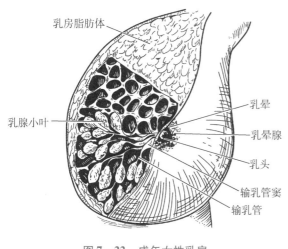

图 7-22 成年女性乳房

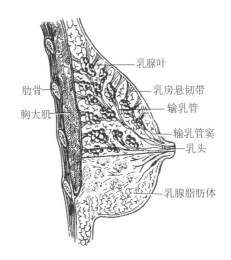

图 7-23 乳房矢状切面

四、会阴

(一) 会阴的概念

会阴（perineum）有广义会阴和狭义会阴之分。广义会阴是指盆膈以下封闭骨盆下口的所有软组织。狭义会阴是指肛门与外生殖器之间的软组织，在女性称产科会阴，分娩时易于撕裂，应注意保护。

(二) 境界及分部

广义会阴境界与小骨盆下口境界一致，呈菱形。其前界为耻骨联合下缘，后界为尾骨尖，两侧界从前向后依次为耻骨下支、坐骨支、坐骨结节和骶结节韧带。以两侧坐骨结节连线为界，可将会阴分为前、后两个三角形区。前部三角形区域称尿生殖区，也称尿生殖三角，男性有尿道通过，女性有尿道和阴道通过；后部三角形区域称肛区，也称肛门三角，有肛管通过（图 7-24）。

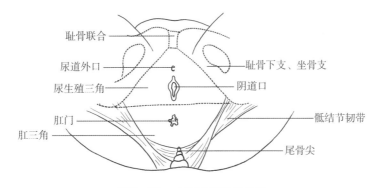

图 7-24 会阴的境界及分部

💡 **素质提升**

妇产科先驱——林巧稚

林巧稚（1901—1983），著名临床医学家和医学教育家，中国科学院首届学部委员。她在胎儿宫内呼吸、女性盆腔疾病、妇科肿瘤、新生儿溶血症等方面的研究做出了贡献，是中国妇产科学的主要开拓者、奠基人之一。她是北京协和医院第一位中国籍妇产科主任及首届中国科学院唯一的女学部委员（院士），亲自接生了 5 万多婴儿，被尊称为"万婴之母""生命天使""中国医学圣母"。追悼会的悼联上写着："创妇产事业，拓道、奠基、宏图、奋斗、奉献九窍丹心，春蚕丝吐尽，静悄悄长眠去；谋母儿健康，救死、扶伤、党业、民生，笑染千万白发，蜡炬泪成灰，光熠熠照人间"，这60个字反映了她60余年的工作和她的业绩。

目标检测

答案解析

一、单项选择题

1. 产生精子和雄激素的器官是（ ）
　　A. 睾丸　　　　　　　　　B. 射精管　　　　　　　　　C. 输精管
　　D. 精囊腺　　　　　　　　E. 前列腺

2. 输精管结扎的理想部位是（ ）
　　A. 膀胱底后方　　　　　　B. 穿过腹股沟管处　　　　　C. 阴囊根部、睾丸后上方
　　D. 与附睾尾相连接处　　　E. 以上都不是

3. 男性尿道最狭窄的部位是（ ）
　　A. 尿道外口　　　　　　　B. 尿道膜部　　　　　　　　C. 前列腺部
　　D. 尿道内口　　　　　　　E. 尿道海绵体部

4. 输卵管结扎的理想部位是（ ）
　　A. 输卵管子宫部　　　　　B. 输卵管峡　　　　　　　　C. 输卵管壶腹
　　D. 输卵管漏斗　　　　　　E. 输卵管伞

5. 受精的部位是（ ）
　　A. 输卵管子宫部　　　　　B. 输卵管峡　　　　　　　　C. 输卵管壶腹
　　D. 输卵管漏斗　　　　　　E. 输卵管伞

6. 维持子宫前倾的韧带是（ ）
　　A. 子宫圆韧带　　　　　　B. 子宫主韧带　　　　　　　C. 骶子宫韧带
　　D. 子宫阔韧带　　　　　　E. 卵巢固有韧带

7. 乳房手术切口应为（ ）
　　A. 横切口　　　　　　　　B. 纵切口　　　　　　　　　C. 弧形切口
　　D. 放射状切口　　　　　　E. 以上都不是

8. 子宫壁月经周期脱落形成月经的是（ ）
　　A. 子宫内膜基底层　　　　B. 子宫内膜功能层　　　　　C. 子宫肌层
　　D. 子宫外膜　　　　　　　E. 以上都不是

9. 乳腺癌患者乳房皮肤出现"酒窝征"，是由于癌细胞侵犯了（ ）
　　A. 乳腺　　　　　　　　　B. Cooper 韧带　　　　　　　C. 皮肤
　　D. 脂肪组织　　　　　　　E. 输乳管

10. 临床上男性后尿道是指（ ）
　　A. 尿道海绵体部　　　　　B. 尿道膜部　　　　　　　　C. 尿道前列腺部
　　D. 尿道球部　　　　　　　E. 前列腺部和膜部

二、思考题

患者，男，58 岁。既往前列腺肥大病史 3 年，突发排尿困难 10 小时，现腹痛难忍，彩超提示：膀胱增大，内充满尿液。诊断为前列腺肥大，急性尿潴溜。急行导尿术治疗。

问题：1. 对该患者行导尿术治疗时经哪些结构？

　　　2. 前列腺的位置、形态如何？

（唐兴国）

书网融合……

本章小结　　　　　微课　　　　　题库

第八章 脉管系统

◎ 学习目标

1. 通过本章学习，重点掌握心血管系统和淋巴系统的组成，体循环、肺循环的循环途径和特点；心的外形、位置和体表投影；体循环的主要动脉及其主要分支的位置、行程及分布，重要动脉的常用止血部位；全身各重要静脉的位置、行程及回流关系，肝门静脉的组成、特点；淋巴干和淋巴导管的组成、行程、注入部位及其引流范围，重要淋巴器官的位置、形态和功能。

2. 学会观察辨认心血管系统的主要形态结构、微细结构和淋巴系统各部分的主要形态结构，具有准确使用心血管系统结构知识指导血压的测量、心电监护仪的使用、动静脉采血和心肺复苏等能力，具有关心尊重患者的意识和良好的职业素质、人际沟通能力和团结协作的精神。

脉管系统由心血管系统（cardiovascular system）和淋巴系统（lymphatic system）组成。心血管系统由心、动脉、毛细血管和静脉组成，血液在心脏的作用下循环流动。淋巴系统由淋巴管道、淋巴器官和淋巴组织组成，淋巴液沿淋巴管道向心流动，最后汇入静脉，故淋巴管道可视为静脉的辅助管道。

>> 情境导入

情景描述　患者，女，67 岁。3 年前无明显诱因出现心悸、胸闷，夜间不能平卧，长叹气后症状稍好转。胸部 X 线提示：肺淤血、心脏体积增大。诊断为心衰。

讨论

1. 根据体循环和肺循环的路径和特点，分析患者为哪种心衰（左心衰、右心衰、全心衰）的可能性大？

2. 给患者进行输液治疗，药物经过哪些途径到达心脏？

第一节　心血管系统

PPT

一、概述

（一）心血管系统的组成

心血管系统由心和血管组成，血管包括动脉、毛细血管和静脉。

1. 心（heart）　为中空的肌性器官，是推动血液在心血管系统内循环的动力器官。心有四个腔，即右心房、右心室、左心房和左心室。左、右心房被房间隔分隔，左、右心室被室间隔分隔，故左右半心互不相通。同侧的心房和心室之间有房室口相通。

2. 动脉（artery）　自心室发出，运送血液离开心室。与同级静脉比较，管壁厚、管腔小而圆、血压高、血流快。在行程中不断分支，管径越来越细，管壁越来越薄，最后与毛细血管相连。

3. 毛细血管（capillary）　是连接微动脉、微静脉的细小血管。除毛发、角膜、晶状体、玻璃体、牙釉质、指甲、软骨、被覆上皮等处，全身均有分布。管壁薄，通透性大，数量多，交织成网，是血液与组织、细胞之间进行物质交换的场所。

4. 静脉（vein）　起于毛细血管，运送血液回到心房。与同级动脉比较，管壁薄、管腔大而不规则、容量大、血压低、血流缓慢。回心过程中，不断接受属支，最后汇合成大静脉与心房相连。

（二）血液循环

血液从心室射出，经动脉、毛细血管、静脉，最后回流至心房，这样规律地在心血管系统内周而复始的流动称血液循环（图 8–1）。根据循环路径可分为肺循环（小循环）和体循环（大循环）两部分，二者同步进行。

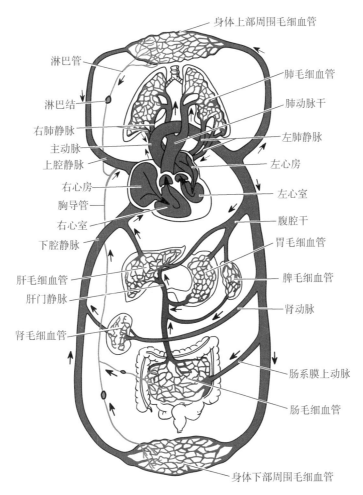

图 8–1　肺循环、体循环示意图

1. 肺循环（pulmonlary circulation）　血液从右心室射出，经肺动脉干及其各级分支到达肺泡毛细血管进行气体交换，再经肺静脉回流至左心房。

肺循环的功能和特点：血液通过肺摄入氧、排出二氧化碳使静脉血转变为含氧量高的动脉血，循环路径较短，又称小循环。

2. 体循环（systemic circulation）　血液从左心室射出，经主动脉及其分支到达全身毛细血管，与周围的组织、细胞进行物质和气体交换，再经各级静脉，最后汇合成上、下腔静脉及心冠状窦回流至右心房。

体循环的功能和特点：流经范围广，以动脉血滋养全身各部，并将全身各部的代谢产物和二氧化碳运回心脏，使动脉血转变为静脉血，循环路径长，又称大循环。

（三）血管的微细结构

1. 动脉　按管径大小分为大、中、小动脉和微动脉，管壁结构由内向外依次为内膜、中膜、外膜，3 层结构随管径不同而变化。

（1）大动脉　因管壁中膜内含大量弹性膜和弹性纤维，又称弹性动脉（图 8 - 2，图 8 - 3）。大动脉包括主动脉、肺动脉干、头臂干、颈总动脉、锁骨下动脉和髂总动脉等。

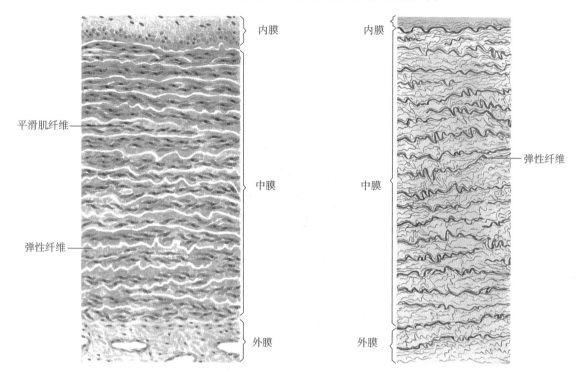

图 8 - 2　大动脉横断面（HE，低倍）　　　　图 8 - 3　大动脉横断面（弹性染色，低倍）

1）内膜　最薄，由内皮和内皮下层构成。内皮为单层扁平上皮，覆于管腔面，光滑，有利于血液的流动。内皮下层为薄层结缔组织，内含少量平滑肌纤维。

2）中膜　最厚，由 40 ~ 70 层弹性膜组成，其间夹有少量平滑肌、胶原纤维和基质。弹性膜由弹性蛋白构成，在血管横断面的组织切片上呈波浪状。心室收缩时，大动脉扩张可容纳更多的血液，心室舒张时，大动脉弹性回缩，使血液持续、均匀地向前流动。

3）外膜　较薄，由疏松结缔组织构成，内有血管壁的营养血管。

（2）中动脉　因其中膜平滑肌十分丰富，又称肌性动脉。除大动脉外，一般管径大于 1mm 的动脉均为中动脉。

1）内膜　由内皮、内皮下层和内弹性膜构成。内弹性膜在血管横断面的组织切片上常呈波浪状，可作为内膜与中膜的分界。

2）中膜　较厚，主要由 10 ~ 40 层环形平滑肌组成，肌纤维间夹有弹性纤维和胶原纤维。

3）外膜　为疏松结缔组织，含营养血管和神经纤维束。多数中动脉的中膜和外膜交界处有明显的外弹性膜。

（3）小动脉　管径在 0.3 ~ 1mm 的动脉，属肌性动脉，结构与中动脉相似。管壁平滑肌收缩时，管径变小，增加血流阻力，对血流量及血压的调节起重要作用，故又称外周阻力血管（图 8 - 4）。

（4）微动脉　管径在 0.3mm 以下的动脉。内膜无内弹性膜，中膜由 1 ~ 2 层平滑肌纤维组成，外膜较薄。

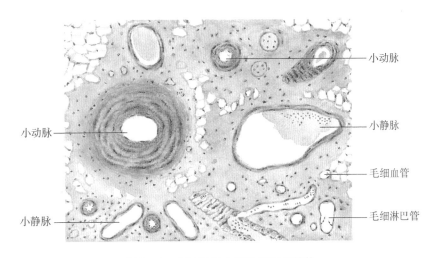

图 8 - 4 小动脉和小静脉的组织结构

2. 静脉 根据管径不同可分为大静脉、中静脉、小静脉（图 8 - 4）和微静脉。管壁由内至外依次为内膜、中膜和外膜，但界限不明显。与同级动脉相比，静脉在组织学结构上的特点主要如下。

（1）腔大、壁薄、弹性小、易塌陷，平滑肌和弹性组织较少，结缔组织较多。内弹性膜不明显或无，中膜薄，外膜较厚。

（2）管径在 2mm 以上的静脉，腔内常有成对的半月形静脉瓣，其根部与内膜相连，彼此相对，游离缘朝向血流方向，表面覆以内皮，中间为含弹性纤维的结缔组织，能防止血液反流。

3. 毛细血管 其管壁由内皮细胞和基膜组成（图 8 - 5）。电镜下，依据内皮细胞及基膜结构等特点，分为连续毛细血管、有孔毛细血管和血窦。

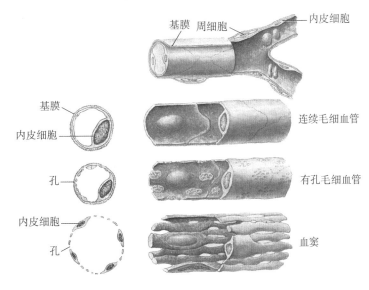

图 8 - 5 毛细血管超微结构模式图

（1）**连续毛细血管** 内皮细胞连续，细胞间有紧密连接，胞质内有大量吞饮小泡，基膜完整。分布于肌组织、结缔组织、中枢神经系统、胸腺和肺等处。

（2）**有孔毛细血管** 内皮细胞胞质部极薄且有窗孔，一般有隔膜封闭，窗孔为物质交换的途径，基膜完整。主要分布于胃肠黏膜、一些内分泌腺和肾血管球等处。

（3）**血窦** 是窦状毛细血管的简称，管腔较大，形状不规则。内皮薄而有孔，细胞间无紧密连接，间隙较大，基膜不完整或缺如。不同器官内的血窦结构有较大差别，主要分布于肝、脾、骨髓和一些内分泌腺中。

4. 微循环　是微动脉和微静脉之间的血液循环。微循环的功能是进行血液和组织、细胞间的物质交换，调节组织器官的血流量。

二、心 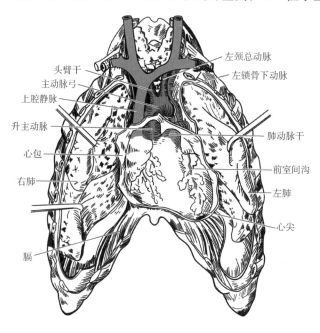 微课

（一）位置和毗邻

心位于胸腔中纵隔内，被心包包裹，约2/3位于正中线的左侧，1/3位于正中线的右侧（图8-6）。

左颈总动脉
头臂干
主动脉弓
左锁骨下动脉
上腔静脉
升主动脉
心包
肺动脉干
右肺
前室间沟
左肺
心尖
膈

图8-6　心的位置

上方有出入心的大血管，下方邻膈，两侧与纵隔胸膜和肺相邻，后方平对第5~8胸椎，与食管、迷走神经和胸主动脉等相邻；前方大部分被肺和胸膜覆盖，只有左肺心切迹内侧的部分与胸骨体下部和左侧第4~5肋软骨相邻，此处称为心包裸区，故临床常在胸骨左缘第4肋间隙进针进行心内注射，不伤及肺和胸膜。

（二）形态

心近似前后略扁的倒置圆锥体，大小约与本人拳头相近。心的长轴斜向左下，与正中线成45°，有一尖、一底、两面、三缘和四沟（图8-7，图8-8）。

1. 心尖　一尖指的是心尖，由左心室构成，圆钝，朝向左前下方，其体表投影在：左侧第5肋间隙，左锁骨中线内侧1~2cm处，可触及其搏动。

2. 心底　一底指的是心底，大部分由左心房、小部分由右心房构成，朝向右后上方，连接出入心的大血管。

3. 两面　指的是前面和下面。前面邻胸骨和肋软骨，又称胸肋面，主要由右心房和右心室构成，小部分由左心耳和左心室构成，朝向前上方。下面邻膈，又称膈面，大部分由左心室、小部分由右心室构成，近水平位。

4. 三缘　指的是左缘、右缘和下缘。左缘圆钝，绝大部分由左心室构成，小部分由左心耳构成；右缘垂直向下，由右心房构成；下缘近乎水平，大部分由右心室构成，小部分由心尖构成。

5. 四沟　指的是冠状沟、前室间沟、后室间沟和后房间沟。冠状沟靠近心底，近似环形，是心房和心室在心表面的分界。前室间沟和后室间沟分别在心室的胸肋面和膈面，从冠状沟走向心尖的右侧，

是左、右心室在心表面的分界，两沟在心尖右侧的会合处稍凹陷，称心尖切迹。后房间沟在心底，为右心房与右上、下肺静脉交界处的浅沟，是左、右心房在心表面的分界。后房间沟、后室间沟和冠状沟的相交处称房室交点，是心表面的一个重要标志，深面有重要的血管、神经等穿行。

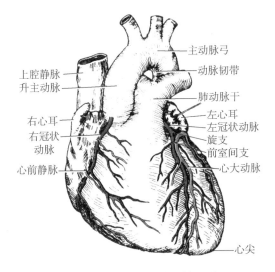

图8-7　心的外形和心的血管（前面）

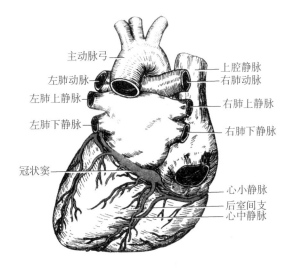

图8-8　心的外形和心的血管（后面）

（三）心腔的结构

心腔被房间隔分为左、右心房，被室间隔分为左、右心室，房间隔的中下部有一浅凹，称为卵圆窝，是胚胎时期卵圆孔闭合后的遗迹，为房间隔缺损的好发部位。室间隔分为膜部和肌部，膜部缺乏心肌层，是室间隔缺损的好发部位。肌部位于膜部的下方，较厚。

1. 右心房　位于心的右上部，收纳体循环回心的静脉血。可分为前、后两部（图8-9）。前部为固有心房，后部为腔静脉窦，二者以心表面的界沟和内面的界嵴为界。固有心房前壁突出部分为右心耳；右心耳内有许多平行排列的肌性隆起，为梳状肌，血流淤滞时易形成血栓。腔静脉窦内面光滑，其上方有上腔静脉口，下方有下腔静脉口。下腔静脉口的左前方有右房室口，通右心室。下腔静脉口与与房室口之间有一小的圆形开口，称为冠状窦口。

2. 右心室　位于右心房的左前下方，负责肺循环的射血，为最靠前的腔。以室上嵴为界，分成后下方的右心室流入道和前上方的右心室流出道（图8-10）。

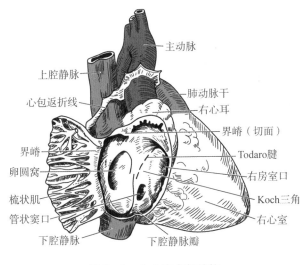

图8-9　右心房内部结构

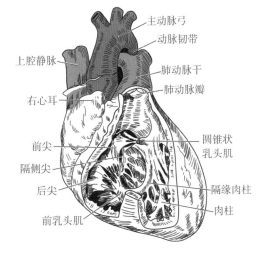

图8-10　右心室内部结构

右心室流入道又称窦部，其内面纵横交错的肌性隆起称肉柱，其中从室间隔连至前乳头肌根部的为隔缘肉柱，又称节制索，可防止右心室的过度扩张。流入道的入口为右房室口，口周缘有三尖瓣环，其上附有3片呈三角形的瓣膜，称为三尖瓣，又称右房室瓣。从室壁突入室腔的锥状肌隆起，称乳头肌，分前、后、隔侧3群。各乳头肌的尖端借腱索连于三尖瓣上。在结构和功能上，纤维环、三尖瓣、腱索和乳头肌是一个整体，称三尖瓣复合体，可防止血液反流回右心房。

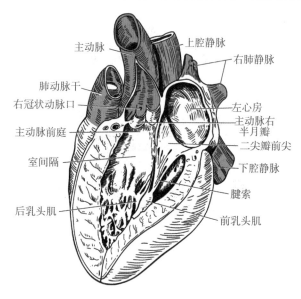

图 8-11　左心房和左心室

右心室流出道是流入道向左上方延伸的部分，向上逐渐变细，形似倒置的漏斗，壁光滑，称为动脉圆锥或漏斗部。动脉圆锥的上端为肺动脉口，口周缘附有3片半月形瓣膜，称肺动脉瓣，可防止血液反流回右心室。

3. 左心房　位于右心房的左后方，收纳肺循环回心的动脉血，为最靠后的腔（图8-11）。左心耳是左心房突向前方的部分，内有梳状肌，血流淤滞时易形成血栓，邻近左房室口，是二尖瓣手术常用的入路部位。左心房的后部较大，腔面光滑，后壁两侧有左肺上、下静脉和右肺上、下静脉四个入口；前下部有左房室口一个出口，通左心室。

4. 左心室　位于右心室的左后下方，室壁厚度约为右室壁的3倍，负责体循环的射血，构成心尖和心的左缘。室腔以二尖瓣前尖为界分为左后方的左心室流入道（窦部）和右前方的流出道（主动脉前庭）两部分（图8-11）。

左心室流入道入口为左房室口，口周缘有致密结缔组织构成的二尖瓣环，其上附有两个呈三角形的瓣膜，称二尖瓣，又称左房室瓣。瓣膜有腱索连于前、后乳头肌。二尖瓣环、二尖瓣、腱索和乳头肌形成二尖瓣复合体，可防止血液反流回左心房。左心室流出道腔面光滑无肉柱，出口为主动脉口，周缘有3个袋口向上、呈半月形的主动脉瓣，分别排列在主动脉口的左、右、后方，可防止血液反流回左心室。与每个瓣相应的主动脉壁向外膨出，瓣膜和动脉壁之间形成的空间，称为主动脉窦。

（四）心壁的微细结构

心壁由内向外可分为心内膜、心肌膜和心外膜三层结构（图8-12）。

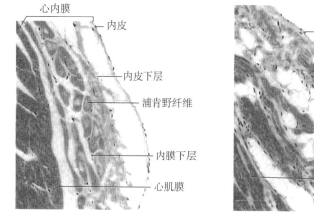

图 8-12　心壁的结构

1. 心内膜　最薄，光滑，衬于心腔内面，由内向外可分为内皮、内皮下层和心内膜下层。内皮为单层扁平上皮，薄而光滑，有利于血液的流动，与出入心的大血管的内皮相连续；内皮下层由较细密的结缔组织构成；心内膜下层由疏松结缔组织构成。心内膜在房室口和动脉口处向心腔折叠形成房室瓣和动脉瓣，能防止血液逆流。

2. 心肌膜　是心壁的主要组成部分，主要由心肌纤维组成。心房肌较薄，心室肌肥厚，左心室肌最厚。心房肌和心室肌不相连续，分别附着于左、右房室口周围的纤维环上，因此心房和心室不同时收缩。

3. 心外膜　为一层光滑的浆膜，也是浆膜心包的脏层。其表面为间皮，深面为薄层结缔组织。

（五）心的传导系统

心肌细胞按形态和功能可分为普通心肌细胞和特殊分化的心肌细胞两类。前者构成心房壁和心室壁的主要部分，主要功能是收缩；后者具有自律性和传导性，其主要功能是产生兴奋和传导冲动，维持心的节律性活动。心的传导系统由特殊分化的心肌细胞所构成，包括窦房结、结间束、房室结、房室束、左右束支和浦肯野纤维网（图 8 - 13）。

图 8 - 13　心的传导系统

1. 窦房结　在上腔静脉与右心房交界处的心外膜深面，呈长椭圆形。是心的正常起搏点。

2. 房室结　在冠状窦口与右房室口之间心内膜深面，呈扁椭圆形。房室结将窦房结传来的冲动传至心室，但冲动在房室结传导较慢，称传导延搁，从而实现心房先收缩，心室后收缩。

3. 结间束　在窦房结和房室结之间。有学者认为窦房结产生的兴奋是通过结间束传导到心房肌和房室结的，并在生理学上证实有结间束存在，但在形态学上的证据尚不充分，所以至今尚无定论。

4. 房室束　又称希氏束（His'bundle），从房室结发出后入室间隔，在室间隔上部分为左、右束支。

5. 左、右束支　左束支沿室间隔左侧心内膜深面下行到左心室，右束支沿室间隔右侧心内膜深面下行到右心室。

6. 浦肯野（Purkinje）纤维网　左、右束支在左、右心室内逐渐分为许多细小的分支，在心内膜深面交织形成浦肯野纤维网，与普通心肌细胞相连。

一般情况下，由窦房结发出冲动，先传给心房肌，引起心房肌兴奋和收缩，同时也传给房室结，再通过房室束和左、右束支传至浦肯野纤维，再到普通心室肌细胞，引起心室肌兴奋和收缩。

（六）心的血管

心的血液供应来自左、右主动脉窦发出的左、右冠状动脉；回流的静脉血绝大部分经冠状窦口流入右心房（图 8 - 7，图 8 - 8）。

1. 动脉

（1）**左冠状动脉**　起于主动脉左窦，经左心耳与肺动脉干之间走向左前方，随即分为前室间支（前降支）和旋支。前室间支是左冠状动脉主干的延续，沿前室间沟下行，绕过心尖切迹达后室间沟下部，与右冠状动脉的后室间支吻合。前室间支沿途分支分布于左、右心室前壁的一部分和室间隔的前上 2/3 部。旋支分出后沿冠状沟向左走行，绕过心左缘达膈面，沿途分布于左心房和左心室壁。

（2）**右冠状动脉**　起于主动脉右窦，经右心耳与肺动脉干之间入冠状沟，向右下方走行，绕过心右缘至膈面，继续沿冠状沟向左行，沿途分布于右心房、右心室，右冠状动脉达房室交点处，分为后室间支和左室后支。后室间支沿后室间沟下行与前室间支吻合，分布于膈面的左、右心室壁和室间隔的后下1/3部。左室后支较小，分布于左心室膈面心壁。

2. 静脉　心的静脉血由冠状窦、心前静脉和心最小静脉3条途径回心，统称心静脉系统（图8-7，图8-8）。

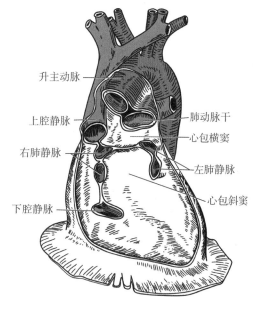

升主动脉

上腔静脉

右肺静脉

下腔静脉

肺动脉干

心包横窦

左肺静脉

心包斜窦

图8-14　心包

（1）冠状窦　位于心膈面的冠状沟内，左心室和左心房之间，借冠状窦口开口于右心房，其主要属支有：①心大静脉，在前室间沟内与前室间支伴行，注入冠状窦左端；②心中静脉，起于心尖部，与后室间支伴行，注入冠状窦右端；③心小静脉，在冠状沟内与右冠状动脉伴行，注入冠状窦右端。

（2）心前静脉　起于右心室前壁，开口于右心房。

（3）心最小静脉　是位于心壁内的小静脉，直接开口于心房或心室腔。

（七）心包

心包为包裹心和大血管根部的锥形囊，分内、外两层，外层是纤维心包，内层为浆膜心包（图8-14）。

1. 纤维心包　是一个坚韧的结缔组织囊，向上与出入心的大血管的外膜相移行，下面与膈中心腱愈合。

2. 浆膜心包　分壁层和脏层。壁层紧贴于纤维心包的内面，脏层即心外膜，覆于心肌的外面。两层在出入心的大血管根部相移行，围成的间隙称心包腔，腔内含少量浆液，起润滑作用，减少心搏动时的摩擦。

（八）心的体表投影

心在胸前壁的体表投影有个体差异，了解心在胸前壁的投影，对临床诊断有实用意义，通常采用下列4点及其连线表示。

1. 左上点　位于左侧第2肋软骨的下缘，距胸骨左缘约1.2cm处。

2. 右上点　位于右侧第3肋软骨上缘，距胸骨右缘约1cm处。

3. 右下点　位于右侧第7胸肋关节处。

4. 左下点　位于左侧第5肋间隙，左锁骨中线内侧1~2cm处，即心尖的体表投影。

左、右上点连线为心的上界，左、右下点连线为心的下界，右上点与右下点之间微向右凸的弧形连线为心的右界，左上点与左下点之间微向左凸的弧形连线为心的左界。

三、肺循环的血管

（一）肺循环的动脉

1. 肺动脉干　为肺循环的动脉主干，粗而短，起于右心室，越过升主动脉的前方斜行向左后上方，至主动脉弓下方分为左、右肺动脉。在肺动脉干分杈处稍左侧与主动脉弓下壁之间，有一结缔组织索相连，称动脉韧带（图8-7），是胎儿时期动脉导管闭锁的遗迹。若出生后6个月动脉导管仍不闭锁，称动脉导管未闭，是常见的先天性心脏病之一。

2. 左肺动脉　较短，横跨左主支气管的前方至左肺门，分2支进入左肺上、下叶。

3. 右肺动脉 较长，向右横经升主动脉和上腔静脉的后方到达右肺门，分成 3 支进入右肺上、中、下叶。

（二）肺循环的静脉

起自肺泡壁上的毛细血管网的静脉端，每个肺叶的静脉汇合成 1 条肺静脉，右肺有 3 条，左肺有 2 条。出肺门后，右肺上、中两叶的肺静脉合成 1 条，最终以右上、下肺静脉和左上、下肺静脉进入左心房。

四、体循环的血管

体循环的动脉

体循环的动脉是将血液从心脏左心室运送到全身各部的管道。由主动脉及其各级分支所组成。主动脉是体循环的动脉主干。由左心室发出，先向右前上方斜行，再弓形弯向左后方，沿脊柱左侧下行逐渐转至其前方，穿膈的主动脉裂孔入腹腔，至第 4 腰椎体下缘处分为左、右髂总动脉。依其行程分为升主动脉、主动脉弓、胸主动脉和腹主动脉（图 8 – 15）。

（一）升主动脉

起自左心室，在肺动脉干与上腔静脉之间向右前上方斜行，至右侧第 2 胸肋关节高度移行为主动脉弓。其根部发出左、右冠状动脉。

（二）主动脉弓

主动脉弓续于升主动脉，弓形弯向左后方，跨左肺根，至第 4 胸椎体下缘向下移行为胸主动脉。主动脉弓凸侧发出 3 条动脉干，自右向左依次为头臂干、左颈总动脉和左锁骨下动脉（图 8 – 15）。头臂干在右胸锁关节后方分为右颈总动脉和右锁骨下动脉。

主动脉弓壁的外膜下有丰富的游离神经末梢，称压力感受器，可感受血压的变化。主动脉弓下方，靠近动脉韧带处有 2~3 个粟粒样小体，称主动脉小球，为化学感受器，可感受血液中 CO_2、H^+ 浓度的变化，调节呼吸。

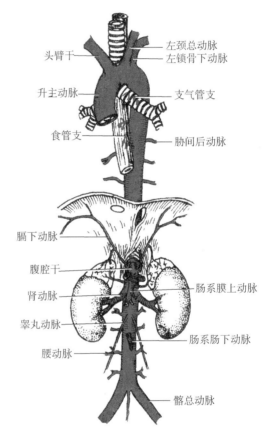

左颈总动脉
左锁骨下动脉
头臂干
升主动脉
支气管支
食管支
肋间后动脉
膈下动脉
腹腔干
肾动脉
肠系膜上动脉
睾丸动脉
肠系肠下动脉
腰动脉
髂总动脉

图 8 – 15 主动脉的分部及分支

1. 颈总动脉 是头颈部动脉的主干，左侧起自主动脉弓，右侧起自头臂干（图 8 – 16）。两侧颈总动脉均在胸锁关节后方，沿食管、气管和喉的外侧上行，至甲状软骨上缘高度分为颈内动脉和颈外动脉。颈总动脉上段位置表浅，在喉结外侧 2~3 横指处或胸锁乳突肌前缘中点处可扪及其搏动，为判断脉搏是否存在和动脉穿刺常用的血管之一；此点也为头颈部的压迫止血点，注意不能双侧同时压迫。

在颈总动脉分叉处有颈动脉窦和颈动脉小球两个重要结构。颈动脉窦是颈总动脉末端和颈内动脉起始部膨大部分，窦壁的外膜内含丰富的游离神经末梢，称压力感受器，可感受血压的变化。颈动脉小球是一个扁椭圆形小体，借结缔组织连于颈总动脉分叉的后方，为化学感受器，可感受血液中 CO_2、H^+ 浓度的变化，调节呼吸。

（1）颈外动脉 在甲状软骨上缘高度发自颈总动脉，上行穿腮腺至下颌颈高度分为颞浅动脉和上颈动脉两个终支。主要分支有：甲状腺上动脉、舌动脉、面动脉、颞浅动脉、上颌动脉、枕动脉、耳后动脉和咽升动脉等。

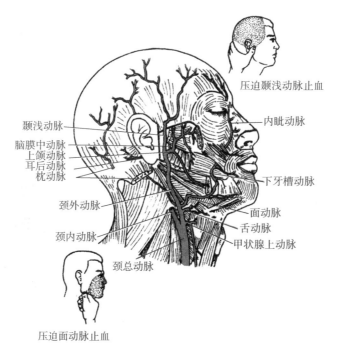

图 8 - 16　颈外动脉及其分支

1）甲状腺上动脉　在颈外动脉起始处发出，行向前下至甲状腺侧叶上部，营养甲状腺和喉。

2）舌动脉　在舌骨大角高度发自颈外动脉，行向前内入舌，营养舌、舌下腺和腭扁桃体。

3）面动脉　在下颌角高度发自颈外动脉，向前经下颌下腺深面，至咬肌前缘越过下颌骨下缘到面部，经口角和鼻翼外侧到达眼的内眦，易名为内眦动脉。面动脉的分支营养下颌下腺、面部和腭扁桃体等，在下颌骨下缘与咬肌前缘交界处可扪及其搏动。在此处将面动脉压向下颌骨，可进行面部的临时性止血（图 8 - 16）。

4）颞浅动脉　在外耳门前方上行，越过颧弓根部到颞部皮下。颞浅动脉的分支营养腮腺和额部、颞部、颅顶部软组织。在外耳门前方颧弓根部可摸到其的搏动，在此处压迫颞浅动脉，可进行额部、颞部和颅顶部的临时性止血（图 8 - 16）。

5）上颌动脉　经下颌颈深面向前入颞下窝，在翼内、外肌之间向前内走行至翼腭窝。该动脉发出脑膜中动脉，向上穿棘孔入颅腔，分前、后两支，其中前支走行在翼点的内面，当翼点区骨折时，此动脉易受损伤形成硬膜外血肿。上颌动脉的分支主要营养鼻腔、腭、咀嚼肌和硬脑膜等。

（2）颈内动脉　由颈总动脉发出，在咽的外侧垂直上行至颅底，经颈动脉管入颅腔，分支营养视器和脑（详见中枢神经系统）。在颈部无分支，这是在颈部区分颈内、外动脉的方法之一。

2. 锁骨下动脉　左侧起于主动脉弓，右侧起自头臂干。经胸锁关节后方，呈弓形越过胸膜顶前面，穿斜角肌间隙后跨过第 1 肋，延续为腋动脉。主要分支如下（图 8 - 17）。

（1）椎动脉　起自前斜角肌内侧缘，向上穿第 6 ~ 1 颈椎横突孔，经枕骨大孔入颅腔，分支营养脑和脊髓。

（2）胸廓内动脉　在椎动脉起点的对侧发出，向下入胸腔，沿第 1 ~ 6 肋软骨后面下降，沿途分支将血液供给胸前壁、心包、膈和乳房等处。其较大的终支为腹壁上动脉，穿膈进入腹直肌鞘，在腹直肌鞘深面下行，分支营养该肌和腹膜。

（3）甲状颈干　在椎动脉起点的外侧发出，为一短干，主要分支有甲状腺下动脉和肩胛上动脉，前者营养甲状腺、咽、食管、喉和气管；后者营养冈上肌、冈下肌和肩胛骨。

（4）第1、2肋间后动脉。

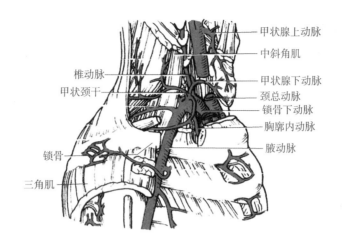

图8-17　锁骨下动脉及其分支

3. 上肢的动脉

（1）腋动脉　在第1肋的外侧缘续于锁骨下动脉（图8-18），经腋窝深部至背阔肌下缘移行为肱动脉。腋动脉的主要分支有胸肩峰动脉、胸外侧动脉、肩胛下动脉和旋肱后动脉。

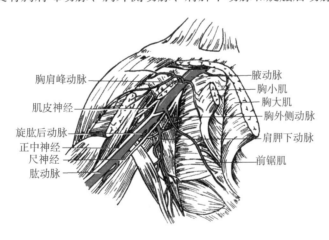

图8-18　腋动脉及其分支

（2）肱动脉　自背阔肌下缘续于腋动脉，沿肱二头肌内侧下行至肘窝，平桡骨颈高度分出桡动脉和尺动脉（图8-19）。肱动脉沿途分支营养上臂肌肉、肱骨和肘关节。在肘窝的内上方，肱二头肌腱的内侧，可扪及其搏动，此处是测量血压时的听诊部位。当前臂或手大出血时，可在上臂的中部肱二头肌内侧沟内，将肱动脉压向肱骨以紧急止血。肱动脉是动脉采血常用的血管之一。

（3）桡动脉　先在肱桡肌和旋前圆肌之间下行，随后在肱桡肌腱与桡侧腕屈肌腱之间下行，绕桡骨茎突至手背，穿第1掌骨间隙至手掌深部。在腕关节上方外侧可扪及其搏动，是临床切脉和计数脉搏的常用部位。桡动脉是动脉采血可用的血管之一。其主要分支有：①掌浅支，与尺动脉末端吻合成掌浅弓；②拇主要动脉，分为3支分布于拇指掌侧面的两侧缘和示指桡侧缘（图8-20）。

（4）尺动脉　沿尺侧腕屈肌和指浅屈肌之间下行，经豌豆骨桡侧至手掌。在腕关节上方内侧可扪及其搏动。其主要分支有：①骨间总动脉，发出骨间前动脉和骨间后动脉，营养前臂肌和尺、桡骨；②掌深支，与桡动脉的末端吻合形成掌深弓（图8-20，图8-21）。

手掌出血时，可抬高患肢，在腕关节上方两侧压迫尺、桡动脉进行止血。

图 8-19 肱动脉及其分支

图 8-20 前臂的动脉（前面）

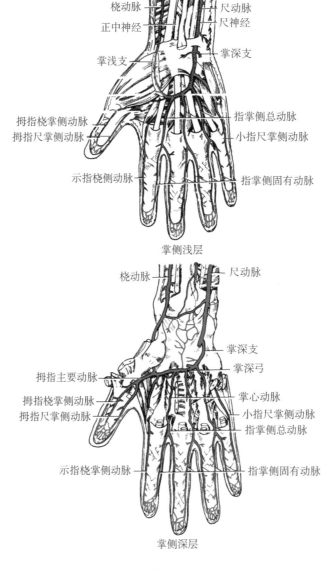

掌侧浅层

掌侧深层

图 8-21 掌深弓和掌浅弓

（5）掌深弓和掌浅弓

1）掌浅弓　由尺动脉末端与桡动脉掌浅支吻合而成（图8-21）。位于掌腱膜深面，弓上发出3条指掌侧总动脉和1条小指尺掌侧动脉。每条指掌侧总动脉行至掌指关节附近，再分为2条指掌侧固有动脉，分别分布到第2～5指相对缘；小指尺掌侧动脉分布于小指掌面尺侧缘。

2）掌深弓　由桡动脉末端和尺动脉的掌深支吻合而成（图8-21）。位于指深屈肌腱深面，弓上发出3条掌心动脉，行至掌指关节附近，分别注入相应的指掌侧总动脉。手指出血时，可在手指根部两侧血管的行经部位进行压迫进行止血。

（三）胸主动脉

胸主动脉是胸部动脉的主干，平第4胸椎体下缘的左侧续于主动脉弓，沿脊柱下降，在第12胸椎高度穿膈的主动脉裂孔移行为腹主动脉。按其分布分为壁支和脏支（图8-22），壁支较粗大，脏支较细小。

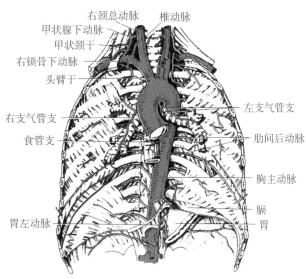

图8-22　胸主动脉及其分支

1. 壁支　分支主要有9对肋间后动脉、1对肋下动脉和膈上动脉。肋间后动脉和肋下动脉由胸主动脉发出后，在脊柱侧缘分为前、后2支。后支细小，营养脊髓、背部的肌肉和皮肤；前支粗大，行于第3～11肋间隙和第12肋下方，营养胸壁和腹壁上部（图8-23）。膈上动脉营养部分膈肌。

2. 脏支　分支主要有食管动脉、支气管动脉和心包动脉，分布于同名器官。

（四）腹主动脉

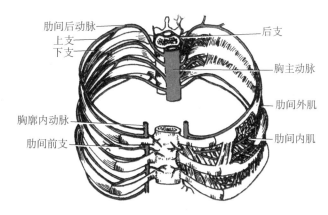

图8-23　胸壁的动脉

腹主动脉是腹部动脉的主干，在膈的主动脉裂孔处续于胸主动脉，沿腰椎前方下降至第4腰椎体下缘处分为左、右髂总动脉。按其分布分为壁支和脏支，壁支远比脏支细小（图8-24）。

1. 壁支　分支主要有腰动脉、膈下动脉和骶正中动脉，营养腹盆腔后壁、膈的下面、肾上腺、脊髓及其被膜等。

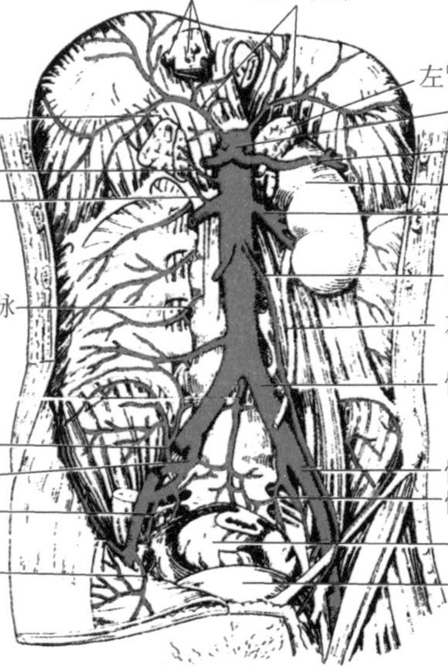

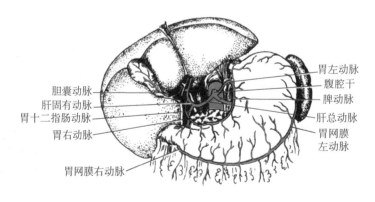

图 8 - 24 腹主动脉及其分支

2. 脏支 分为成对脏支和不成对脏支。成对脏支有肾上腺中动脉、肾动脉、睾丸动脉（男性）或卵巢动脉（女性）；不成对脏支有腹腔干、肠系膜上动脉和肠系膜下动脉。

（1）肾上腺中动脉 约平第 1 腰椎平面起自腹主动脉，营养肾上腺。

（2）肾动脉 约平第 1～2 腰椎椎间盘高度起于腹主动脉，向外横行至肾门入肾，入肾门前发出肾上腺下动脉至肾上腺。

（3）睾丸动脉 在肾动脉起始处稍下方发自腹主动脉前壁，细而长，沿腰大肌前面斜向外下方走行，穿入腹股沟管，参与精索组成，营养睾丸和附睾。在女性则为卵巢动脉，经卵巢悬韧带下行入盆腔，营养卵巢和输卵管壶腹部。

（4）腹腔干 在主动脉裂孔稍下方发自腹主动脉前壁，为一粗短的动脉干，分支有胃左动脉、肝总动脉和脾动脉（图 8 - 25，图 8 - 26）。

图 8 - 25 腹腔干及其分支（胃前面）

1）胃左动脉 从腹腔干发出后，先向左上方行至胃的贲门，然后沿胃小弯向右行走。其分支营养食管腹段、贲门和胃小弯附近的胃壁。

2）肝总动脉 从腹腔干发出后，沿胰头上缘行向右，至十二指肠上部的上方分为胃十二指肠动脉和肝固有动脉。

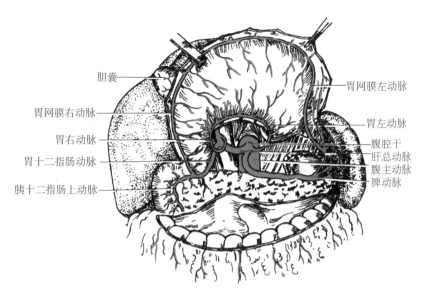

图 8-26　腹腔干及其分支（胃后面）

胃十二指肠动脉分出胃网膜右动脉和胰十二指肠上动脉，分别营养大网膜、胃大弯侧胃壁、胰头和十二指肠。

肝固有动脉在肝十二指肠韧带内向右上行，至肝门下方分为左、右支，经肝门分别进入肝的左、右叶。右支在进入肝门之前发出胆囊动脉分布于胆囊。肝固有动脉在其起始处发出胃右动脉，胃右动脉沿胃小弯向左，与胃左动脉吻合。

3）脾动脉　分支有脾支、胃短动脉和胃网膜左动脉，分别分布于脾、胰和胃。

（5）肠系膜上动脉　约平第 1 腰椎高度发自腹主动脉前壁（图 8-27）。主要分支有：①胰十二指肠下动脉，分布于胰头和十二指肠；②空肠动脉和回肠动脉，分布于空、回肠肠壁；③回结肠动脉，分布于回肠末端、盲肠、阑尾和升结肠的下部，其中分布于阑尾的分支称阑尾动脉；④右结肠动脉，分支营养升结肠；⑤中结肠动脉，分支营养横结肠。

（6）肠系膜下动脉　约平第 3 腰椎高度发自腹主动脉前壁（图 8-28）。主要分支有：①左结肠动脉，分支营养降结肠；②乙状结肠动脉，分支营养乙状结肠；③直肠上动脉，经小骨盆上口进入盆腔，营养直肠上部。

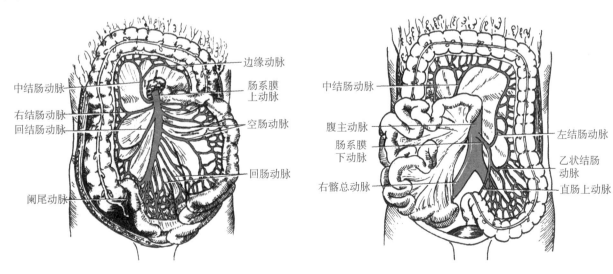

图 8-27　肠系膜上动脉及其分支　　　　图 8-28　肠系膜下动脉及其分支

（五）髂总动脉

髂总动脉在平第4腰椎体下缘发自腹主动脉，左、右各一，沿腰大肌内侧下行至骶髂关节处分为髂内动脉和髂外动脉。

1. 髂内动脉 沿盆腔侧壁下行，发出壁支和脏支（图8-29，图8-30）。

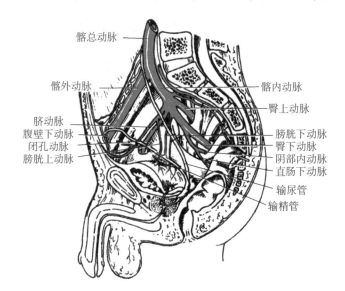

图8-29 男性盆部动脉

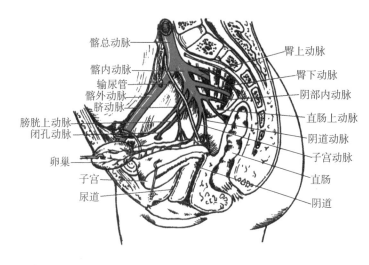

图8-30 女性盆部动脉

（1）壁支 主要分支有：①闭孔动脉，沿骨盆侧壁行向前下，穿闭膜管至大腿内侧，分支至大腿内侧群肌和髋关节；②臀上动脉，从梨状肌上孔出盆腔，主要营养臀中肌和臀小肌；③臀下动脉，穿梨状肌下孔出盆腔，主要营养臀大肌。

（5）脏支 主要分支有：①脐动脉，发出膀胱上动脉，分布于膀胱；②子宫动脉，在子宫颈外侧约2cm处从输尿管的前上方跨过，沿子宫体侧缘上升至子宫底，营养子宫、输卵管和阴道（图8-31）；③阴部内动脉，穿梨状肌下孔出盆腔，经坐骨小孔至坐骨肛门窝，其主要分支有肛动脉、会阴动脉、阴茎（蒂）动脉，分布于肛门、会阴部和外生殖器（图8-32）；④膀胱下动脉，男性分布于膀胱底、精囊和前列腺等处，女性分布于膀胱和阴道；⑤直肠下动脉，营养直肠下部。

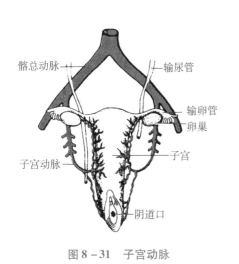

图8-31 子宫动脉

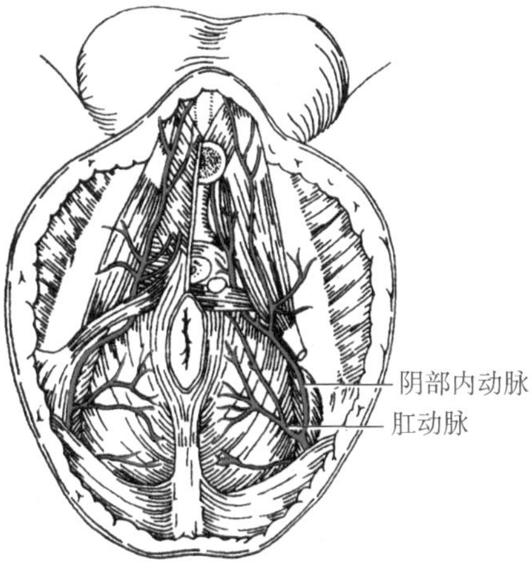

图8-32 会阴的动脉

2. 髂外动脉 沿腰大肌内侧缘下降，经腹股沟韧带中点深面至股前部，移行为股动脉。髂外动脉在腹股沟韧带稍上方发出腹壁下动脉，进入腹直肌鞘，分布到腹直肌并与腹壁上动脉吻合。还发出1支旋髂深动脉，斜向外上，分支营养髂嵴和邻近肌。

3. 下肢的动脉

（1）股动脉 是下肢动脉的主干，在股三角内下行，经收肌管出收肌腱裂孔至腘窝，移行为腘动脉（图8-33）。股动脉在腹股沟韧带中点稍下方可扪及其搏动，下肢出血时，可在该处将它向深部压迫进行止血。股动脉也是判断脉搏是否存在和动脉采血常用的血管之一。股深动脉是股动脉最粗大的分支，在腹股沟韧带下方2~5cm发出，其分支有：①旋股内侧动脉，营养大腿内侧群肌；②旋股外侧动脉，营养大腿前群肌；③穿动脉，营养大腿后群肌、内侧群肌和股骨。

此外，股动脉还发出腹壁浅动脉、旋髂浅动脉等分支，分别至腹前壁下部和髂前上棘附近的皮肤及浅筋膜等。

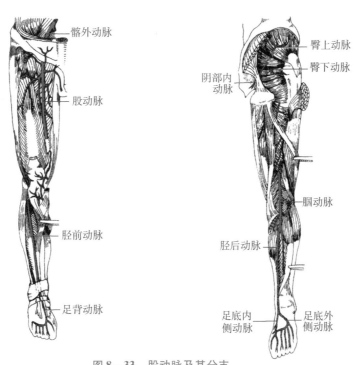

图8-33 股动脉及其分支

（2）**腘动脉** 在腘窝深部下行，至腘窝下缘，分出胫前动脉和胫后动脉。腘动脉在腘窝内发出关节支和肌支，分布于膝关节及邻近肌（图8-34）。

（3）**胫前动脉** 从腘动脉分出后，穿小腿骨间膜至小腿前面，在小腿前群肌之间下行，至踝关节前方移行为足背动脉。胫前动脉沿途发出分支至小腿前群肌（图8-34，图8-35）。

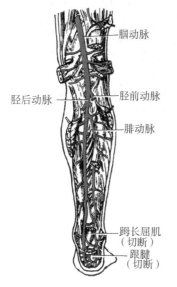

图8-34 小腿后面的动脉

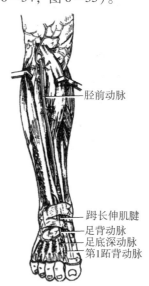

图8-35 小腿前面的动脉

（4）**胫后动脉** 从腘动脉分出后，在小腿后群肌浅、深层之间下行，经内踝后方转至足底，分出足底内侧动脉和足底外侧动脉两终支（图8-34，图8-36）。足底内侧动脉分布于足底内侧；足底外侧动脉在第5跖骨底转向内侧，至第1跖骨间隙与足背动脉的足底深支吻合成足底弓。

胫后动脉在小腿上部还发出腓动脉，沿腓骨内侧下行，分支营养胫、腓骨及邻近肌。

（5）**足背动脉** 为胫前动脉的直接延续，前行至第1跖骨间隙近侧，分为第1跖背动脉和足底深支两终支（图8-37）。沿途分支分布于足背、足趾和足底等处。足背动脉在踝关节前方，内、外踝连线中点，可扪及其搏动，足部出血时可在该处将足背动脉向深部压迫进行止血。

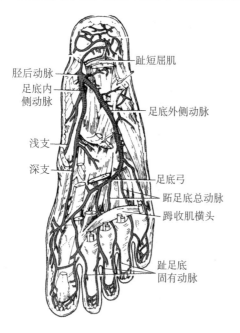

图8-36 足底的动脉

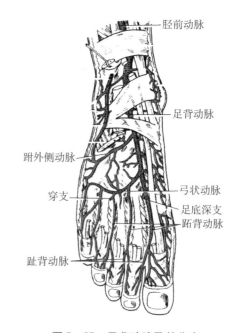

图8-37 足背动脉及其分支

174

体循环的主要动脉及其分支见图8-38。

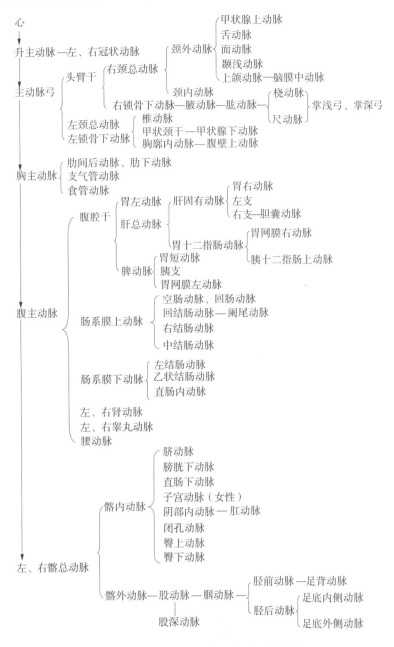

图8-38　体循环的主要动脉及其分支

💡 **素质提升**

中国胸心外科的开创人——吴英恺院士

吴英恺（1910—2003），中国胸心外科的开创人之一。在心脏外科、胸主动脉瘤外科及肾血管性高血压外科治疗等方面做了开创性工作。20世纪70年代，开展高血压、脑血管病、冠心病的流行病学调查研究及人群防治工作，组织全国高血压普查，并在工厂、农村、城市居民中开展高血压等常见心血管病的人群防治工作。取得大量的第一手资料，为中国和国际心血管病防治提供了宝贵的资料，使中国心血管流行病学研究走上了国际舞台。吴英恺院士还是国产降压药

"0号"的发明人之一，多年来，新型高血压药物不断问世，但0号在临床上仍得到高血压专家的广泛认可。

吴英恺院士的事迹向我们传递了学习、钻研和创新的意义。立足当下，学好知识，培养吃苦、钻研的精神，形成总结经验、发现问题、解决问题的思维。练就除了传承还能创新的本领，更好的服务病患、促进医学进步，实现人生价值。

体循环的静脉

体循环的静脉是将血液运送回右心房的管道，起于毛细血管，止于右心房。包括下腔静脉系（含肝门静脉系）、上腔静脉系和心静脉系（见心的静脉）。

体循环的静脉分浅、深两类，与动脉比较有以下特点：浅静脉位于皮下浅筋膜内，称皮下静脉；数目众多，无伴行动脉，最后注入深静脉。深静脉位于深筋膜的深面或体腔内，多与同名动脉伴行，其导血范围、行程、名称和与之伴行的动脉相同。浅静脉之间、深静脉之间、浅深静脉之间均有广泛的吻合。体表的浅静脉多吻合成静脉网（弓），深静脉在某些器官周围或壁内吻合成静脉丛。静脉管壁薄而弹性小，其管腔较同级动脉大，属支多，血容量大，血流缓慢，压力较低。静脉管壁的内面有成对的、向心开放的半月形小袋，称静脉瓣，其游离缘朝向心，可防止血液逆流。

（一）上腔静脉系

上腔静脉系由上腔静脉及其属支组成，收集头颈部、胸部（心除外）、上肢等上半身的静脉血。

1. 头颈部的静脉

（1）颈内静脉　是颈部最大的静脉干（图8-39）。于颅底颈静脉孔处续于乙状窦，在颈动脉鞘内沿颈内动脉和颈总动脉外侧下行，至胸锁关节后方与锁骨下静脉汇合成头臂静脉。颈内静脉的体表投影在乳突尖与下颌角连线中点至胸锁关节中点的连线，是中心静脉置管术常用的深静脉之一，在实际操作中，较多选用右侧颈内静脉。

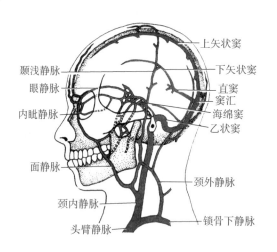

图8-39　头颈部的静脉

颈内静脉的属支可分为颅内支和颅外支。颅内属支主要收集脑膜、脑、视器和前庭蜗器等处的静脉血（详见中枢神经系统）。颅外属支主要收集面部和颈部等处的静脉血，其主要属支如下。

1）面静脉　起自内眦静脉，与面动脉伴行，平舌骨大角高度注入颈内静脉，收集面前部软组织的静脉血。面静脉可通过眼上静脉和眼下静脉与颅内的海绵窦交通；还可通过面深静脉与翼静脉丛交通，继而与海绵窦交通。因面静脉口角以上一般无瓣膜，不能阻挡血液反流；所以当面部发生化脓感染时，若处理不当（如挤压等），可能导致颅内感染。故将鼻根至两侧口角间的三角区称为"危险三角区"。

2）下颌后静脉 由颞浅静脉和上颌静脉汇合而成，分前、后两支，前支注入面静脉，后支与耳后静脉及枕静脉合成颈外静脉。

（2）颈外静脉 是颈部最粗大的浅静脉，由下颌后静脉的后支与耳后静脉和枕静脉汇合而成，沿胸锁乳突肌表面下行，注入锁骨下静脉。

（3）锁骨下静脉 是位于颈根部的短静脉干，在第1肋外侧缘续于腋静脉，与同名动脉伴行，至胸锁关节后方与颈内静脉汇合成头臂静脉。锁骨下静脉与附近筋膜结合紧密，位置较固定，管腔较大，可作为静脉穿刺或长期置管输液的部位。

2. 上肢的静脉 上肢的浅、深静脉最终都汇入腋静脉。

（1）上肢的浅静脉 起自手背静脉网，主要有头静脉、贵要静脉和肘正中静脉，是护理上采血、输液、静脉注射的常用静脉（图8-40，图8-41）。

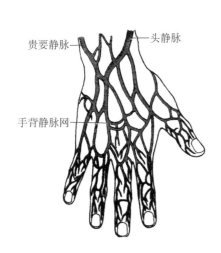

图8-40 手背静脉网

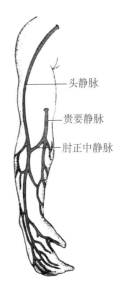

图8-41 上肢的浅静脉

1）头静脉 起自手背静脉网的桡侧，沿前臂桡侧和上臂外侧上行，经三角肌与胸大肌间沟行至锁骨下窝，穿深筋膜注入腋静脉或锁骨下静脉。

2）贵要静脉 起自手背静脉网的尺侧，沿前臂尺侧和上臂内侧上行，到上臂的中部，穿深筋膜注入肱静脉，或伴肱静脉上行，注入腋静脉。

3）肘正中静脉 变异较多，通常在肘窝前方连接头静脉和贵要静脉。肘正中静脉常接受前臂正中静脉，前臂正中静脉起自手掌静脉丛，沿前臂前面上行，注入肘正中静脉。

（2）上肢的深静脉 从手掌至腋窝的深静脉都与同名动脉伴行，而且多为两条。桡静脉和尺静脉汇合成肱静脉，两条肱静脉汇合成一条腋静脉，腋静脉位于腋动脉的前内侧，收集上肢浅、深静脉的全部血液，在第1肋骨外缘续为锁骨下静脉。

3. 胸部的静脉 主要有头臂静脉、上腔静脉、奇静脉及其属支（图8-42）。

（1）头臂静脉 又称无名静脉，左右各一，由同侧的颈内静脉和锁骨下静脉在胸锁关节后方汇合而成，汇合处的夹角称静脉角，是淋巴导管注入的部位。该静脉还收纳了椎静脉、胸廓内静脉和甲状腺下静脉等属支。

（2）上腔静脉 上腔静脉由左、右头臂静脉在右侧第1胸肋结合处后方汇合而成，在上纵隔内沿升主动脉右侧垂直下降，平右侧第3胸肋关节下缘注入右心房。在穿纤维心包之前收纳奇静脉（图8－42）。

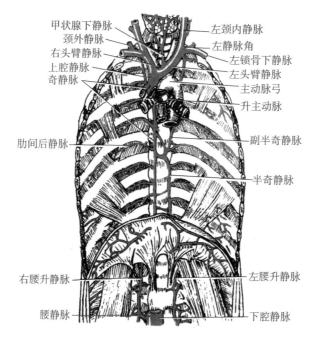

甲状腺下静脉
颈外静脉
右头臂静脉
上腔静脉
奇静脉
左颈内静脉
左静脉角
左锁骨下静脉
左头臂静脉
主动脉弓
升主动脉
肋间后静脉
副半奇静脉
半奇静脉
右腰升静脉
左腰升静脉
腰静脉
下腔静脉

图8－42　上腔静脉及其属支

（3）奇静脉　起自右腰升静脉，在第4胸椎体高度跨过右肺根注入上腔静脉。奇静脉沿途收集右侧肋间后静脉、食管静脉、支气管静脉和半奇静脉的血液。

（4）半奇静脉　起自左腰升静脉，约在第8胸椎体高度经脊柱前方注入奇静脉。半奇静脉收集左侧下部肋间后静脉、食管静脉和副半奇静脉的血液。

（5）副半奇静脉　收集左侧上部肋间后静脉的血液，沿胸椎体左侧下行，注入半奇静脉或向右直接注入奇静脉。

（二）下腔静脉系

下腔静脉系由下腔静脉及其属支组成，主要收集下肢、盆部和腹部的静脉血。

1. 下肢的静脉　静脉瓣比上肢多，分浅、深两种，浅、深静脉之间的交通丰富。

（1）下肢浅静脉　包括小隐静脉和大隐静脉及其属支（图8－43，图8－44）。大隐静脉和小隐静脉借穿静脉与深静脉交通，当深静脉回流受阻时，深静脉血液反流到浅静脉，可导致下肢浅静脉曲张。

1）小隐静脉　起自足背静脉弓的外侧，经外踝后方，沿小腿后面上行，至腘窝下角处穿深筋膜注入腘静脉。

2）大隐静脉　是全身最长的浅静脉，起自足背静脉弓的内侧，经内踝前方，沿小腿内侧面、膝关节内后方、大腿内侧面上行，至耻骨结节外下方3～4cm处穿隐静脉裂孔，注入股静脉。在注入股静脉之前还接受股内侧浅静脉、股外侧浅静脉、阴部外静脉、腹壁浅静脉和旋髂浅静脉5条属支。大隐静脉在内踝前方的位置表浅而恒定，是静脉穿刺或插管的常用部位。大隐静脉是静脉曲张的好发血管。

（2）下肢深静脉　与同名动脉伴行，收集同名动脉分布区域的静脉血。胫前静脉和胫后静脉汇合成腘静脉。腘静脉穿收肌腱裂孔移行为股静脉。股静脉伴股动脉上行，经腹股沟韧带中点稍内侧深面移行为髂外静脉。股静脉在腹股沟韧带稍下方位于股动脉的内侧，是医疗操作中深静脉穿刺、置管的常用静脉之一。

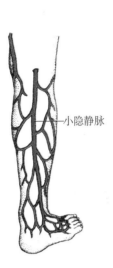

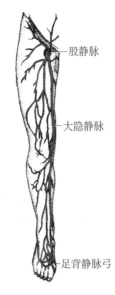

图 8 - 43　小隐静脉　　　　　　图 8 - 44　大隐静脉、股静脉

2. 盆部的静脉

（1）髂外静脉　是股静脉的直接延续（图 8 - 45），与髂外动脉伴行，收集下肢及腹前壁下部的静脉血。

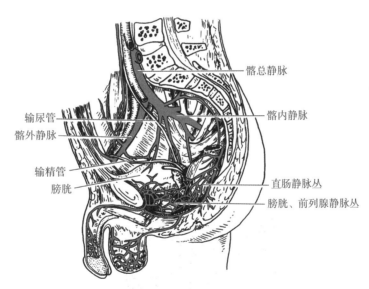

图 8 - 45　男性盆部的静脉

（2）髂内静脉　与髂内动脉及其分支伴行，短而粗，其属支可分为脏支和壁支，收集同名动脉分布区域的静脉血。脏支在器官周围或壁内形成广泛的静脉丛，如膀胱、直肠及子宫静脉丛等。

（3）髂总静脉　由髂外静脉和髂内静脉在骶髂关节的前方汇合而成，斜向内上至第 5 腰椎右前方，与对侧髂总静脉汇合成下腔静脉。

3. 腹部的静脉

（1）下腔静脉　由左、右髂总静脉在第 5 腰椎体右前方汇合而成（图 8 - 46）。沿腹主动脉右侧和脊柱右前方上行，经肝的腔静脉沟，穿膈的腔静脉裂孔进入胸腔，注入右心房，其属支可分为壁支和脏支。

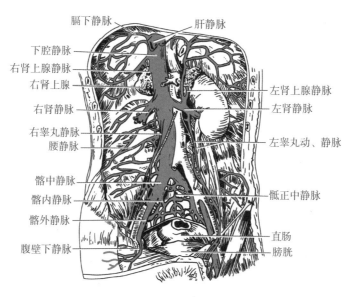

图 8 - 46 下腔静脉及其属支

1）壁支 主要有 1 对膈下静脉和 4 对腰静脉，在每侧的各腰静脉之间有纵支相连，称为腰升静脉。左、右腰升静脉向上分别移行为奇静脉和半奇静脉，向下连于髂总静脉。

2）脏支 主要有睾丸（卵巢）静脉、肾静脉、肾上腺静脉和肝静脉等。①睾丸静脉：又称精索内静脉，右侧睾丸静脉以锐角注入下腔静脉，左侧睾丸静脉以直角注入左肾静脉，故血液回流较右侧困难。卵巢静脉起自卵巢静脉丛，伴随卵巢动脉上行。其后的行程和注入部位与男性的睾丸静脉相同。②肾静脉：在肾门处由 3～5 条肾内静脉合成，经肾动脉前方向内横行，注入下腔静脉。③肾上腺静脉：左侧的注入左肾静脉，右侧的注入下腔静脉。④肝静脉：有肝右、中、左静脉 3 支，均包埋于肝实质内，在腔静脉沟处分别注入下腔静脉。肝静脉收集肝脏和肝门静脉的血液。

（2）肝门静脉 由肝门静脉及其属支组成，收集腹腔内除肝脏以外的不成对器官的静脉血（图 8 - 47）。起于毛细血管，止于肝血窦。一般无静脉瓣，当回流受阻内压增高时，可发生血液逆流。

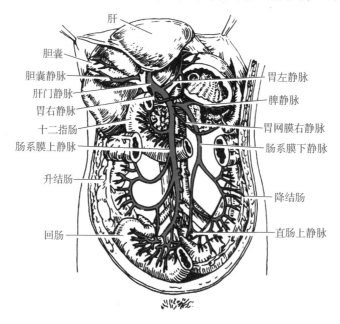

图 8 - 47 肝门静脉及其属支

肝门静脉多由肠系膜上静脉和脾静脉在胰颈后面汇合而成，行向右上方进入肝十二指肠韧带，在肝固有动脉和胆总管的后方上行至肝门，分为左、右两支，分别进入肝左叶和肝右叶。肝门静脉为一粗而短的静脉干，在肝内反复分支，最终注入肝血窦。

其属支主要如下。①肠系膜上静脉：沿同名动脉的右侧上行，至胰头后面与脾静脉汇合成肝门静脉。肠系膜上静脉除收集同名动脉分布区域的静脉血外，还收集胃十二指肠动脉分布区域的静脉血。②脾静脉：在脾动脉的下方，经胰体的后面横行向右，与肠系膜上静脉汇合成肝门静脉。脾静脉收集同名动脉分布区域的静脉血，多数还有肠系膜下静脉注入。③肠系膜下静脉：先与同名动脉伴行，之后经胰头后方注入脾静脉或肠系膜上静脉，或是直接注入二者的汇合处。④其他属支还有胃左静脉、胃右静脉、胆囊静脉和附脐静脉。

在正常情况下，肝门静脉系与上、下腔静脉系之间的交通支细小，血流量少。其交通支主要有下列3种（图8-48）。①食管静脉丛：通过食管腹段黏膜下的食管静脉丛形成肝门静脉系的胃左静脉与上腔静脉系的奇静脉和半奇静脉之间的交通。②直肠静脉丛：通过直肠静脉丛形成肝门静脉系的直肠上静脉与下腔静脉系的直肠下静脉和肛静脉之间的交通。③脐周静脉网：通过脐周静脉网形成肝门静脉系的附脐静脉与上腔静脉系的胸腹壁静脉和腹壁上静脉或与下腔静脉系的腹壁浅静脉和腹壁下静脉之间的交通。

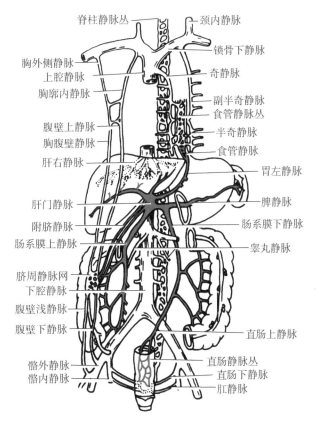

图8-48 肝门静脉与上、下腔静脉之间的交通

肝硬化、肝肿瘤、胰头肿瘤或肝门处淋巴结肿大等可压迫肝门静脉，导致肝门静脉回流受阻，此时肝门静脉系的血液经上述交通途径形成侧支循环，通过上、下腔静脉系回流。由于血流量增多，交通支变得粗大而弯曲，导致食管静脉丛、直肠静脉丛和脐周静脉网曲张。若曲张的食管静脉丛破裂，则引起呕血；若曲张的直肠静脉丛破裂，则引起便血。当肝门静脉系的侧支循环失代偿时，可导致胃肠和脾等器官淤血，出现脾肿大和腹水等。

体循环的主要静脉及回流途径见图 8 - 49。

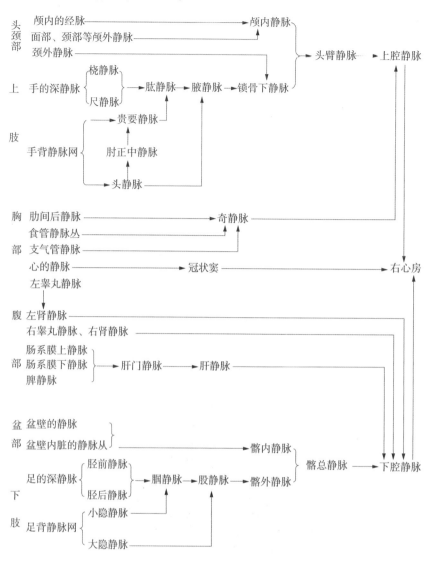

图 8 - 49 体循环的主要静脉及回流途径

第二节 淋巴系统

PPT

一、淋巴系统的结构、分配特点和功能

（一）淋巴系统的结构和分配特点

淋巴系统（lymphatic system）是脉管系统的重要组成部分，由淋巴管道、淋巴组织和淋巴器官构成（图 8 - 50）。淋巴管道包括毛细淋巴管、淋巴管、淋巴干和淋巴导管。淋巴器官由淋巴结、脾、胸腺和腭扁桃体等构成。淋巴组织分为弥散淋巴组织和淋巴小结，主要位于消化道和呼吸道的黏膜中。

1. 毛细淋巴管 是淋巴管道的起始部分，以膨大的盲端起始于组织间隙，彼此吻合成网（图 8 - 51）。毛细淋巴管由单层内皮细胞构成，无基膜，管壁的通透性比毛细血管大，一些大分子物质，如蛋白质、细菌、异物等较易透过毛细淋巴管。毛细淋巴管分布广泛，但在中枢神经系统、上皮组织、角膜、晶状体、牙釉质及软骨等处无毛细淋巴管分布。

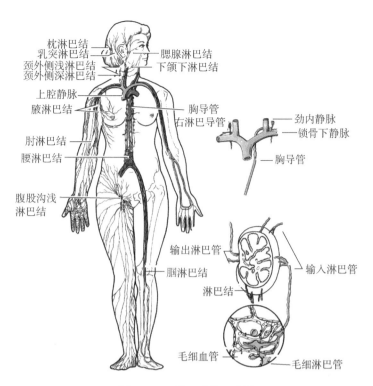

枕淋巴结
乳突淋巴结
颈外侧浅淋巴结
颈外侧深淋巴结
上腔静脉
腋淋巴结
肘淋巴结
腰淋巴结
腹股沟浅淋巴结

腮腺淋巴结
下颌下淋巴结
胸导管
右淋巴导管

劲内静脉
锁骨下静脉
胸导管

输出淋巴管
腘淋巴结
淋巴结

输入淋巴管

毛细血管
毛细淋巴管

图 8-50　淋巴系统示意图

2. 淋巴管　由毛细淋巴管汇合而成。管壁结构与小静脉类似，但管径较细，管壁较薄，内有丰富的瓣膜，外观呈串珠或藕节状。淋巴管在向心的流动行程中，一般都经过一个或多个淋巴结。根据淋巴管所在的位置不同，将其分为浅淋巴管和深淋巴管两种。浅淋巴管位于浅筋膜内，多与浅静脉伴行，深淋巴管与深部的血管、神经伴行。

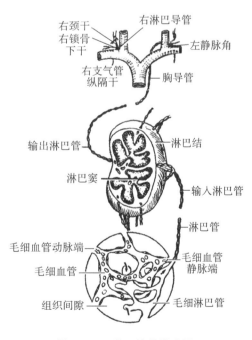

右颈干
右锁骨下干
右支气管纵隔干

右淋巴导管
左静脉角
胸导管

输出淋巴管
淋巴窦

淋巴结
输入淋巴管

毛细血管动脉端
毛细血管
组织间隙

淋巴管
毛细血管静脉端
毛细淋巴管

图 8-51　淋巴管道模式图

3. 淋巴干　全身的淋巴管经淋巴结群中继后逐渐汇合成较大的淋巴干。全身共有九条淋巴干（图 8-52）：①左、右颈干，由头颈部的淋巴管汇合而成；②左、右锁骨下干，由上肢及部分胸壁的淋巴管

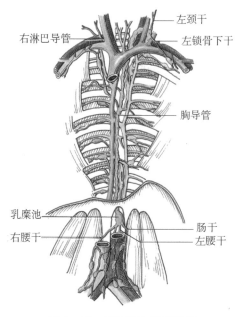

图 8 - 52　淋巴干和淋巴导管

汇合而成;③左、右支气管纵隔干,由胸腔脏器和部分胸、腹壁的淋巴管汇合而成;④左、右腰干,由下肢、盆部和腹腔内成对脏器及部分腹壁的淋巴管汇合而成;⑤肠干,由腹腔内不成对脏器的淋巴管汇合而成。

(二)淋巴的功能

当血液经动脉输送至毛细血管的动脉端时,部分水及营养物质经过毛细血管壁滤出,进入组织间隙形成组织液。组织液与细胞进行物质交换后,大部分从毛细血管静脉端被吸收入静脉,小部分水分和大分子物质会进入毛细淋巴管成为淋巴。淋巴沿淋巴管道向心流动,最后流入静脉。因此,淋巴系统是心血管系统的辅助系统,有协助静脉引流组织液回心的功能。并且,淋巴器官和淋巴组织具有产生淋巴细胞、过滤淋巴和参与机体的免疫防御等功能。

二、淋巴导管

全身九条淋巴干最终汇集成两条大的淋巴导管,即胸导管和右淋巴导管(图 8 - 52)。

(一)胸导管

胸导管是全身最粗大的淋巴管道,在第 1 腰椎体前方由左、右腰干和肠干汇合而成,长 30 ~ 40cm。胸导管起始部膨大,称乳糜池。胸导管自乳糜池起始后,向上穿膈的主动脉裂孔入胸腔,在食管后方沿脊柱的右前方上行,至第 5 胸椎高度经食管与脊柱之间向左侧斜行,然后沿脊柱左前方上行,经胸廓上口到达左颈根部后,呈弓形向下弯曲最终注入左静脉角。胸导管在注入左静脉角前,还收集左颈干、左锁骨下干和左支气管纵隔干的淋巴。因此胸导管收集全部下半身和左侧上半身的淋巴,即全身约 3/4 区域的淋巴。

(二)右淋巴导管

右淋巴导管为一短干,长 1 ~ 1.5cm,由右颈干、右锁骨下干和右支气管纵隔干汇合而成,注入右静脉角。右淋巴导管收集右侧上半身的淋巴,占全身约 1/4 区域的淋巴。

三、全身各部淋巴结

(一)头部的淋巴结

头部淋巴结多位于头颈交界处,呈环形和纵行分布,从后向前依次为枕淋巴结、乳突淋巴结、腮腺淋巴结、下颌下淋巴结和颏下淋巴结。以上淋巴结主要引流头面部淋巴,其输出淋巴管直接或间接注入颈外侧深淋巴结(图 8 - 53)。

1. 枕淋巴结　位于枕部皮下、斜方肌枕骨起点的表面,分浅、深两群,引流枕部、项部的淋巴。

2. 乳突淋巴结　又称耳后淋巴结,位于耳后、胸锁乳突肌乳突端表面,引流颅顶部和耳郭后部皮肤的淋巴。

3. 腮腺淋巴结　分浅、深两群,分别位于腮腺表面和腮腺实质内,引流额部、颞区、耳郭、外耳道、颊部和腮腺等处的淋巴。

4. 下颌下淋巴结　位于下颌下腺的附近和下颌下腺实质内,引流面部、鼻和口腔内器官的淋巴。

5. 颏下淋巴结　位于颏下部，引流颏部、舌尖和下唇中部的淋巴。

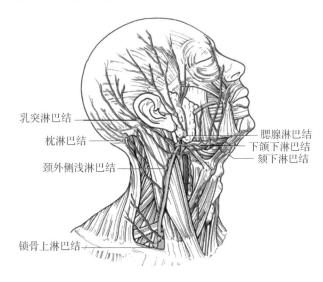

乳突淋巴结
枕淋巴结
颈外侧浅淋巴结
锁骨上淋巴结

腮腺淋巴结
下颌下淋巴结
颏下淋巴结

图 8 - 53　头颈部浅层淋巴结

（二）颈部的淋巴结

颈部的淋巴结主要分为颈前淋巴结和颈外侧淋巴结两组。

1. 颈前淋巴结　沿颈中部器官排列，位于舌骨下方，喉、甲状腺和气管等器官的前方。引流颈前部浅层结构以及收集喉前部、甲状腺、气管等处的淋巴，其输出淋巴管注入颈外侧深淋巴结（图 8 - 54）。

2. 颈外侧淋巴结　位于颈部两侧，数目较多，包括沿浅静脉排列的颈外侧浅淋巴结及沿深静脉排列的颈外侧深淋巴结，其位于锁骨上窝处的淋巴结又称锁骨上淋巴结（图 8 - 53，图 8 - 54）。

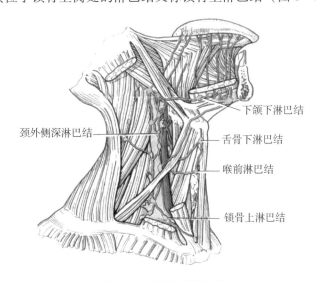

颈外侧深淋巴结

下颌下淋巴结
舌骨下淋巴结
喉前淋巴结
锁骨上淋巴结

图 8 - 54　颈深部淋巴结

（三）上肢的淋巴结

上肢的淋巴结主要集中在肘窝和腋窝，分为肘淋巴结和腋淋巴结两群，引流的淋巴最终注入腋淋巴结。

1. 肘淋巴结　分浅、深两群，分别位于肱骨内上髁上方和肘窝深血管附近。浅群又称滑车上淋巴结，数目 1～2 个。肘淋巴结通过浅、深淋巴管收集手和前臂的尺侧半浅、深部的淋巴，其输出淋巴管伴随肱静脉上行注入腋淋巴结。

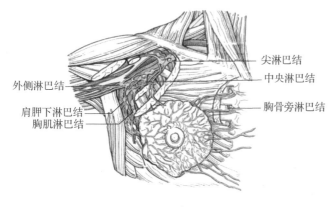

图8-55 腋淋巴结

2. 腋淋巴结 分布于腋窝的疏松结缔组织内，多沿血管排列，根据其所在部位分为5群（图8-55）。①胸肌淋巴结：沿胸外侧血管排列，引流脐以上的腹前外侧壁、胸外侧壁以及乳房外侧部和中央部的淋巴。②外侧淋巴结：沿腋静脉排列，收纳上肢浅部和深部的淋巴。③肩胛下淋巴结：位于腋窝后壁，沿肩胛下血管排列，引流项部和背部的淋巴。④中央淋巴结：位于腋窝中央的疏松结缔组织内，收纳上述3群淋巴结的输出淋巴管。⑤尖淋巴结：位于腋窝尖部，沿腋动脉及腋静脉的近侧端排列，收纳中央淋巴结群和乳房上部的淋巴，其输出淋巴管大部分汇入锁骨下干，少数注入锁骨上淋巴结。

（四）胸部的淋巴结

胸部的淋巴结由胸壁淋巴结和胸腔器官淋巴结两部分构成（图8-56）。

1. 胸壁淋巴结 包括胸骨旁淋巴结、肋间淋巴结和膈上淋巴结等，收纳胸、腹壁浅部和深部的淋巴，其输出淋巴管分别注入纵隔前、后的淋巴结群，也可参与合成支气管纵隔干或直接注入胸导管。

2. 胸腔器官淋巴结 包括纵隔前淋巴结、纵隔后淋巴结、气管支气管淋巴结和肺的淋巴结等。引流胸腔内器官如胸腺、心包、支气管、食管、肺和胸膜脏层等的淋巴。

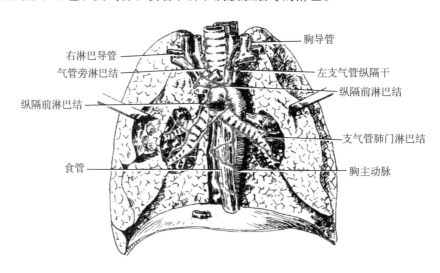

图8-56 胸部淋巴结

（五）腹部的淋巴结

腹部的淋巴结由腹壁淋巴结和腹腔器官淋巴结两部分构成。

1. 腹壁淋巴结 腹壁上部（以脐为分界）的浅淋巴管注入腋淋巴结，下部的浅淋巴管注入腹股沟浅淋巴结。腹后壁的深淋巴管汇入腰淋巴结。腰淋巴结沿腹主动脉和下腔静脉排列，收集腹后壁和腹腔成对器官的淋巴以及髂总淋巴结的输出淋巴管。腰淋巴结的输出淋巴管形成左、右腰干，注入乳糜池。

2. 腹腔器官淋巴结 腹腔成对器官的淋巴管汇入腰淋巴结。不成对器官的淋巴首先注入各器官附近的淋巴结，然后分别流入腹腔淋巴结、肠系膜上淋巴结和肠系膜下淋巴结（图8-57，图8-78）。腹腔淋巴结分布于腹腔干起始部的周围，收集沿腹腔干各分支排列的淋巴结的输出管，这些输出淋巴管汇合入肠干。沿空、回肠动脉排列的淋巴结的输出管汇合入肠系膜上淋巴结，肠系膜上淋巴结的输出淋巴管参与组成肠干。沿肠系膜下动脉各分支排列的淋巴结的输出管汇合入肠系膜下淋巴结，肠系膜下淋巴结的输出淋巴管也汇入肠干。

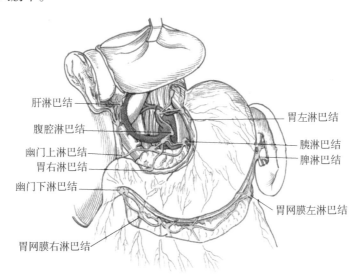

图 8 - 57　腹腔器官淋巴结（胃）

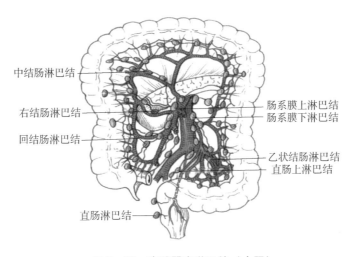

图 8 - 58　腹腔器官淋巴结（大肠）

（六）盆部的淋巴结

盆部的淋巴结主要沿盆腔内血管排列，如髂内血管、髂外血管和髂总血管，分别称为髂内淋巴结、髂外淋巴结和髂总淋巴结。它们分别收集同名动脉分布区的淋巴并最终注入腰淋巴结（图 8 - 59）。

（七）下肢的淋巴结

下肢的淋巴结主要包括腘淋巴结、腹股沟浅淋巴结和腹股沟深淋巴结。

1. 腘淋巴结　位于腘窝结缔组织中，收纳足外侧缘和小腿后外侧部的浅淋巴管以及足和小腿的深淋巴管，其输出淋巴管注入腹股沟深淋巴结。

2. 腹股沟浅淋巴结　分上、下两群。上群沿腹股沟韧带排列，下群位于大隐静脉末端周围。收纳脐平面以下腹前壁、臀部、会阴、外生殖器及下肢大部分的浅淋巴管，其输出淋巴管大多注入腹股沟深淋巴结，较少注入髂外淋巴结（图8-60）。

3. 腹股沟深淋巴结 分布于股静脉根部周围，位于股管内，收集腘淋巴结和腹股沟浅淋巴结的输出淋巴管，其输出淋巴管注入髂外淋巴结（图8-60）。

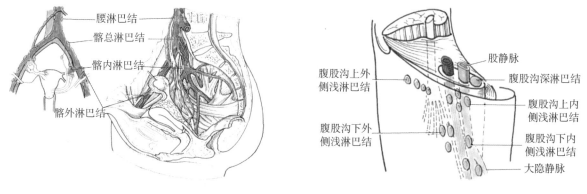

图 8-59 盆部淋巴结　　　　　　　　　图 8-60 腹股沟淋巴结

全身的淋巴引流情况见图8-61。

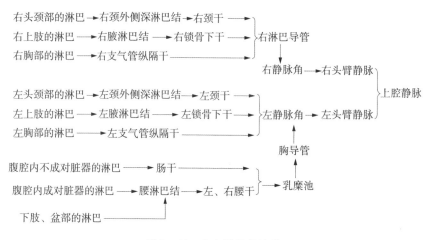

图 8-61 全身淋巴的流注

四、淋巴器官

（一）淋巴结

1. 淋巴结的形态和位置 淋巴结为大小不一的圆形或椭圆形灰红色小体，主要由淋巴组织构成。淋巴结一侧隆凸，有数条输入淋巴管进入；另一侧凹陷，称淋巴结门，有1~2条输出淋巴管、血管和神经出入（图8-62）。输入淋巴管的数量多于输出淋巴管。某一淋巴结的输出淋巴管可成为下一个淋巴结的输入淋巴管。青年人全身的淋巴结数目约450个，常聚集成群，根据分布位置有浅深之分。分布在四肢的淋巴结多位于关节的屈侧和体腔的隐藏部位，且多沿血管干排列或位于器官的门附近。

2. 淋巴结的微细结构 淋巴结表面有薄层致密结缔组织被膜，其与淋巴结门处由血管、神经伴随的结缔组织共同伸入淋巴结的实质内形成小梁，粗细不等的小梁互相连接成网，构成淋巴结的粗支架，淋巴组织贯穿其中。淋巴结的实质由表及里分为皮质和髓质（图8-63）。

（1）皮质 位于被膜下方，主要由以下三种组织构成。

1）浅层皮质 为紧贴于被膜下的薄层淋巴组织，主要含有 B 淋巴细胞。当抗原刺激机体时，此区域出现大量的球状淋巴小结，功能活跃的淋巴小结中央染色较浅，淋巴小结内可见淋巴细胞的分裂、增

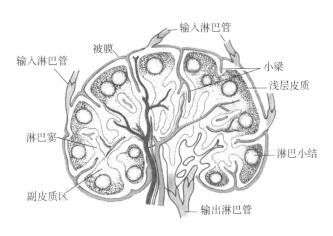

图 8 - 62　淋巴结

殖、分化，因此又称为生发中心。除了 B 淋巴细胞外，生发中心内还可见较多的巨噬细胞。

2）副皮质区　位于淋巴结的皮质深层，即皮质与髓质交界处，由弥散淋巴组织构成，主要含有大量胸腺来源的 T 淋巴细胞，故又称为胸腺依赖区。

3）皮质淋巴窦　主要包括被膜下淋巴窦和小梁周窦，特点是有扁平连续的内皮细胞围成窦壁，外侧紧贴被膜或小梁，内侧紧贴淋巴组织。

（2）髓质　位于淋巴结的中央，由淋巴索和髓质淋巴窦构成。淋巴索又称髓索，主要由 B 淋巴细胞、浆细胞和巨噬细胞组成，与副皮质区相连。淋巴索呈索条状分布，相互连接成网状。髓质淋巴窦位于淋巴索之间，结构和功能与皮质淋巴窦结构相似。

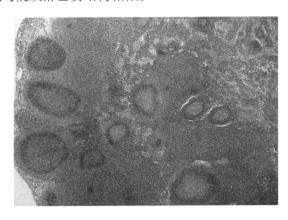

图 8 - 63　淋巴结的光镜结构

3. 淋巴结的功能　淋巴结的主要功能是滤过淋巴和进行免疫应答。当淋巴流经淋巴结时，淋巴结内的巨噬细胞将细菌、肿瘤等异物吞噬清除，起到过滤淋巴的作用，同时阻止病变的扩散。淋巴结是人体的重要免疫器官。淋巴结内的 B 淋巴细胞能转化成浆细胞，参与体液免疫。另一种 T 淋巴细胞可分化为效应 T 淋巴细胞，参与细胞免疫。人体某些病变部位附近的淋巴结有时会发生分裂增殖，引发淋巴结的肿大。

（二）脾

1. 脾的位置　脾是人体最大的淋巴器官，位于左季肋区，胃底与膈之间，平对第 9 ~ 11 肋，长轴与第 10 肋一致，正常情况下在左肋弓下缘无法触及脾（图 8 - 64）。

2. 脾的形态 脾略呈扁椭圆形，活体脾色暗红，质软而脆，受暴力打击时容易破裂出血。脾可分为膈、脏两面，前、后两端和上、下两缘。膈面光滑隆凸，对向膈；脏面凹陷，与腹腔内脏器相对，脏面近中央处的部位称为脾门，为脾的血管、神经和淋巴管出入之处。脾的前端较宽，朝向前外方；后端钝圆，朝向后内方。脾的上缘较锐，朝向前上方，其上有2~3个脾切迹，当脾肿大时，此处是触诊时辨认脾的标志；下缘较钝，朝向后下方（图8-64）。

3. 脾的微细结构 脾的表面被覆由致密结缔组织构成的被膜，其内含有丰富的弹性纤维与少量平滑肌，被膜外覆间皮。被膜与脾门处的结缔组织伸入脾内形成脾小梁，小梁相互连接，构成脾的支架。脾的实质分为白髓、红髓和边缘区三部分（图8-65）。

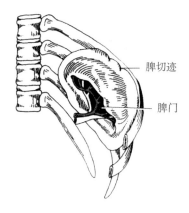

图8-64 脾的位置和形态

脾切迹
脾门

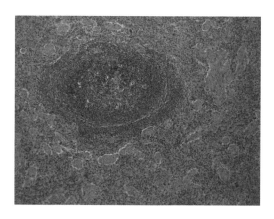

图8-65 脾的光镜结构

（1）白髓 新鲜的脾切面可见大小不等的灰白色小结节，散在分布，称为白髓。其由密集的淋巴组织构成，沿中央动脉周围分布，由动脉周围淋巴鞘和脾小体组成。

①动脉周围淋巴鞘：简称淋巴鞘，由位于中央动脉周围的淋巴组织构成，内含大量T淋巴细胞，为脾的胸腺依赖区，其内亦含有一些巨噬细胞。②脾小体：即脾内的淋巴小结，位于淋巴鞘与边缘区之间，大部分处于淋巴鞘内。主要由B淋巴细胞密集而成，亦含有巨噬细胞。发生免疫应答的脾小体较大，含有生发中心。

（2）红髓 新鲜脾的切面大部分呈暗红色，称为红髓，白髓散在于红髓之间。主要由脾窦和脾索构成。

①脾窦：又称脾血窦，为腔大、不规则的血窦，相互连通成网，其内充满血液。位于脾索之间，窦壁由长杆状的内皮细胞沿血窦长轴排列而成，外有不连续基膜和少量网状纤维。内皮细胞间裂隙较宽，窦壁呈栅形多孔状，有利于血细胞从脾索进入脾窦。窦壁内外附着很多巨噬细胞，具有很强的吞噬能力。②脾索：为相邻脾窦之间的条索状淋巴组织，内含B淋巴细胞、各种血细胞、巨噬细胞和一些浆细胞，这些细胞可以变形穿过内皮细胞间的裂隙进入脾窦。

（3）边缘区 为白髓向红髓移行的区域，内含大量的巨噬细胞、血管和淋巴细胞，结构疏松。该区具有很强的吞噬滤过作用。

4. 脾的血液循环 脾动脉自脾门入脾后，沿脾小梁分支成小梁动脉。小梁动脉的分支进入白髓称为中央动脉。中央动脉除供应白髓血液外，亦有分支进入边缘区。中央动脉主干穿出白髓进入红髓，其有多条分支，包括髓微动脉、鞘毛细血管等，最终形成动脉毛细血管，大部分开口于脾索。脾窦逐渐汇合成髓微静脉、小梁静脉，最终经脾静脉出脾门。

5. 脾的功能

（1）滤过血液 脾内大量的巨噬细胞吞噬、清除血液中的病菌、异物和衰老及死亡的红细胞等。

（2）参与机体的免疫应答 脾又称为淋巴细胞再循环的中心。脾内的淋巴细胞，T细胞约占40%，参与机体的细胞免疫；B 细胞约占 60%，参与机体的体液免疫。

（3）造血 脾在胚胎发育的一段时间内具有造血功能，出生后逐渐转变为免疫应答器官。但在成人脾内还存有少量造血干细胞，因此，当机体极度缺血时，脾的造血功能会被激发，恢复造血。

（4）储存血液 脾窦、脾索和其他部位可储存约 40ml 的血液。当机体需要血液时，脾的被膜收缩，促进储存的血液排出，同时加速脾内的血液流速，使之流入血液循环，补充血容量。

（三）胸腺

1. 胸腺的位置和形态 胸腺位于胸腔内上纵隔前部，胸骨柄的后方，呈扁条状，左、右各一叶，不对称（图 8－66）。新生儿时呈灰红色。胸腺有明显的年龄变化，新生儿时其体积相对较大，随着年龄增长，胸腺体积在青春期时发育到顶点，重 25～40g。以后逐渐退化，淋巴组织被脂肪组织和结缔组织代替，退化至仅 15g 左右。

2. 胸腺的微细结构 胸腺表面被覆结缔组织被膜，其深入胸腺实质内形成小叶间隔，将胸腺分成许多不完全分隔的小叶，胸腺小叶周边为皮质，中央为髓质（图 8－67）。

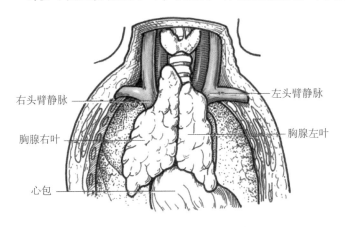

右头臂静脉

左头臂静脉

胸腺右叶

胸腺左叶

心包

图 8－66 胸腺的位置和形态

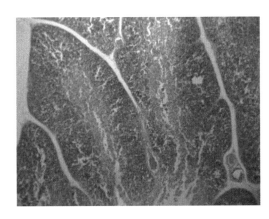

图 8－67 胸腺的光镜结构

（1）皮质 主要位于被膜内侧和小叶周边，由胸腺上皮细胞、密集的胸腺细胞、少量巨噬细胞和毛细血管构成，染色较深。①胸腺上皮细胞：分为被膜下上皮细胞和星形上皮细胞两种。前者分泌胸腺素和胸腺生成素；后者多突起且突起较长，相邻细胞的突起互相连接形成网状，网间填充着密集的胸腺细胞。②胸腺细胞：即胸腺内处于不同分化发育阶段的 T 淋巴细胞。由来自骨髓的淋巴干细胞分裂分化形成，在靠近髓质处胸腺细胞体积变小，发育成为成熟的 T 淋巴细胞，但此时它并未接触抗原，因此不能执行细胞免疫功能。当它离开胸腺，到达周围淋巴器官后才能发挥免疫防御功能。

从皮质浅层到皮质深层是淋巴干细胞增殖分化为 T 淋巴细胞的过程，因此皮质浅层的细胞较大且较为原始，中层为中等大小的淋巴细胞，而深层是小淋巴细胞。

（2）髓质 由大量胸腺上皮细胞、少量成熟的胸腺细胞和巨噬细胞组成，染色较浅。髓质的上皮细胞也分为两类：髓质上皮细胞和胸腺小体上皮细胞，前者分泌胸腺激素，后者呈扁平形，数层至数十层细胞呈同心圆排列，形成大小不等的球形结构，称为胸腺小体，其功能尚不清楚。

（3）血－胸腺屏障 是血液与胸腺皮质间的屏障结构，由以下 5 层组成：①连续的毛细血管内皮；②内皮基膜；③血管周间隙；④胸腺上皮基膜；⑤连续的胸腺上皮细胞，其主要功能是阻止血液中的大分子物质进入胸腺，故不引起直接的免疫反应。

3. 胸腺的功能 胸腺是 T 淋巴细胞分化发育的唯一场所，它的主要功能是产生、培育 T 淋巴细胞，并向周围淋巴器官输送。胸腺上皮细胞还可分泌多种胸腺激素，兼具内分泌功能，调节胸腺的发育、促使来自骨髓的淋巴干细胞转化成 T 淋巴细胞以及参与构成 T 淋巴细胞增殖、分化、成熟的微环境。

（四）扁桃体

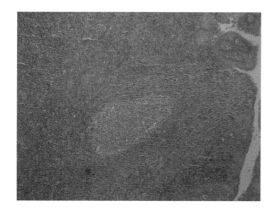

图 8-68　扁桃体的光镜结构

扁桃体位于舌根、咽部周围上皮下的周围淋巴器官，称为扁桃体，包括腭扁桃体、咽扁桃体和舌扁桃体，其中腭扁桃体最大。这些淋巴器官邻近外界，接触细菌的机会较多。腭扁桃体为一对实质性的淋巴器官，位于腭舌弓和腭咽弓之间，呈卵圆形。其黏膜表面为复层扁平上皮，上皮深陷在扁桃体内形成 10~20 个隐窝。上皮下及隐窝周围结缔组织内分布着大量主要由 B 淋巴细胞组成的淋巴小结以及弥散淋巴组织，后者内含 T 淋巴细胞、B 淋巴细胞和巨噬细胞等。扁桃体底部有结缔组织被膜包裹（图 8-68）。

扁桃体是淋巴细胞增殖的场所，在此淋巴细胞直接参与机体的细胞免疫和体液免疫。其位置是气体和饮食的必经之路，会接触较多细菌，因此扁桃体内丰富的淋巴组织对机体具有很重要的防御保护作用。

目标检测

答案解析

一、单项选择题

1. 心房与心室在心表面的分界标志是（　　）

    A. 前室间沟　　　　　　　　B. 后室间沟　　　　　　　　C. 冠状沟

    D. 右心耳　　　　　　　　　E. 左心耳

2. 心的正常起搏点是（　　）

    A. 窦房结　　　　　　　　　B. 房室结　　　　　　　　C. 房室束

    D. 左、右束支　　　　　　　E. 浦肯野纤维

3. 阑尾动脉发自（　　）

    A. 空回肠动脉　　　　　　　B. 回结肠动脉　　　　　　　C. 右结肠动脉

    D. 中结肠动脉　　　　　　　E. 左结肠动脉

4. 面动脉的压迫止血点在（　　）

    A. 口角外侧　　　　　　　　B. 颧弓后端　　　　　　　　C. 鼻翼外侧

    D. 咬肌前缘与下颌体下缘交界处 E. 咬肌后缘与下颌骨下缘交点处

5. 切脉和计数脉搏常用的血管是（　　）

    A. 肱动脉　　　　　　B. 桡动脉　　　　　　　C. 尺动脉

    D. 腋动脉　　　　　　E. 股动脉

6. 临床测量血压常用的血管是（　　）

    A. 肱动脉　　　　　　B. 桡动脉　　　　　　　C. 尺动脉

    D. 腋动脉　　　　　　E. 股动脉

7. 颈部最大的浅静脉是（　　）

    A. 颈内静脉　　　　　　　B. 面静脉　　　　　　　C. 颈外静脉

D. 下颌后静脉   E. 耳后静脉

8. 肝门静脉不收纳（　　）的血液

    A. 肝   B. 脾   C. 胃和小肠

    D. 胆囊   E. 胰

9. 下列关于胸导管的描述，错误的是（　　）

    A. 始于乳糜池   B. 注入右静脉角   C. 经主动脉裂孔入胸腔

    D. 乳糜池处接纳左、右腰干和肠干的淋巴   E. 收集全身约3/4的淋巴

10. 脾的长轴与（　　）一致

    A. 第7肋骨   B. 第8肋   C. 第9肋

    D. 第10肋   E. 第11肋

二、思考题

患者，男，62岁。因活动后心前区闷痛1个月就诊。患着1个月前开始上4～5层楼时出现心前区闷痛，伴左上肢酸痛，每次持续几秒到十几秒，休息或含服"硝酸甘油"几分钟可缓解。诊断为劳累型心绞痛。

    问题：1. 根据所学知识分析，医护人员应指导患者采取什么体位用药？

           2. 营养心脏的血管有哪些？从哪里发出？

（李明蓉　刘　然）

书网融合……

本章小结   微课   题库

第九章 感觉器

PPT

◎ 学习目标

　　1. 通过本章学习，重点掌握视器的组成；眼球壁的形态结构；眼房、晶状体和玻璃体的位置及形态结构；房水的产生部位与循环途径；眼屈光系统的组成；前庭蜗器的组成；外耳的组成；位置觉感受器和听觉感受器的位置及功能。

　　2. 学会观察辨认眼球及耳各部分的主要形态结构，具有准确使用感觉器结构知识指导白内障手术、鼓膜修补术等能力，具有关心患者、尊重患者的意识及良好的职业素质、人际沟通能力和团结协作精神。

　　感觉器（sensory organs）是感受器及其附属结构的总称，是机体感受刺激的装置，如眼、耳及皮肤等。感受器的功能是接受机体内、外环境的各种刺激，并将其转变为神经冲动，由感觉神经传入脑，产生感觉。

》》 情境导入

　　情景描述　患者，女，78 岁。因左眼 1 个月前无明显诱因情况下视物模糊且不能矫正，入院检查。初步诊断为：左眼年龄相关性白内障。

　　讨论　白内障病变的结构是什么？

第一节 视 器

　　视器又称眼，由眼球和眼副器组成。眼球的功能是接受光波的刺激，并将感受的光波刺激转变为神经冲动，经视觉传导通路传到大脑皮质视觉中枢，产生视觉；眼副器包括眼睑、结膜、泪器、眼球外肌、眶脂体、眶筋膜等结构，对眼球起保护、支持和运动作用。

一、眼球

　　眼球的功能是接受光波的刺激，并将感受的光波刺激转变为神经冲动，经视觉传导通路传到大脑皮质视觉中枢，产生视觉；眼副器包括眼睑、结膜、泪器、眼球外肌、眶脂体、眶筋膜等结构，对眼球起保护、支持和运动作用。眼球近似球形，位于眶内，后部借视神经连于脑。当眼平视前方时，眼球前面正中点称前极，后面正中点称后极，把通过前、后极的直线称为眼轴。眼球由眼球壁和眼球的内容物组成（图 9-1）。

（一）眼球壁

眼球壁从外向内依次分为外膜、中膜和内膜三层。

1. 外膜　又称纤维膜，主要由坚韧的结缔组织构成，具有维持眼球外形和保护眼球内容物的作用。眼球纤维膜可分为角膜和巩膜两部分。

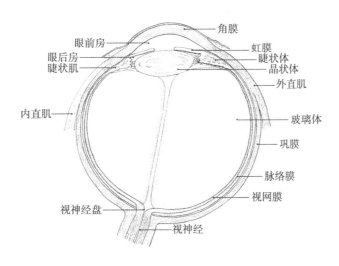

图 9－1　眼球的水平切面（右侧）

（1）角膜　占外膜的前 1/6，是光线进入眼球首先要通过的结构。角膜无色透明，富有弹性，略向前凸，有屈光作用。无血管，但富有感觉神经末梢，对触觉和痛觉敏感。

（2）巩膜　占外膜的后 5/6，为乳白色不透明的纤维膜，厚而坚韧，表面有眼球外肌附着，具有支持和保护眼球的作用。在巩膜与角膜交界处深面有一环形的血管，称为巩膜静脉窦，是房水回流的通道（图 9－1）。

2. 中膜　又称血管膜，由疏松结缔组织构成，内含丰富的血管、神经和色素细胞，呈棕黑色，具有营养眼球内组织及遮光的作用。血管膜由前向后分为虹膜、睫状体和脉络膜三部分。

（1）虹膜　位于角膜的后方，是血管膜最前部呈圆盘形的薄膜。虹膜中央有一圆形的孔，称为瞳孔。在虹膜内有两种平滑肌，环绕瞳孔周缘呈环行排列的为瞳孔括约肌，收缩时可缩小瞳孔；瞳孔周围呈放射状排列的平滑肌为瞳孔开大肌，收缩时可使瞳孔开大。在弱光下或看远物时，瞳孔开大；在强光下或看近物时，瞳孔缩小（图 9－1，图 9－2）。

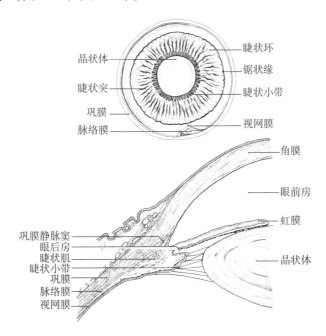

图 9－2　眼球前部内面观及前房角

（2）睫状体　是血管膜中部最肥厚的部分，位于虹膜的外后方。睫状体后部较为平坦，前部有许多向内突出呈放射状排列的皱襞，称为睫状突。由睫状突发出的睫状小带与晶状体相连。睫状体内的平滑肌称为睫状肌。睫状体有调节晶状体的曲度和产生房水的作用（图9-2）。

（3）脉络膜　占血管膜的后2/3，位于巩膜和视网膜之间，脉络膜内含有丰富的血管和大量的色素细胞，具有营养眼球壁和吸收眼内散射光线的作用。

3. 内膜　又称视网膜，位于血管膜内面，视网膜从前向后可分为视网膜虹膜部、视网膜睫状体部和视网膜脉络膜部三部分。贴附于虹膜和睫状体内面的视网膜，无感光作用，故称为视网膜盲部；贴附于脉络膜内面的视网膜，有接受光波刺激并将其转变为神经冲动的作用，故称为视网膜视部。其后部中央偏鼻侧处有一白色圆形隆起，称视神经乳头或视神经盘。视神经盘的边缘隆起，中央有视神经和视网膜中央动、静脉穿过，无感光细胞，故又称为生理性盲点。在视神经盘的颞侧约3.5mm处的稍下方有一黄色小区，称为黄斑。其中央凹陷称为中央凹，此处是感光和辨色最敏锐的部位（图9-3）。

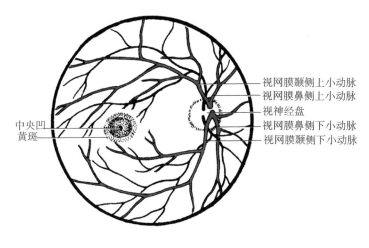

图9-3　眼底（右侧）

视网膜视部的组织结构可分内、外两层，两层之间连接疏松。外层为色素上皮层，由单层色素上皮细胞构成，此层具有吸收光线和保护感光细胞的作用；内层为神经细胞层，由内向外依次为节细胞层、双极细胞层和视细胞层。视细胞是感光细胞，可分为视锥细胞和视杆细胞。视锥细胞能感受强光和分辨颜色，在白天或明亮处视物时起主要作用；视杆细胞只能感受弱光，不能辨色，在夜间或暗处视物时起主要作用。双极细胞是连接感光细胞和节细胞之间的双极神经元，将来自感光细胞的神经冲动传导至节细胞。节细胞为多极神经元，其轴突向视神经盘处汇集，穿过脉络膜和巩膜后组成视神经（图9-4）。

（二）眼球内容物

眼球内容物包括房水、晶状体和玻璃体（图9-1，图9-2）。这些结构都是无色透明，且无血管分布的，具有屈光作用，它们与角膜合称为眼的屈光系统，使物体反射出来的光线进入眼球后，在视网膜上形成清晰的物像。

1. 房水　为无色透明的液体，由睫状体产生，充满于眼房内。眼房是角膜与晶状体之间的腔隙，虹膜将眼房分为较大的前房和较小的后房，两者借瞳孔相通。在眼前房的周边，虹膜与角膜交界处的环形区域称为虹膜角膜角或前房角，与巩膜静脉窦相邻。房水除具有屈光作用外，还具有营养角膜和晶状体以及维持正常眼内压的作用。

房水循环途径：睫状体生成房水→眼后房→瞳孔→眼前房→虹膜角膜角→巩膜静脉窦→眼静脉。

2. 晶状体　位于虹膜和玻璃体之间，呈双凸透镜状，无色透明、富有弹性、不含血管和神经（图9-1，图9-2）。晶状体外面包以具有高度弹性的被膜，称为晶状体囊，晶状体周缘借睫状小带与睫状

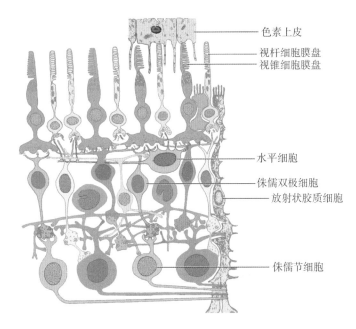

图 9-4　视杆视锥细胞模式图

体相连。晶状体是屈光系统的主要装置，其曲度随所视物体的远近不同而改变。视近物时，睫状肌收缩牵引脉络膜向前，睫状突向内伸，睫状小带松弛，晶状体因本身的弹性而变凸，晶状体的曲度增加，屈光能力加强，使进入眼球的光线恰好能聚焦于视网膜上，以适应看近物；视远物时，睫状肌舒张，使睫状突向外伸，睫状小带被拉紧，加强了对晶状体的牵拉，晶状体的曲度减小，屈光能力减弱，以适应看远物。

3. 玻璃体　是无色透明的胶状物质，填充于晶状体与视网膜之间。玻璃体具有屈光、维持眼球形状和支撑视网膜的作用。

二、眼副器

眼副器包括眼睑、结膜、泪器和眼球外肌等结构，具有保护、运动和支持眼球的作用。

（一）眼睑

眼睑位于眼球的前方，分上睑和下睑，有保护眼球的作用（图 9-5）。上、下睑之间的裂隙称睑裂。睑裂的内、外侧角分别称为内眦和外眦。眼睑的游离缘称睑缘，睑缘的前缘生有睫毛。睫毛的根部有睫毛腺，睫毛毛囊或睫毛腺的急性炎症称为睑腺炎。

眼睑由浅至深由皮肤、皮下组织、肌层、睑板和睑结膜构成。眼睑的皮肤较薄，皮下组织较疏松，缺乏脂肪组织，可因积液或出血而发生肿胀。睑板为一半月形致密结缔组织板，上、下各一。睑板内有许多麦穗状的睑板腺，与睑缘垂直排列，其导管开口于睑缘，其分泌物有润滑睑缘和防止泪液外溢的作用。睑板腺的导管阻塞时，形成睑板腺囊肿，或称霰粒肿。

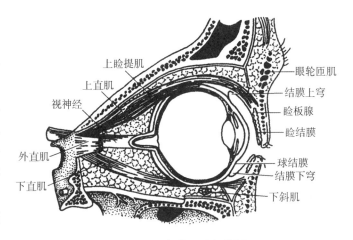

图 9-5　右眼眶（矢状面）

（二）结膜

结膜为一层薄而光滑透明、富有血管的黏膜，覆盖在眼球的前面和眼睑的后面（图9-5）。其中衬贴在眼睑内面的部分称为睑结膜；覆盖于巩膜前面的部分称为球结膜，两者之间相互移行，分别形成结膜上穹和结膜下穹。当上、下睑闭合时，睑结膜和球结膜围成的囊状腔隙，称为结膜囊，此囊通过睑裂与外界相通。

（三）泪器

泪器由泪腺和泪道组成（图9-6）。

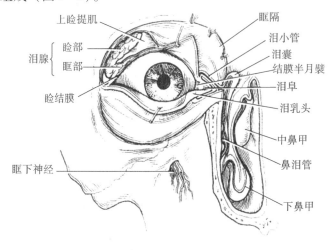

图9-6　泪器

1. 泪腺　位于眶上壁前外侧部的泪腺窝内，有10～20条排泄管开口于结膜上穹的外侧部。泪腺具有分泌泪液的功能，泪液有防止角膜干燥、冲洗结膜囊内的异物和抑制细菌生长的作用。

2. 泪道　包括泪点、泪小管、泪囊和鼻泪管等结构。泪点有上泪点和下泪点，分别位于上、下睑缘的内侧端，泪点是泪小管的入口。泪小管为连接泪点与泪囊的小管，分为上泪小管和下泪小管，共同开口于泪囊。泪囊位于眶内侧壁前部的泪囊窝内，为一膜性的盲囊，上端为盲端，下部移行为鼻泪管。鼻泪管为膜性管道，上部包埋在骨性鼻泪管中，下部开口于下鼻道。

（四）眼球外肌

眼球外肌（图9-7）分布在眼球周围，属于骨骼肌，包括上直肌、下直肌、内直肌、外直肌、上斜肌、下斜肌和上睑提肌等，共有7块。上睑提肌起自视神经管前上方的眶壁，止于上睑的皮肤、上睑板，该肌收缩可上提上睑，开大眼裂。

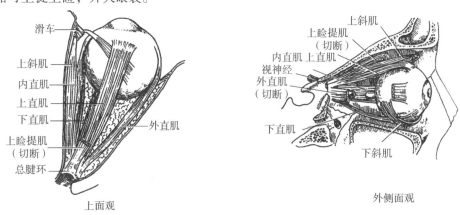

图9-7　眼球外肌

运动眼球的各肌共同起自视神经管周围和眶上裂内侧的总腱环，分别止于巩膜的上、下、内侧和外侧。上直肌位于眼球上方，上睑提肌下方，该肌收缩可使瞳孔转向上内方。内直肌位于眼球的内侧，该肌收缩可使瞳孔转向内侧。下直肌在眼球下方，该肌收缩可使瞳孔转向下内方。外直肌位于眼球外侧，该肌收缩可使瞳孔转向外侧。上斜肌位于内直肌和上直肌之间，起于总腱环，其腱通过附于眶内侧壁前上方的滑车，在上直肌下方向后外止于巩膜，该肌收缩可使瞳孔转向下外方。下斜肌位于眶下壁与下直肌之间，起自眶下壁的内侧份近前缘处，斜向后外，止于眼球下面，该肌收缩可使瞳孔转向上外方。

三、眼的血管

（一）眼的动脉

眼动脉是营养眼球的主要动脉，当颈内动脉穿出海绵窦后，在前床突内侧发出眼动脉。眼动脉在视神经下方经视神经管入眶，在行程中发出分支分布于眼球、眼球外肌、泪腺和眼睑。眼动脉最重要的分支为视网膜中央动脉，该动脉自眼球后方入视神经，经视神经盘处穿出，分为视网膜鼻侧上、下小动脉和颞侧上、下小动脉4条分支，营养视网膜各层结构（图9-8）。

（二）眼的静脉

眼球内的静脉主要有：①视网膜中央静脉，与同名动脉伴行，收集视网膜的静脉血。②涡静脉，不与动脉伴行，收集虹膜、睫状体和脉络膜的静脉血。③睫前静脉，收集眼球前份的虹膜等处的静脉血。这些静脉以及眶内其他静脉，最后汇入眼上、下静脉。

眼球外的静脉主要有眼上静脉和眼下静脉。眼上静脉起自

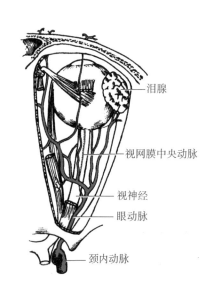

图9-8 眼的动脉

（图中标注：泪腺、视网膜中央动脉、视神经、眼动脉、颈内动脉）

眶内上角，向后经眶上裂注入海绵窦。眼下静脉收集附近眼肌、泪囊和眼睑的静脉血，行向后分别注入眼上静脉和汇入翼静脉丛。眼的静脉无瓣膜，向前经内眦静脉与面静脉相交通，向后主要注入颅内的海绵窦，故面部感染可经眼静脉侵入海绵窦引起颅内感染。

四、眼的神经

分布到眼的神经来源较多。视神经传导视觉冲动；动眼神经支配上睑提肌、上直肌、内直肌、下直肌和下斜肌；滑车神经支配上斜肌；展神经支配外直肌；动眼神经内的副交感神经纤维支配瞳孔括约肌和睫状肌；颈交感神经支配瞳孔开大肌。来自三叉神经的眼支管理眼球、眼睑、泪腺等部位的感觉。

💡 **素质提升**

中国眼科先驱——谢立信院士

谢立信，中国工程院院士，一级教授、主任医师、博士生导师。谢立信教授主要从事眼科角膜病、白内障的应用基础研究和临床诊治，特别在角膜内皮细胞应用理论、感染性角膜病、白内障手术技术改进和眼内植入缓释药物等方面做出了突出贡献，是我国角膜病专业的领军者，白内障超声乳化微创手术的开拓者，中国眼库建设的主要创始人之一。

第二节　前庭蜗器

前庭蜗器又称耳，包括前庭器和听器，按部位分为外耳、中耳和内耳三部分（图9-9）。外耳和中耳是收集和传导声波的结构，听觉感受器和位觉感受器位于内耳。

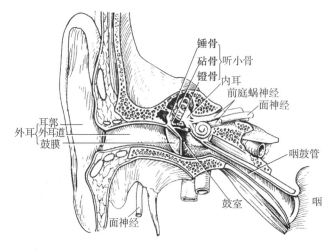

图9-9　前庭蜗器

一、外耳

外耳包括耳郭、外耳道和鼓膜三部分。

（一）耳郭

耳郭主要由弹性软骨和结缔组织构成，表面覆盖皮肤，皮下组织少但血管神经丰富。耳郭外侧面中部有一孔，称为外耳门，外耳门前方的突起称为耳屏。耳郭下1/3部称为耳垂，耳垂内仅含结缔组织和脂肪，有丰富的血管神经，是临床常用的采血部位（图9-9）。

（二）外耳道

外耳道是从外耳门至鼓膜之间的弯曲管道（图9-9），成人长2.0~2.5cm，可分为外侧1/3的软骨部和内侧2/3的骨部。外耳道约呈"S"状弯曲，由外向内，先斜向后上，后斜向前下。检查外耳道和鼓膜时，由于外耳道软骨部可被牵动，将耳郭向后上方牵拉，可使外耳道变直。因婴儿的外耳道短而直，鼓膜近于水平位，检查时须拉耳郭向后下方。

外耳道表面覆以皮肤，皮下组织少，皮肤内含有丰富的感觉神经末梢、毛囊、皮脂腺和耵聍腺。皮肤与软骨膜和骨膜结合紧密，不易移动，当发生外耳道皮肤疖肿时疼痛剧烈。耵聍腺可分泌一种黏稠的液体，称为耵聍，具有保护作用。

（三）鼓膜

鼓膜为位于外耳道与鼓室之间的椭圆形半透明薄膜，与外耳道底略呈45°的倾斜角，婴幼儿鼓膜倾斜较大，几乎呈水平位（图9-10）。鼓膜周缘较厚，中心向内凹陷，称为鼓膜脐。鼓膜上1/4为松弛部，此部薄而松弛，在活体呈淡红色。鼓膜下3/4为紧张部，坚实而紧张，在活体呈灰白色，该部前下方有一三角形的反光区，称为光锥（图9-10），中耳的一些疾病可引起光锥改变或消失。

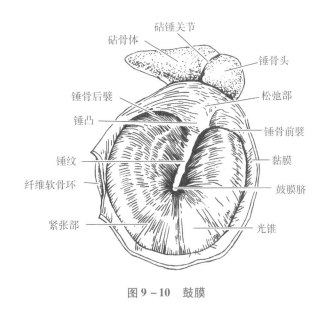

图 9 – 10　鼓膜

二、中耳

中耳包括鼓室、咽鼓管、乳突窦和乳突小房。

（一）鼓室

鼓室（图 9 – 11，图 9 – 12）是颞骨岩部内含气的不规则小腔，在鼓膜与内耳外侧壁之间。鼓室有 6 个壁，在鼓室内有听小骨、韧带、肌、血管和神经等结构。鼓室内面和听小骨表面均衬有黏膜，并与咽鼓管和乳突小房等处的黏膜相延续。

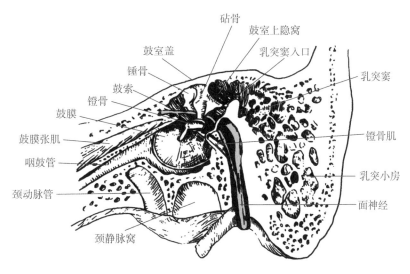

图 9 – 11　鼓室外侧壁

1. 鼓室的壁

（1）外侧壁　称为鼓膜壁，由鼓膜构成（图 9 – 11）。

（2）内侧壁　称为迷路壁，即内耳的外则壁。壁中部圆形隆起的部分，称为岬。岬的后上方有一卵圆形小孔，称为前庭窗，通向前庭，由镫骨底及其周缘的韧带将前庭窗封闭。岬的后下方有一圆形小孔，称蜗窗，被第二鼓膜封闭。在前庭窗后上方有一弓形隆起，称面神经管凸，内有面神经通过（图 9 – 12）。

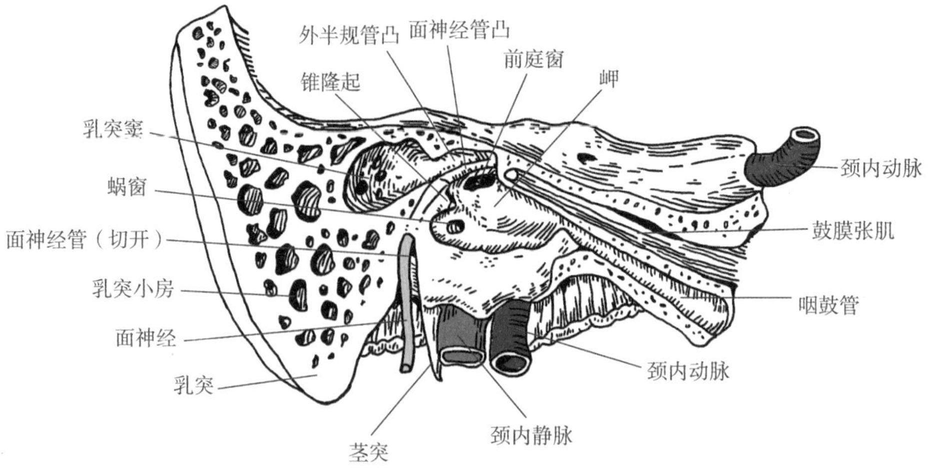

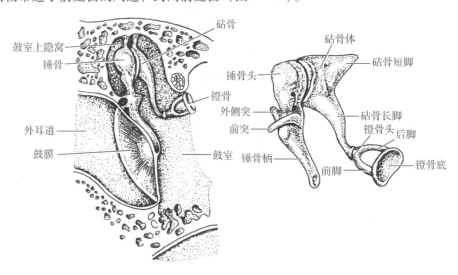

外半规管凸　面神经管凸
锥隆起　　　前庭窗
岬
乳突窦
颈内动脉
蜗窗
鼓膜张肌
面神经管（切开）
咽鼓管
乳突小房
面神经
颈内动脉
乳突
颈内静脉
茎突

图 9 - 12　鼓室内侧壁

（3）上壁　称为盖壁，由颞骨岩部前外侧面的鼓室盖构成，分隔鼓室与颅中窝，此壁较薄，因此鼓室的炎症可由此蔓延至颅内。

（4）下壁　称为颈静脉壁，为一薄层骨板，此壁将鼓室与颈静脉起始部分隔。

（5）前壁　称为颈动脉壁，即颈动脉管的后壁。此壁甚薄，借骨板分隔鼓室与颈内动脉。前壁上部有咽鼓管鼓室口。

（6）后壁　称为乳突壁，上部有乳突窦入口，鼓室借乳突窦向后通入乳突内的乳突小房。乳突窦入口的下方有一骨性突起，称为锥隆起，内有镫骨肌。

2. 听小骨和听小骨链

（1）听小骨　位于鼓室，有3块，由外侧向内侧依次为锤骨、砧骨和镫骨。锤骨呈锤状，锤骨柄附于鼓膜脐，其上端有鼓膜张肌附着；砧骨形如砧，与锤骨和镫骨构成砧锤关节和砧镫关节；镫骨形似马镫，镫骨底借韧带连于前庭窗的周边，封闭前庭窗（图 9 - 13）。

鼓室上隐窝　　　砧骨
　　　　　　　　砧骨体
锤骨　　　　　　砧骨短脚
　　　　　锤骨头
　　　　　镫骨
　　　　外侧突　砧骨长脚
外耳道　　前突　镫骨头　后脚
鼓膜　　　　　　　前脚
　　　　　　鼓室
　　　　锤骨柄　　镫骨底

图 9 - 13　听小骨

（2）听小骨链　锤骨、砧骨和镫骨在鼓膜与前庭窗之间以关节和韧带连结构成听小骨链，组成杠杆系统。当声波冲击鼓膜时，听小骨链相继运动，使镫骨底在前庭窗做向内或向外的运动，将声波的振动传至内耳。当炎症引起听小骨粘连、韧带硬化时，听小骨链的活动受到限制，可使听觉减弱。

（二）咽鼓管

咽鼓管（图 9 – 9）是连通鼻咽与鼓室之间的管道，成人长约 3.5cm。其作用是使鼓室的气压与外界的大气压相等，以保持鼓膜内、外的压力平衡。咽鼓管可分前内侧 2/3 的软骨部和后外侧 1/3 的骨部。咽鼓管软骨部向前内侧开口于鼻咽侧壁的咽鼓管咽口，咽鼓管骨部向后外侧开口于鼓室前壁的咽鼓管鼓室口。咽鼓管咽口和软骨部平时处于关闭状态，当吞咽或呵欠时可暂时开放。由于小儿咽鼓管短而宽，接近水平位，故咽部感染易经此管侵入鼓室，引起中耳炎。

（三）乳突小房和乳突窦

乳突小房是颞骨乳突内许多大小不等、形态不一、相互连通的含气小腔。乳突窦是乳突小房与鼓室之间的腔隙，向前开口于鼓室后壁的上部，向后下与乳突小房相通。乳突小房和乳突窦的壁都覆盖着黏膜，并与鼓室的黏膜相续，故中耳炎症可经乳突窦侵犯乳突小房而引起乳突炎。

三、内耳

内耳又称迷路，位于颞骨岩部的骨质内（图 9 – 14），在鼓室内侧壁与内耳道底之间，其形状不规则，构造复杂，可分为骨迷路和膜迷路。骨迷路是颞骨岩部骨质所围成的不规则腔隙，膜迷路位于骨迷路内的膜性管腔或囊。膜迷路内充满内淋巴，膜迷路与骨迷路之间充满外淋巴。内、外淋巴互不相通。

（一）骨迷路

骨迷路是由互相连通的骨半规管、前庭和耳蜗组成（图 9 – 15）。

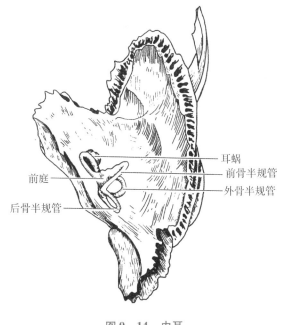

图 9 – 14　内耳

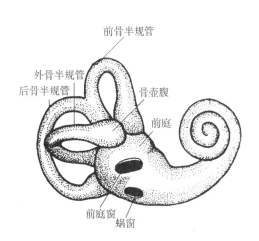

图 9 – 15　骨迷路

1. 骨半规管　为 3 个半环形的骨性小管，互相垂直，按位置分为前骨半规管、外骨半规管和后骨半规管。每个骨半规管都有 2 个骨脚与前庭相连，其中 1 个骨脚膨大称壶腹骨脚，膨大部分称骨壶腹，另一骨脚细小称单骨脚。前、后半规管单骨脚合成一个总骨脚，因此 3 个骨半规管共有 5 个口与前庭相通。

2. 前庭　为一不规则的近似椭圆形的腔隙，是骨迷路的中间部分，内有膜迷路的椭圆囊和球囊（图9 – 15）。前庭前部较窄，有一孔与耳蜗相通；后上部较宽，有 5 个小孔与 3 个骨半规管相通。前庭的外侧壁即鼓室的内侧壁部分，有前庭窗和蜗窗；前庭的内侧壁即内耳道的底，有神经通过。

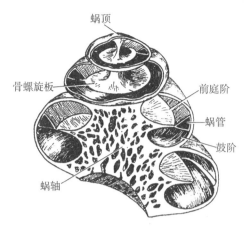

图 9 - 16　耳蜗纵切面

3. 耳蜗　形如蜗牛壳，位于前庭的前方（图 9 - 16）。其尖朝向前外侧，称为蜗顶，底朝向后内侧，称为蜗底。耳蜗由蜗轴和蜗螺旋管构成。蜗轴为耳蜗的中央骨质，由蜗顶至蜗底，呈圆锥形，由蜗轴伸出骨螺旋板。蜗螺旋管是由骨质围成的小管，环绕蜗轴旋转两圈半，其管腔在蜗底较大，与前庭相通，至蜗顶管腔逐渐变细，以盲端止于蜗顶。蜗轴向蜗螺旋管内伸出的骨板，称为骨螺旋板，此板未达蜗螺旋管的外侧壁，其空缺处由蜗管填补封闭。故蜗螺旋管管腔分为近蜗顶侧的前庭阶，中间是膜性的蜗管和近蜗底侧的鼓阶三个部分。前庭阶起自前庭窗，鼓阶在蜗螺旋管起始处的外侧壁上有蜗窗，为第二鼓膜所封闭，与鼓室相隔。前庭阶和鼓阶内均含外淋巴，在蜗顶处借蜗孔彼此相通。

（二）膜迷路

膜迷路（图 9 - 17）由膜半规管、椭圆囊、球囊和蜗管组成，它们之间相连通，其内充满着内淋巴。

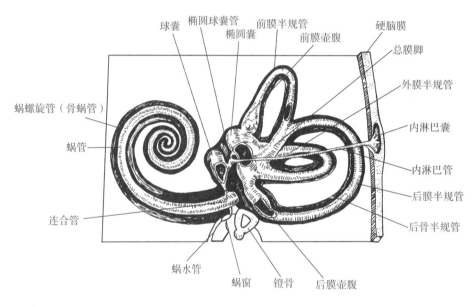

图 9 - 17　膜迷路

1. 膜半规管　是位于同名骨半规管内的 3 个呈半环形的膜性小管，其形态与骨半规管相似。在各骨壶腹内的各膜半规管也有相应呈球形膨大的膜壶腹，其壁内面有隆起的壶腹嵴，是位觉感受器，能感受头部变速旋转运动的刺激。

2. 椭圆囊和球囊　位于骨迷路的前庭，后上为椭圆囊，前下为球囊，两者之间连有椭圆球囊管。在椭圆囊的后壁上有 5 个开口，与 3 个膜半规管连通，球囊下端有连合管与蜗管相连。在椭圆囊上端的底部和前壁上有感觉上皮，称椭圆囊斑，在球囊内的前上壁，也有感觉上皮，称球囊斑。球囊斑和椭圆囊斑都是位觉感受器，感受头部静止的位置及直线变速运动引起的刺激。

3. 蜗管　是位于蜗螺旋管内的膜性小管，蜗管也盘绕蜗轴两圈半，其前庭端借连合管与球囊相连通，顶端为细小的盲端，终于蜗顶。蜗管的横断面呈三角形，分为上壁、外侧壁和下壁。其上壁为蜗管前庭壁，也称前庭膜，分隔前庭阶和蜗管；外侧壁为蜗螺旋管内表面骨膜的增厚部分，有丰富的血管和结缔组织；下壁为蜗管鼓壁，又称螺旋膜或基底膜，与鼓阶相隔，在螺旋膜上有螺旋器（又称 Corti 器），是听觉感受器，能感受声波刺激（图 9-16）。

（三）声波的传导

声波传入内耳的感受器有两条途径，一是空气传导，二是骨传导。正常情况下以空气传导为主。

1. 空气传导 声波经耳郭和外耳道传至鼓膜，引起鼓膜振动，再经听骨链传至前庭窗，使得前庭阶和鼓阶的外淋巴波动，继而引起蜗管内的内淋巴波动，刺激基底膜上的螺旋器并产生神经冲动，经蜗神经传入中枢，产生听觉。

2. 骨传导 是指声波经颅骨传入内耳的过程。声波的冲击和鼓膜的振动可经颅骨和骨迷路传入，使耳蜗内的淋巴波动，刺激基底膜上的螺旋器产生神经冲动。

> 💡 **素质提升**
>
> #### 中国耳鼻咽喉先驱——王正敏院士
>
> 王正敏耳鼻咽喉-头颈外科学家，中国科学院院士，中国医学科学院学部委员，复旦大学附属眼耳鼻喉科医院耳鼻咽喉-头颈外科教授，卫生部听觉医学重点实验室主任。长期从事听觉医学和耳神经-颅底显微外科的研究，是我国此领域的主要开拓者和国际颅底外科学会创始人之一。组织并主持国产人工耳蜗的研制。创建了卫生部听觉医学重点实验室。在保护和重建神经功能的耳外科、颅底神经血管区显微外科、自主创新的人工耳蜗和内耳细胞损伤修复机制等方面做出了突出贡献，使聋残人复聪率和耳神经-颅底疾病治愈率得到明显提高，使我国在该领域位居国际先进行列并培养了一批优秀科技人才。

第三节 皮 肤

皮肤被覆于体表，柔软而富有弹性，是人体面积最大的器官。全身各处皮肤的厚薄不等，手掌、足底和背部的皮肤最厚，而腹部、头部和肢体屈侧的皮肤较薄。皮肤由表皮和真皮构成，其深面主要为疏松结缔组织构成的皮下组织，即浅筋膜。浅筋膜将皮肤和深部组织连接起来，其内有丰富的血管、淋巴管、浅淋巴结等（图 9-18）。毛、指（趾）甲、皮脂腺、汗腺为皮肤的附属器。皮肤具有保护、排泄、吸收、感受刺激、调节体温及参与物质代谢等功能。

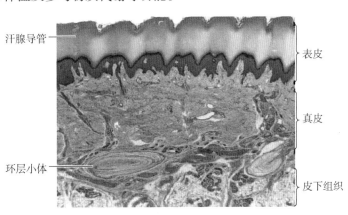

图 9-18 手掌皮肤光镜像

一、皮肤的结构

皮肤分为表皮和真皮两部分。

（一）表皮

表皮是皮肤的浅层，为角化的复层扁平上皮，无血管分布。根据上皮细胞的分化程度和结构特点，表皮从基底到表面可分为基底层、棘层、颗粒层、透明层和角质层（图9-19）。

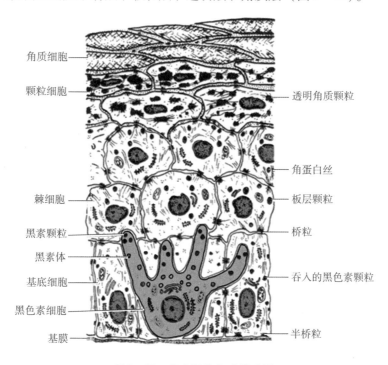

图 9-19 表皮细胞组成模式图

1. 基底层 是表皮的最深层，附着于基膜上，为一层矮柱状细胞。基底层细胞具有较强的分裂增殖能力，可不断产生新细胞，并向浅部推移，逐渐分化成表皮的各层细胞，故基底层又称为生发层。

2. 棘层 由4~10层多边形、体积较大的细胞构成。细胞表面有许多短小的棘状突起。

3. 颗粒层 由3~5层梭形细胞构成。细胞质内有许多形状不规则、强嗜碱性的透明角质颗粒。细胞核与细胞器渐趋退化。

4. 透明层 由2~3层扁平细胞构成。细胞界限不清，细胞核和细胞器已消失，细胞质呈均质透明状，强嗜酸性。

5. 角质层 位于表皮最浅层，由多层扁平的角质细胞构成。角质细胞变得干硬，已无细胞核和细胞器，细胞质内含有嗜酸性的角蛋白。其浅层细胞连接松散，脱落后形成皮屑。角质层是皮肤重要的保护层，对酸、碱、摩擦等多种刺激有较强的抵抗能力，并有阻止病原体侵入和防止体内组织液丢失的作用。

（二）真皮

真皮是位于表皮深面的致密结缔组织，分为乳头层和网织层。

1. 乳头层 紧邻表皮的基底层，结缔组织呈乳头状突向表皮形成真皮乳头，可扩大表皮与真皮的接触面积。乳头层内含丰富的毛细血管和感受器，如游离神经末梢、触觉小体等。

2. 网织层 为乳头层深面较厚的致密结缔组织，与乳头层之间无明显界限，内有粗大的胶原纤维束交织成网，并有许多弹性纤维夹杂其间，使皮肤具有较大的弹性和韧性。网织层内含有较大血管、淋巴管和神经，以及毛囊、皮脂腺、汗腺和环层小体等。

真皮的深面为皮下组织，又称浅筋膜，主要由疏松结缔组织和脂肪组织构成，将皮肤与深部组织相连，使皮肤具有一定的活动性。皮下组织具有保持体温和缓冲机械压力的作用。

二、皮肤的附属器

皮肤的附属器包括毛、皮脂腺、汗腺和指（趾）甲等（图9-20）。

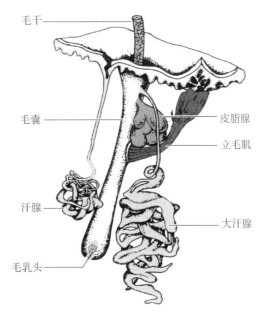

图 9-20 皮肤附属器模式图

（一）毛

毛分为毛干、毛根和毛球三部分。毛干是露于皮肤外面的部分；毛根埋在皮肤内，周围包有由上皮组织和结缔组织构成的毛囊；毛球是毛根和毛囊下端融合形成的膨大小体，毛球内的细胞有较强的分裂增殖能力，是毛的生长点。毛球底部凹陷，结缔组织深入其内为毛乳头。毛乳头对毛的生长起营养和诱导作用。毛囊一侧有斜行的平滑肌束，连接毛囊和真皮，称为立毛肌。立毛肌受交感神经支配，遇冷或感情冲动时，可使毛发竖立，皮肤出现"鸡皮疙瘩"。

（二）皮脂腺

皮脂腺位于毛囊与立毛肌之间，其导管开口于毛囊上部。皮脂腺的分泌物即皮脂，有润泽皮肤和毛的作用。

（三）汗腺

汗腺遍布于全身大部分皮肤，以手掌、足底为最多，为弯曲的单管状腺。其分泌部位于真皮深层和皮下组织中，盘曲成团。汗腺分泌的汗液，经导管排到皮肤的表面，具有湿润皮肤、调节体温、排除代谢产物和离子等作用。

此外，位于腋窝、乳晕、会阴等处皮肤内的汗腺称为大汗腺，其分泌物浓稠呈乳状。大汗腺分泌过盛并且分泌物被细菌分解后，可产生特殊的气味，称为狐臭。

（四）指（趾）甲

指（趾）甲位于手指、足趾远端的背面，由表皮角质层增厚形成。其露于体表的部分称为甲体；埋于皮肤内的部分称为甲根；甲体周缘的皮肤皱襞称为甲襞；甲体与甲襞之间的沟称为甲沟。甲根深部的上皮为甲母质，是甲的生长点，拔甲时应注意保护。

答案解析

目标检测

一、单项选择题

1. 眼球壁的中膜中最肥厚的部分是（　　）

　　A. 虹膜　　　　　　　　B. 睫状体　　　　　　　　C. 脉络膜前部

　　D. 脉络膜后部　　　　　E. 以上都不是

2. 视网膜（　　）

　　A. 仅贴于脉络膜内面

　　B. 由视锥和视杆细胞、双极细胞和节细胞三层构成

　　C. 全层均有感光功能

　　D. 紧邻眼球壁内腔的是视锥、视杆细胞层

　　E. 以上都不对

3. 下列结构中无屈光作用的是（　　）

　　A. 玻璃体　　　　　　　B. 角膜　　　　　　　　　C. 房水

　　D. 虹膜　　　　　　　　E. 以上都不是

4. 虹膜（　　）

　　A. 分泌房水　　　　　　　　　　　B. 是中膜的中间部分

　　C. 内含瞳孔开大肌，为副交感神经支配　　D. 为脉络膜的一部分

　　E. 颜色因人种而异

5. 勾通眼球前、后房的结构是（　　）

　　A. 虹膜角膜角　　　　　　B. 巩膜静脉窦　　　　　　C. 泪点

　　D. 瞳孔　　　　　　　　　E. 眼静脉

6. 下列关于鼓室壁的描述，错误的是（　　）

　　A. 上壁为鼓室盖，分隔鼓室与颅中窝

　　B. 下壁为颈静脉壁，将鼓室和颈内静脉起始部隔开

　　C. 前壁为颈动脉壁，壁上方有咽鼓管的开口

　　D. 后壁为乳突壁

　　E. 外侧壁迷路壁

7. 声波从外耳道传至内耳，其传导的正确途径是（　　）

　　A. 鼓膜→锤骨→砧骨→镫骨→蜗窗　　　B. 鼓膜→钻骨→锤骨→前庭窗

　　C. 鼓膜→外耳道→中耳→耳蜗→内耳　　D. 鼓膜→锤骨→砧骨→镫骨→前庭窗

　　E. 鼓膜→锤骨→砧骨→镫骨→半规管

8. 鼓室的内侧壁为（　　）

　　A. 盖壁　　　　　　　　　B. 颈静脉壁　　　　　　　C. 颈动脉壁

　　D. 乳突壁　　　　　　　　E. 迷路壁

9. 厚表皮由深至浅的分层顺序是（　　）

　　A. 基底层、透明层、角质层、颗粒层、棘层

B. 基底层、棘层、颗粒层、透明层、角质层

C. 基底层、棘层、角质层、颗粒层、透明层

D. 棘层、基底层、颗粒层、透明层、角质层

E. 基底层、角质层、棘层、颗粒层、透明层

10. 下列关于毛发结构的描述，错误的是（　　）

A. 毛干和毛根由角化上皮细胞构成　　B. 毛发由毛干和毛根组成

C. 毛囊包在毛根周围　　D. 毛乳头内富含血管和神经

E. 毛根毛囊的下端膨大形成毛球

二、思考题

1. 简述眼球内容物的组成、位置及主要作用。

2. 简述泪液的产生与排出途径。

3. 什么是咽鼓管？幼儿上呼吸道感染时，为什么易并发中耳炎？

（李晓朋）

书网融合……

本章小结

微课

题库

PPT

第十章　内分泌系统

学习目标

1. 通过本章学习，重点掌握内分泌系统的组成及功能；垂体的位置、形态和分部；甲状腺的位置和形态；肾上腺的位置和形态。

2. 学会观察辨认各主要内分泌器官的形态结构，具有应用内分泌系统结构知识分析内分泌系统相关疾病的能力，具有关心尊重患者的意识、良好的职业素质以及人际沟通能力。

≫ 情境导入

情景描述　患者，男，40岁。因视力逐渐下降入院。查体：面部皮肤粗糙，毛孔粗大，额纹深厚，颧骨突出，肢端肥大，视野缺损，视力下降；辅助检查：垂体激素＋蝶鞍区 MRI。诊断为生长激素型垂体腺瘤，治疗方案：鼻内镜手术＋激素治疗。

讨论　1. 该患者术后为什么需要激素治疗？
　　　　2. 该患者术前、术后的护理要点是什么？

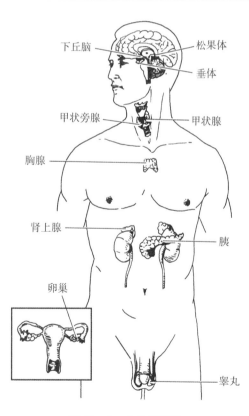

图 10-1　内分泌系统

内分泌系统（endocrine system）包括内分泌器官和内分泌组织两部分。内分泌器官即内分泌腺，是肉眼可见的、由内分泌细胞所组成的独立性器官，主要包括垂体、甲状腺、甲状旁腺、肾上腺和松果体等。内分泌组织则是散在的，为分布在其他器官或组织中的内分泌细胞团块，如胰腺中的胰岛、睾丸内的间质细胞和卵巢中的卵泡等（图 10-1）。

内分泌腺与外分泌腺的区别之一是有无导管，内分泌腺无导管，分泌的生物活性物质称为激素（hormone）。激素的特点是直接释放入血，随血液循环到达全身各部，发挥生物学效应，如调节人体的新陈代谢、生长发育和生殖功能等。接受激素信息的器官、组织或细胞分别被称为靶器官、靶组织或靶细胞。除了无导管这一特点，内分泌腺还具有以下特征：①腺细胞排列呈索条状、团块状或囊泡状；②腺细胞间有丰富的毛细血管和毛细淋巴管；③年龄因素显著影响器官的结构和功能状态。

内分泌系统在结构和功能上与神经系统存在着紧密的联系。神经系统直接或间接调控几乎所有的内分泌腺和内分泌组织的功能活动，而内分泌系统也反过来影响神经系统的活动。比如神经系统可以调控甲状腺合成和分泌甲状腺激素，而甲状腺激素又能促进脑的发育和提高神经系统的兴奋性。此外，脑内的某些神经元也能分泌激素，如下丘脑的视上核和室旁核中的神经元能分泌抗利尿激素和缩宫素等。

对于人体主要的内分泌腺，本章只介绍垂体、甲状腺、甲状旁腺和肾上腺。

第一节　垂　体 🅔微课

一、垂体的形态和位置

垂体（hypophysis）色灰红，为椭圆形小体，重约 0.5g，不超过 1g，位于颅中窝蝶骨的垂体窝内，向上经漏斗连于下丘脑，前上方邻近视交叉，故垂体肿瘤可因压迫视交叉而导致视野缺损（图 10－2）。垂体是人体最复杂且最重要的内分泌腺，它不仅能分泌多种激素，还能通过分泌促激素调控其他内分泌腺。垂体由两部分构成，前部为腺垂体，包括远侧部、中间部和结节部；后部为神经垂体，包括神经部和漏斗两部分，漏斗由漏斗柄和正中隆起构成。

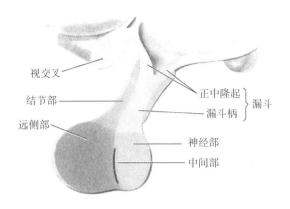

图 10－2　垂体的分部

二、垂体的微细结构

（一）腺垂体

腺垂体是垂体的主要部分，主要由腺细胞组成，腺细胞排列成团索状，细胞之间有丰富的血窦。HE 染色切片显示，依据腺细胞嗜色性的差异，可将其分为嗜酸性细胞、嗜碱性细胞和嫌色细胞三种（图 10－3）。

1. 嗜酸性细胞　细胞数量较多，胞体呈圆形或卵圆形，体积较大，胞质内含有许多粗大的嗜酸性颗粒。嗜酸性细胞可分泌两种激素。

（1）生长激素（GH）　其主要作用是促进骨骼的生长和蛋白质的合成。在幼年时期若生长激素分泌不足，可引起侏儒症；若分泌过多，可引发巨人症。成人时期分泌过量则引起肢端肥大症，此症以手大、指粗、鼻高、下颌突出等为临床表现。

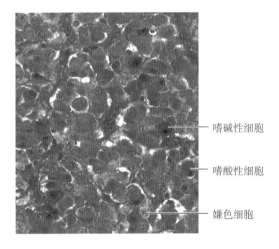

图 10－3　腺垂体高倍镜下观

（2）催乳素　可促进乳腺的发育和乳汁的分泌，在女性妊娠期和哺乳期，此激素分泌增多。

2. 嗜碱性细胞　细胞数量较少，胞体呈圆形或多边形，体积大小不等，胞质内含有嗜碱性颗粒。嗜碱性细胞可分泌三种激素。

（1）促甲状腺激素（TSH）　可促进甲状腺滤泡增生，加速甲状腺激素的合成和分泌。

（2）促性腺激素　包含两种激素：①卵泡刺激素（FSH），在女性可促进卵泡的发育，在男性可促进精子的发生；②黄体生成素（LH），在女性可促进排卵和黄体的形成，在男性又称为间质细胞刺激素，可刺激睾丸间质细胞分泌雄激素。

（3）促肾上腺皮质激素（ACTH）　主要促进肾上腺皮质束状带分泌糖皮质激素。

3. 嫌色细胞　数量为三者中最多，胞体呈圆形或多边形，体积较小，细胞界限不清。嫌色细胞既可能是脱颗粒的嗜酸性或嗜碱性细胞，也可能是处于形成嗜酸性或嗜碱性细胞的初级阶段。部分嫌色细胞对腺细胞有支持作用。

（二）神经垂体

神经垂体由无髓神经纤维和神经胶质细胞构成，向上直接与下丘脑相连。无髓神经纤维来自于下丘脑神经垂体束，由下丘脑视上核和室旁核的神经内分泌细胞的轴突组成。这些核团的神经内分泌细胞可分泌激素，主要为抗利尿激素和缩宫素，并经下丘脑垂体束运送到神经垂体储存与释放。神经垂体无内分泌功能，只是储存和释放下丘脑分泌的激素。

1. 抗利尿激素　由视上核的神经内分泌细胞合成，可增强肾远曲小管和集合管对水的重吸收，使尿量减少，故称为抗利尿激素（ADH）。同时此激素可使全身小动脉平滑肌收缩，血压升高，故又称为血管升压素。

2. 缩宫素　由室旁核的神经内分泌细胞合成，能促进妊娠子宫平滑肌的收缩，促进胎儿娩出，也可促进乳汁的分泌。

三、垂体门脉系统

下丘脑与垂体之间存在独特的血管网络，即垂体门脉系统（hypophyseal portal system）。垂体上动脉为颈内动脉的分支，先进入正中隆起处的初级毛细血管网，再汇集成数条垂体门微静脉经垂体柄下行进入腺垂体远侧部，分散为次级毛细血管网。局部形成的血管网络可直接实现下丘脑与腺垂体之间的双向沟通，经局部血流传递激素，而无需通过体循环。

下丘脑内的某些神经元能分泌多种调节腺垂体分泌功能的激素，我们将这些神经元胞体所在的下丘脑内侧基底部称为下丘脑的促垂体区。促垂体区的神经元轴突末梢与垂体门脉的初级毛细血管网相接，因此下丘脑分泌的激素可由此处直接释放入血，再经门脉血管到达腺垂体，进入次级毛细血管网，调节腺垂体中各激素的分泌。

四、下丘脑、垂体与内分泌腺的关系

下丘脑内的一些神经元能分泌激素，具有神经内分泌功能。下丘脑与神经垂体和腺垂体在结构和功能上有着非常密切的联系，可分为下丘脑-腺垂体系统和下丘脑-神经垂体系统。

下丘脑内侧基底部的促垂体区由小细胞肽能神经元构成，主要包括正中隆起、视交叉上核、室周核、腹内侧核和弓状核等部位。这些神经核团主要分泌下丘脑调节肽，经垂体门脉系统调节腺垂体的功能活动，组成下丘脑-腺垂体系统。

下丘脑的视上核、室旁核和灰白结节经神经纤维下行到神经垂体，形成下丘脑-神经垂体系统。神经垂体不合成激素，但它能储存下丘脑内分泌核团分泌的激素，当机体需要时，由神经垂体直接释放入血，发挥生物学效应。

目前已知的下丘脑调节肽有九种，其中促甲状腺激素释放激素（TRH）、促肾上腺皮质激素释放激素（CRH）和促性腺激素释放激素（GnRH）这三种激素可调节腺垂体对外周靶腺的作用，促进腺垂体分泌促激素，如TSH、ACTH、FSH和LH，它们特异性地作用于各自的靶腺（甲状腺、肾上腺皮质和性腺），促进靶腺分泌甲状腺激素、糖皮质激素和性激素。外周靶腺分泌的激素既可以直接对腺垂体起反馈作用（短反馈），也可以作用于下丘脑起到长反馈作用。下丘脑、腺垂体和内分泌腺之间形成人体内的腺轴，如下丘脑-腺垂体-甲状腺轴、下丘脑-腺垂体-肾上腺（皮质）轴和下丘脑-腺垂体-性腺轴。这些功能轴既是依次调节的，也可反馈调节，从而稳定血液中的激素水平。

第二节　甲状腺

一、甲状腺的形态和位置

甲状腺（thyroid gland）呈红棕色，质地柔软，略似"H"形，分为左、右两个侧叶，中间以甲状腺峡相连。峡部常有一向上延伸的锥状叶，长短不一（图10-4，图10-5）。甲状腺为人体最大的内分泌腺，其主要功能是促进机体的新陈代谢。甲状腺的大小差异很大，随年龄、季节和营养状态而有所不同，例如女性在月经期时腺体可能出现增大的情况。

甲状腺位于颈前部，左、右侧叶位于喉的下部和气管上部的两侧面，上端可达甲状软骨中部，下端至第6气管软骨环。甲状腺峡一般位于第2~4气管软骨环的前方，长者可达舌骨平面。甲状腺左、右侧叶的后外方与颈部血管相毗邻，内侧面与喉、气管、咽、食管、喉返神经等相关联或邻近，故当甲状腺肿大时，可压迫上述结构，出现呼吸、吞咽困难和声音嘶哑等症状。甲状腺借甲状腺悬韧带固定于喉软骨与气管软骨环之间，故吞咽时甲状腺可随喉上下移动。

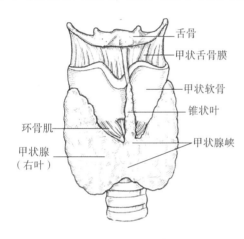

图10-4　甲状腺前面观

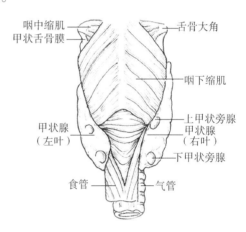

图10-5　甲状腺后面观

二、甲状腺的微细结构

甲状腺表面包有两层结缔组织构成的被膜，内层包裹甲状腺的表面，随血管和神经伸入腺实质内，将其分为许多大小不等的小叶，每个小叶内含20~40个甲状腺滤泡，构成甲状腺的实质。甲状腺的间质由滤泡间少量的结缔组织和丰富的毛细血管构成，内含有滤泡旁细胞（图10-6）。

（一）甲状腺滤泡

甲状腺滤泡是由单层的滤泡上皮细胞围成的泡状结构，中间为滤泡腔，大小不等，呈圆形或卵圆形。滤泡上皮细胞呈立方形，细胞核圆形，位于中央。滤泡腔内充满嗜酸性的胶质，为滤泡上皮细胞的分泌物，

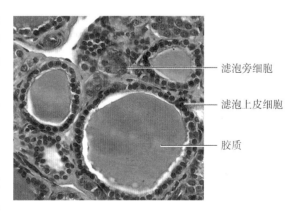

图10-6　甲状腺高倍镜下观

主要成分是碘化的甲状腺球蛋白，光镜下HE染色呈红色。

甲状腺滤泡上皮细胞能合成和分泌甲状腺激素,此激素能作用于机体的多种细胞。甲状腺激素的主要功能是促进机体新陈代谢,提高神经兴奋性。甲状腺激素对婴幼儿中枢神经系统和骨骼的发育尤为重要。在婴幼儿,如果出现各种因素引发的甲状腺激素分泌不足,可导致身材矮小,且伴有脑发育障碍,智力低下,称呆小症;甲状腺激素分泌增多,可导致甲状腺功能亢进症,简称甲亢,甲亢患者新陈代谢率增高、体重减少、心跳加速、神经过敏、脾气暴躁和眼球突出等症状,还可导致突眼性甲状腺肿。

(二)滤泡旁细胞

滤泡旁细胞又称降钙素细胞,位于甲状腺滤泡之间和滤泡上皮细胞之间,数量较少,体积较大。细胞呈卵圆形,细胞质着色较淡。滤泡旁细胞能分泌降钙素,此种多肽可促进成骨细胞的活动,促进骨盐沉积,并抑制胃肠道和肾小管对钙的吸收,从而使血钙降低。

 素质提升

甲状腺功能亢进的人文关怀

甲状腺功能亢进症(hyperthyroidism)简称甲亢,是指甲状腺腺体本身产生甲状腺激素过多而引起的甲状腺毒症,主要指因血液循环中甲状腺激素过多引起的以神经、循环、消化等系统兴奋性增高和代谢亢进为主要表现的一组临床综合征。目前公认本病的发病原因与自身免疫相关,临床表现主要是高代谢综合征、甲状腺肿和眼征。部分患者在疾病的早期临床症状不典型,有些患者的首发临床表现可能是脾气、性情的突然改变,比如平时温文如玉的人突然变得暴躁不安和容易激动。有时候这些表现很容易被忽略是由疾病造成的。身为医护工作者的我们平时更要多关心、关注、关爱身边的人,如果突然出现与平时不一样的行为方式时,要注意思考是不是出现了某些疾病。对于甲亢患者的护理工作也要注意包容患者的情绪。对于甲状腺手术前、术后患者的护理工作更要细心负责,比如术后患者出现呼吸困难、窒息、手足抽搐和甲状腺危象等并发症时要及时报告医生并参与抢救。

第三节 甲状旁腺

一、甲状旁腺的形态和位置

甲状旁腺是呈棕黄色的扁椭圆形小体,似黄豆大小。甲状旁腺一般有上、下两对,分别位于甲状腺左、右侧叶的后面,有时也会埋入甲状腺的实质内,故手术时寻找困难(图10-5)。

二、甲状旁腺的微细结构

甲状旁腺表面包有结缔组织构成的被膜,实质内腺细胞排列成索状或团状,间质内含有少量的结缔组织和丰富的毛细血管。甲状旁腺的腺细胞主要由主细胞和嗜酸性细胞构成。①主细胞:体积较小,呈圆形或多边形,核圆形,位于中央,HE染色显示胞质着色浅。主细胞数量较多,是甲状旁腺的主要腺细胞,功能为合成和分泌甲状旁腺素。甲状旁腺素的主要作用是调节体内钙和磷的代谢,可增强破骨细胞的活动,使骨盐溶解,并能促进胃肠道及肾小管对钙的吸收,从而使血钙升高。它与降钙素共同维持体内的血钙平衡。甲状旁腺素分泌不足时,可引起血钙浓度降低,使神经、肌组织的应激性增高,引发手足搐搦,甚至死亡;甲状旁腺素分泌功能亢进时,则引起骨质过度吸收,导致骨质疏松,因而容易发生骨折。②嗜酸性细胞：体积大于主细胞，数量较少，单个或成群分布在主细胞之间，呈多边形，核较小，HE 染色胞质着色深，可见细胞质内有许多嗜酸性颗粒，功能尚不清楚。

第四节　肾上腺

一、肾上腺的形态和位置

肾上腺呈淡黄色，质地柔软，左肾上腺近似半月形，右肾上腺呈三角形。肾上腺位于左、右肾上端的上内方，与肾共同包被于肾筋膜和脂肪囊内（图 10-7），为腹膜外位器官。肾上腺为实质性器官，表面包有一层结缔组织被膜，自外向内可分为外周的皮质和中央的髓质两部分。

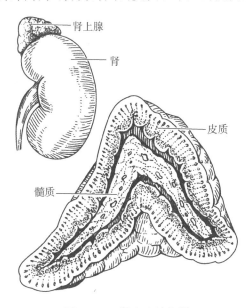

图 10-7　肾上腺的位置

二、肾上腺的功能

肾上腺皮质和髓质在形态发生、结构和功能上均不相同，为两个独立的内分泌腺体。肾上腺皮质主要分泌盐皮质激素、糖皮质激素和性激素，分别具有调节体内的水盐代谢平衡、调节糖和蛋白质的代谢以及维持第二性征等作用。

肾上腺髓质主要分泌两种儿茶酚胺类激素，即肾上腺素（epinephrine，E 或 adrenaline，Ad）和去甲肾上腺素（norepinephrine，NE 或 noradrenaline，NA）。肾上腺髓质受交感神经的节前纤维支配，在功能上与之组成交感神经-肾上腺髓质系统。机体在安静状态下，血中的儿茶酚胺类激素浓度非常低，几乎不参加机体代谢和功能的调节。当机体遇到特殊紧急情况时，如恐惧、创伤、焦虑、剧痛、失血、脱水、缺氧及剧烈运动等，此系统将马上被调动起来，肾上腺素与去甲肾上腺素的分泌量增多，机体会出现一系列的变化以适应应急情况，如：①提高中枢神经系统兴奋性，使机体反应更加灵敏；②呼吸频率增加，每分肺通气量增加；③心率加快，心肌收缩力增强，心输出量增多，血压升高，全身血液再分布，以保证重要器官的血液供应；④肝糖原分解增多，血糖升高，脂肪分解加速，以适应在应急情况下对能量的需要。因此，在紧急情况下通过交感神经-肾上腺髓质系统活动的加强所产生的适应性反应，称为应急反应。肾上腺素和去甲肾上腺素可提高机体对紧急变化的应变能力。

三、肾上腺的微细结构

（一）皮质

皮质位于肾上腺的周围部，根据细胞的排列形式不同，可将皮质由表及里分为球状带、束状带和网状带（图10-8）。

1. 球状带 较薄，位于皮质浅层，细胞排列成球状团块。细胞较小，多呈卵圆形，核小染色深，胞质内有少量脂滴。球状带的细胞分泌盐皮质激素，如醛固酮，可调节体内的钠、钾和水的平衡。

2. 束状带 最厚，位于球状带的内侧，细胞排列成单行或双行的细胞索。细胞较大，呈立方形或多边形，核大而圆、染色浅，胞质内有大量脂滴。束状带的细胞分泌糖皮质激素，其主要作用是调节糖和蛋白质的代谢，还具有抗炎、抗过敏的作用。

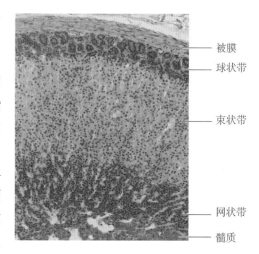

右侧标注（由上至下）：被膜、球状带、束状带、网状带、髓质

图10-8 肾上腺皮质

3. 网状带 最薄，位于皮质的最内层，细胞排列成条索状，细胞索彼此吻合成网。细胞较小，呈多边形，核小，染色较深，胞质嗜酸性，内有少量脂滴。网状带的细胞分泌性激素，以雄激素为主，还能分泌少量的雌激素。

（二）髓质

髓质位于肾上腺的中央部，主要由髓质细胞组成。髓质细胞排列成索状或团状，并相互吻合、交织成网，其间有窦状毛细血管。细胞体积较大，呈多边形，核圆，胞质内有许多容易被铬盐染成黄褐色的嗜铬颗粒，故髓质细胞又称为嗜铬细胞。髓质细胞分泌肾上腺素和去甲肾上腺素两种激素。肾上腺素可使心肌收缩力增强、心率加快，使心脏和骨骼肌的血管扩张；去甲肾上腺素会使小动脉平滑肌收缩，血压升高以及心、脑和骨骼肌内的血流加速。

目标检测

答案解析

一、单项选择题

1. 下列不属于内分泌器官的是（ ）

A. 甲状腺　　　　　　B. 肾上腺　　　　　　C. 腮腺

D. 胰岛　　　　　　　E. 松果体

2. 下列有关垂体的描述，正确的是（ ）

A. 是成对的器官　　　B. 借漏斗连于下丘脑　　C. 神经垂体可分泌激素

D. 腺垂体分泌缩宫素　E. 神经垂体分为远侧部和结节部

3. 下列有关甲状腺的描述，不正确的是（ ）

A. 位于颈前部　　　　　　　　　　B. 吞咽时可随喉软骨上下移动

C. 分为两个侧叶、锥状叶和甲状腺峡　D. 内含有大量甲状腺滤泡

E. 能分泌降钙素

4. 下列有关肾上腺位置的描述，正确的是（ ）

    A. 是腹膜间位器官　　　　　B. 位于肾脏后方　　　　　C. 可随肾游走

    D. 与肾共同包裹在肾筋膜内　　E. 与肾共同包裹在脂肪囊内

5. 下列有关甲状腺的描述，正确的是（ ）

    A. 位于胸部　　　　　　　　　　　B. 滤泡旁细胞分泌甲状腺激素

    C. 滤泡旁细胞只见于滤泡上皮细胞之间　　D. 可分泌促甲状腺激素

    E. 滤泡上皮细胞分泌甲状腺激素

6. 引发呆小症的原因是（ ）

    A. 儿童时期生长激素分泌不足　　　　B. 婴幼儿时期甲状腺激素分泌不足

    C. 儿童时期肾上腺素分泌不足　　　　D. 婴幼儿时期甲状旁腺素分泌不足

    E. 儿童时期盐皮质激素分泌不足

7. 饮食中缺碘可引起（ ）肿大

    A. 甲状旁腺　　　　　　　　B. 胰腺　　　　　　　　C. 垂体

    D. 甲状腺　　　　　　　　　E. 腮腺

8. 肾上腺皮质束状带分泌（ ）

    A. 盐皮质激素　　　　　　B. 糖皮质激素　　　　　　C. 肾上腺素

    D. 去甲肾上腺素　　　　　E. 催乳素

9. 巨人症是（ ）激素分泌过多导致的

    A. 糖皮质激素　　　　　　B. 肾上腺素　　　　　　C. 盐皮质激素

    D. 甲状腺素　　　　　　　E. 生长激素

10. 抗利尿激素从（ ）释放入血

    A. 下丘脑　　　　　　　　B. 端脑　　　　　　　　C. 腺垂体

    D. 神经垂体　　　　　　　E. 肾小管

二、思考题

患者，男，1.5 岁，身材较同龄人明显矮小，上身比下身长。患儿头大，前额小，发际线低。两眼间距宽，鼻梁低平，眼裂窄，张口伸舌。乳牙未长齐，食欲差，便秘。反应迟钝，表情淡漠，目前不会行走，肌肉松弛无力。嗜睡，少哭，不活泼。诊断：呆小症。

请问：1. 患者的智力是否正常，经过治疗后能否恢复？

     2. 甲状腺可分泌哪些激素？这些激素有什么作用？

（刘 然）

书网融合……

本章小结

微课

题库

第十一章 神经系统

学习目标

1. 通过本章学习，重点掌握神经系统的常用术语；脊髓的位置和外形；脑的分部；脑干的位置、组成、外形；小脑的位置和外形；间脑的位置、分部；大脑半球的外形和内部结构；脑、脊髓被膜的层次；脑脊液的产生及循环途径；颈内动脉系主要分支及分布；颈丛、臂丛、腰丛、骶丛的组成及主要分支的分布；胸神经前支的分布；动眼神经、三叉神经、面神经、舌咽神经、迷走神经、舌下神经的分布概况；交感神经和副交感神经的区别；躯干和四肢的本体觉传导通路；锥体系的传导通路及功能。

2. 学会观察辨认神经系统各部分的主要形态结构，具有准确使用神经系统结构知识指导护理脑梗死、脑出血、颅内感染、急性脊髓炎等疾病的能力，具有对神经系统疾病患者的同理心。

情境导入

情景描述 患者，男，78 岁。因受凉后晨起出现右侧肢体麻木、乏力，伴有言语不清、说话言语不连贯等症状。查体：右侧肢体偏瘫，右侧鼻唇沟变浅，呼气时面肌鼓起较显著并有漏气，伸舌时偏向左侧；右侧偏身感觉减退；右侧同向偏盲。诊断为脑出血。

讨论 1. 该患者脑出血位于哪侧大脑半球？

2. 该患者右侧肢体瘫痪，损伤了哪条神经传导通路？

第一节 概 述

一、神经系统的功能及活动方式

神经系统由中枢神经系统和周围神经系统构成，是机体内起主导作用的调节系统，通过反射调控各器官、系统的功能活动，使人体成为一个完整的有机体，维持人体内、外环境的平衡。

神经系统活动的基本方式是反射。反射是指神经系统对内、外环境的刺激做出适宜反应的过程；反射活动的结构基础是反射弧。反射弧包括：感受器→传入（感觉）神经→中枢→传出（运动）神经→效应器。反射弧任一部分损伤，反射即出现障碍。临床上常用检查反射的方法来诊断神经系统疾病。

二、神经系统的区分

神经系统（图 11 - 1）按其所在位置、形态和功能，分

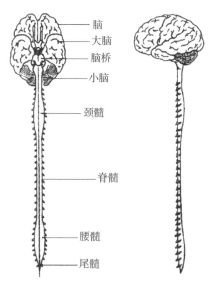

图 11 - 1 神经系统区分

脑
大脑
脑桥
小脑
颈髓
脊髓
腰髓
尾髓

为中枢神经系统和周围神经系统。中枢神经系统包括位于颅腔内的脑和位于椎管内的脊髓；周围神经系统包括与脑相连的 12 对脑神经和与脊髓相连的 31 对脊神经。周围神经系统根据分布部位不同，又可分为躯体神经和内脏神经。躯体神经分布于体表、骨、关节和骨骼肌；内脏神经分布于内脏、心血管和腺体。躯体神经和内脏神经均包含感觉神经和运动神经。感觉神经将神经冲动从感受器传向中枢，又称传入神经；运动神经将神经冲动从中枢传向周围的效应器，又称传出神经。内脏运动神经又称自主神经系统或植物神经，依其功能不同，又分为交感神经和副交感神经。

三、神经系统的常用术语

在神经系统中，由于神经元胞体和突起所在的部位不同而有不同的名称。

1. 灰质和白质 在中枢神经系统内，神经元的胞体和树突集聚的部位在新鲜标本上色泽灰暗，称灰质；大脑和小脑表面的灰质成层配布，称皮质；神经纤维集聚的部位，因神经纤维包有髓鞘而色泽白亮，称白质；大脑和小脑的白质位于皮质深部，称髓质。

2. 神经核和神经节 形态与功能相似的神经元胞体集聚成团或柱，在中枢神经系统内称神经核；在周围神经系统内称神经节。

3. 纤维束和神经 在中枢神经系统内，起止、行程与功能相同的神经纤维聚集成束，称纤维束；在周围神经系统内，若干神经纤维聚集成粗细不等的神经束，数个神经束被结缔组织包裹，称神经。

4. 网状结构 在中枢神经系统内，某些区域神经纤维交织成网状，其间有散在的神经元胞体或较小的核团，称网状结构。

第二节 中枢神经系统

PPT

一、脊髓

（一）脊髓的位置和外形

脊髓（spinal cord）位于椎管内，成人全长 42～45cm。上端在枕骨大孔处与延髓相续，下端在成人约平第 1 腰椎体下缘，新生儿可达第 3 腰椎下缘平面。

脊髓呈前后略扁的圆柱状，全长粗细不等，有两处膨大，即颈膨大和腰骶膨大。颈膨大位于第 4 颈节至第 1 胸节；腰骶膨大位于第 2 腰节至第 3 骶节。腰骶膨大以下逐渐变细，呈圆锥状，称脊髓圆锥，末端借终丝附于尾骨背面（图 11 - 2）。

脊髓表面有 6 条纵行的沟裂。前面正中的深沟，称前正中裂；后面正中的浅沟称后正中沟。前正中裂两侧有 1 对前外侧沟，后正中沟两侧有 1 对后外侧沟；前、后外侧沟内分别有脊神经前、后根出入。每条脊神经后根上有一膨大，称脊神经节。脊神经前、后根在椎间孔处合并成一条脊神经，从相应的椎间孔穿出。因椎管长于脊髓，脊神经根距相应椎间孔的距离自上而下逐渐增大，使脊神经根须在椎管内下行一段距离才达相应椎间孔；腰、骶、尾部神经根近乎垂直下行，在脊髓圆锥以下呈束状围绕终丝，形成马尾。成人第 1 腰椎体以下已无脊髓而只有马尾，故临床上常选择第 3、4 或第 4、5 腰椎棘突之间进行脊髓蛛网膜下腔穿刺抽取脑脊液或麻醉，以免损伤脊髓。

脊髓从外形上无明显节段性，通常把每 1 对脊神经前、后根所连的一段脊髓，称为 1 个脊髓节段。脊髓共有 31 个节段，即 8 个颈节（C）、12 个胸节（T）、5 个腰节（L）、5 个骶节（S）和 1 个尾节（Co）（图 11 - 3）。从胚胎第 4 个月开始，脊柱的生长速度快于脊髓，致使成人脊髓与脊柱的长度不相等，脊髓节段逐渐高于相应的椎骨。了解脊髓节段与椎骨的对应关系，对确定脊髓病变的部位和临床治疗有重要的实用价值。成人这种对应关系的大致推算方法见表11-1。

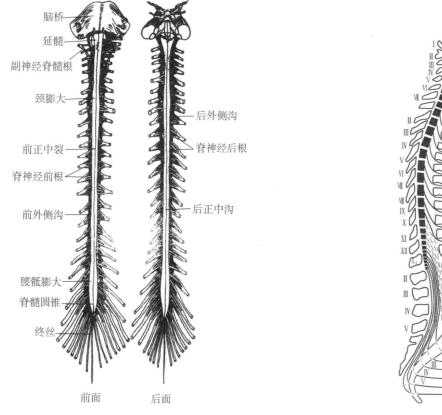

图11-2 脊髓的外形

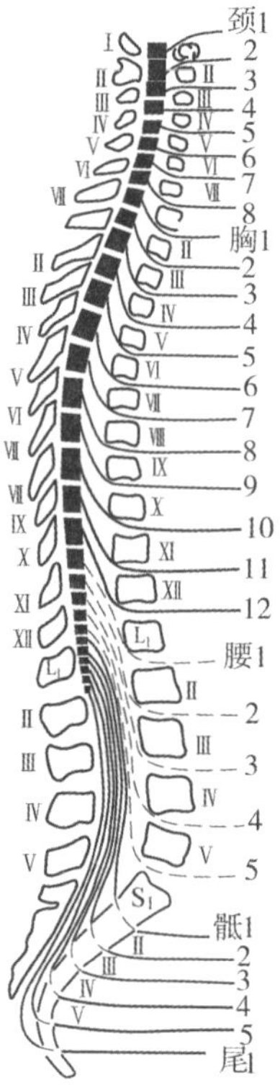

图11-3 脊髓节段与椎骨的对应关系

表11-1 脊髓节段与椎骨的对应关系

脊髓节段	对应椎骨	推算举例
上颈髓 $C_1 \sim C_4$	与同序数椎骨同高	如第3颈髓节对第3颈体
下颈髓 $C_5 \sim C_8$	较同序数椎骨高1个椎体	如第5颈髓节对第4颈体
上胸髓 $T_1 \sim T_4$	较同序数椎骨高1个椎体	如第3胸髓节对第2胸体
中胸髓 $T_5 \sim T_8$	较同序数椎骨高2个椎体	如第6胸髓节对第4胸体
下胸髓 $T_9 \sim T_{12}$	较同序数椎骨高3个椎体	如第11胸髓节对第8胸体
腰髓 $L_1 \sim L_5$	平对第10~12胸椎体	
骶、尾髓 $S_1 \sim S_5$、Co	平对第1腰椎体	

(二) 脊髓的内部结构

脊髓内部结构由灰质、白质和网状结构构成。

1. 灰质 主要由神经元的胞体和树突组成。形态和功能相似的神经元胞体聚集成群或成层，称为神经核或板层。脊髓灰质从后向前分为10个板层，分别用罗马数字 I ~ X 命名。

在脊髓中央有一纵贯全长的小管称中央管，内含脑脊液。中央管周围是"H"形的灰质（图11-4），向前部突出的部分称前角，向后部突出的部分称后角；前角和后角之间的区域称中间带。中央管前、后的灰质分别称灰质前连合和灰质后连合，连接两侧的灰质。

（1）前角 也称前柱，主要由运动神经元构成。前角运动神经元按位置分为内、外两群，内侧群支配躯干肌，外侧群支配四肢肌。前角运动神经元根据形态和功能分为大、小两型，大型细胞为 α 运动神经元，支配骨骼肌的运动；小型细胞为 γ 运动神经元，与调节肌张力有关。

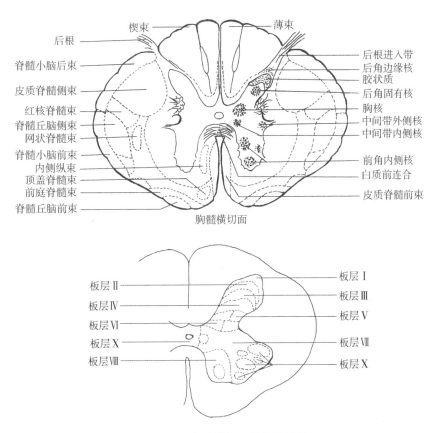

图 11 − 4　脊髓横切面及灰质板层

（2）后角　也称后柱，主要由中间神经元组成，接受后根的传入纤维。后角的神经元主要分4群核团：①后角边缘核，是后角尖端的薄层灰质，由较大型的神经元组成，接受后根的传入纤维；②胶状质，在后角边缘前方，由小型神经元组成，贯穿脊髓全长，主要完成脊髓节段间的联系；③后角固有核，位于胶状质前方，由大、中型神经元组成，发出的纤维上行到背侧丘脑；④胸核，又称背核，位于后角基部内侧，仅见于颈8至腰2脊髓节段，发出的纤维组成同侧的脊髓小脑后束。

（3）侧角　又称侧柱，由中、小型神经元组成，仅见于胸1至腰3脊髓节段中间带外侧，是交感神经的低级中枢。在脊髓骶2～4节段的侧角位置，由小型神经元组成核团，称骶副交感核，是副交感神经的低级中枢。

2. 白质　位于灰质周围，主要由上、下纵行传导的纤维束组成。每侧白质分为3个索，前正中裂与前外侧沟之间为前索；前、后外侧沟之间为外侧索；后外侧沟与后正中沟之间为后索。在灰质前连合的前方有纤维横越，称白质前连合；在灰质后角基底部外侧，灰、白质交织处有网状结构。

在白质内有上行、下行纤维束，上行纤维束传导感觉，称感觉传导束；下行纤维束传导运动，称运动传导束。此外，还有联系脊髓各节段的短距离纤维束，称固有束，完成节段内和节段间的反射活动（图 11 − 5）。

（1）上行纤维束

1）薄束和楔束　位于后索，薄束在内侧，楔束在外侧。薄束起自同侧第5胸节以下脊神经节细胞的中枢突；楔束起自同侧第4胸节以上脊神经节细胞的中枢突；经后根内侧进入脊髓，向上分别止于延髓内的薄束核和楔束核。薄束和楔束传导同侧躯干、四肢的本体感觉及精细触觉；当脊髓后索病变时，损伤节段以下同侧躯干、四肢的本体觉和精细触觉障碍。

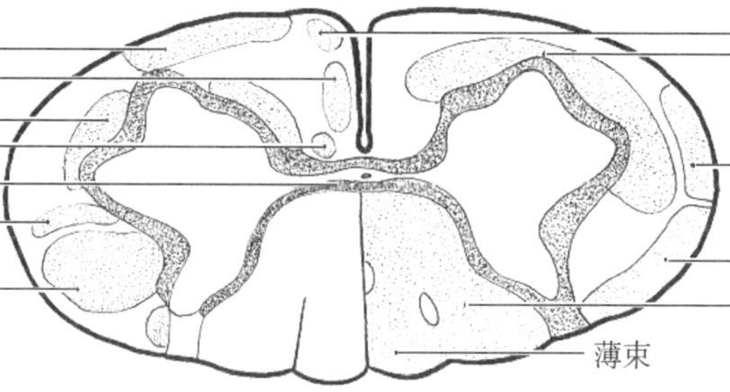

图 11 - 5　脊髓横切面上、下行传导束模式图

2）脊髓小脑束　位于外侧索，包括脊髓小脑前束和脊髓小脑后束。脊髓小脑前束起自对侧后角，脊髓小脑后束起自同侧的脊髓胸核，分别经小脑上、下脚终于小脑皮质。传导来自躯干下部和下肢的非意识性本体感觉冲动；两束损伤可引起下肢共济失调等。

3）脊髓丘脑束　起自后角边缘核和后角固有核，纤维大部分经白质前连合交叉到对侧，上升 1 ~ 2 个节段，在外侧索前半和前索内上行，终于背侧丘脑。交叉至对侧外侧索上行的纤维束，称脊髓丘脑侧束，传导对侧半躯干和四肢的痛觉和温度觉；交叉到对侧前索内上行的纤维束，称脊髓丘脑前束，传导对侧半躯干和四肢的粗略触觉和压觉。

（2）下行纤维束

1）皮质脊髓束　是脊髓内最大的下行传导束，其纤维起自大脑皮质的躯体运动区，下行经内囊和脑干，至延髓的锥体交叉处，大部分纤维交叉到对侧下行于脊髓外侧索后部，称皮质脊髓侧束，沿途发出纤维止于同侧脊髓灰质前角的运动神经元，支配四肢骨骼肌的随意运动。不交叉的小部分纤维入同侧脊髓前索内下行，称皮质脊髓前束，沿途发出纤维止于双侧前角运动神经元，支配双侧躯干肌的随意运动。

2）红核脊髓束　位于皮质脊髓侧束的腹侧，其功能主要是兴奋屈肌的运动神经元和抑制伸肌的运动神经元。

3）前庭脊髓束　位于前索内，其功能是兴奋伸肌的运动神经元和抑制屈肌的运动神经元。

（三）脊髓的功能

1. 传导功能　通过脊髓内的上、下行纤维束使机体周围部分与脑的各部联系起来。来自躯干、四肢和大部分内脏的感觉信息经上行纤维束将信息传递到脑，同时躯干、四肢和部分内脏活动又通过下行纤维束接受高级中枢的调控。

2. 反射功能　脊髓灰质内有多种反射中枢，如腱反射、牵张反射、排尿和排便反射中枢等。正常情况下，脊髓的反射活动始终受脑的控制。

二、脑

脑（brain）位于颅腔内，由端脑、间脑、小脑、中脑、脑桥和延髓 6 部分组成，其中，中脑、脑桥和延髓合称为脑干。成人脑的平均重量约为 1400g，是中枢神经系统最高级的部分。

（一）脑干

脑干（brain stem）自上而下为中脑、脑桥和延髓。延髓在枕骨大孔下接脊髓，中脑向上与间脑连接，脑干的背面与小脑相连。

1. 脑干的外形

（1）脑干腹侧面　延髓腹侧面有与脊髓相延续的前正中裂和前外侧沟，在前正中裂的两侧有一对纵行隆起，称锥体，内有锥体束。锥体下方有锥体交叉，其外侧上部呈卵圆形隆起，称橄榄，内有橄榄核。锥体与橄榄之间的前外侧沟中有舌下神经根附着。在橄榄后方，自上而下依次有舌咽神经根、迷走神经根和副神经根附着（图11-6）。

脑桥腹侧面膨隆称脑桥基底部，其正中纵行的浅沟称基底沟。沟的两侧较膨隆，向两侧变窄移行为小脑中脚，又称脑桥臂，在移行处有三叉神经根附着。脑桥和延髓交界处有延髓脑桥沟，沟内自内侧向外侧依次有展神经根、面神经根和前庭蜗神经根附着。

中脑腹侧面有一对粗大的纵行隆起，称大脑脚。两脚间的凹陷为脚间窝，窝底有动眼神经根附着。

（2）脑干背侧面 延髓背侧面的上部参与构成菱形窝，下部形似脊髓。在后正中沟外侧依次有薄束结节和楔束结节，其深面分别有薄束核和楔束核。楔束结节外上方的隆起为小脑下脚（图11-7）。

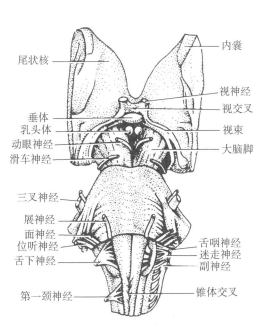

图11-6 脑干腹侧面

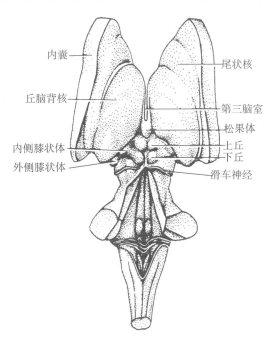

图11-7 脑干背侧面

脑桥背侧面参与构成菱形窝，两侧是小脑上脚和小脑中脚。两侧小脑上脚间的薄层白质称上髓帆。

菱形窝为第四脑室底，呈菱形，由延髓上半部和脑桥背侧面形成，窝中部有横行的髓纹，为脑桥和延髓背面的分界。窝正中有纵行的正中沟，沟两侧纵行隆起，称内侧隆起，其外侧有纵行的界沟。界沟外侧为三角形的前庭区，深面有前庭神经核。前庭区的外侧角有听结节，内含蜗神经核。紧靠髓纹上方内侧有一对圆形隆起，为面神经丘，深面有展神经核。髓纹下方有2个小三角形区域，位于下外侧的是迷走神经三角，内含迷走神经背核，位于上内侧的是舌下神经三角，内含舌下神经核。

中脑背侧面有2对圆形隆起，上方的1对称上丘，为视觉反射中枢；下方的1对称下丘，为听觉反射中枢。在下丘的下方有滑车神经根附着。在中脑内部有一贯穿中脑全长的纵行管道，称中脑水管。

（3）第四脑室 位于延髓、脑桥和小脑之间的腔室。底为菱形窝，小脑上脚和上髓帆组成顶的前上部，下髓帆和第四脑室脉络组织构成顶的后下部。第四脑室向上经中脑水管通第三脑室，向下通脊髓中央管，并借顶部的正中孔和2个外侧孔与蛛网膜下腔的小脑延髓池相通（图11-8）。

2. 脑干的内部结构 较复杂，主要由灰质、白质及网状结构组成。由于延髓中央管在背侧敞开形成菱形窝，使灰质由腹、背方向排列改为内、外侧方向排列；神经纤维的贯穿及左、右交叉，使灰质柱断裂形成神经核，这些核团包括脑神经核和非脑神经核。

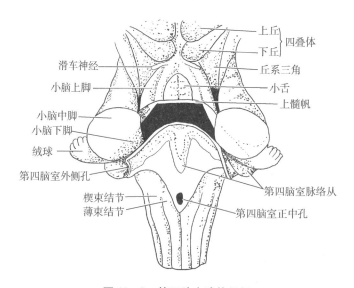

图 11－8　第四脑室脉络组织

（1）灰质

1）脑神经核　第Ⅲ～Ⅻ对脑神经的核团均位于脑干内，按其功能分为躯体运动核、内脏运动核、内脏感觉核和躯体感觉核4类（图 11－9）。①躯体运动核：共8对，动眼神经核、滑车神经核和展神经核支配眼球外肌；三叉神经运动核支配咀嚼肌；面神经核支配面肌；疑核支配咽喉肌；副神经核支配胸锁乳突肌和斜方肌；舌下神经核支配舌肌。②躯体感觉核：共5对，位于内脏感觉核的腹外侧，接受头面部的躯体感觉。三叉神经中脑核接受咀嚼肌、面肌和眼球外肌的本体感觉冲动；三叉神经脑桥核接受头面部触、压觉冲动；三叉神经脊束核接受头面部痛、温觉冲动；蜗神经核接受听觉纤维；前庭神经核接受平衡觉纤维。③内脏运动核：共4对，管理心肌、平滑肌和腺体的活动。动眼神经副核支配瞳孔括约肌和睫状肌；上泌涎核支配舌下腺、下颌下腺和泪腺分泌；下泌涎核支配腮腺分泌；迷走神经背核支配颈部、胸腔和腹腔大部分器官活动。④内脏感觉核：1对，即孤束核，位于界沟外侧，接受味觉纤维及一般内脏感觉纤维。

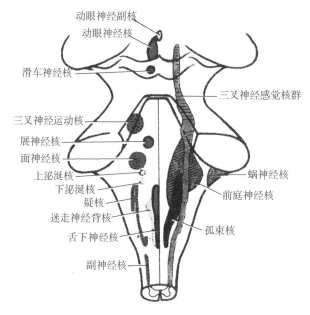

图 11－9　脑神经核在脑干背面的投影

2）非脑神经核　是脑干内上行或下行传导通路的中继核团，主要有薄束核、楔束核、脑桥核、红核、黑质、上丘和下丘等。①薄束核和楔束核：分别位于薄束结节和楔束结节的深面，是薄束和楔束的终止核，发出的纤维交叉后上行称为内侧丘系（图 11 - 10）。②红核：发出红核脊髓束，管理对侧半脊髓前角运动细胞。③黑质：含黑色素和多巴胺等神经递质，临床上因黑质病变，多巴胺减少，可引起震颤麻痹（图 11 - 11）。

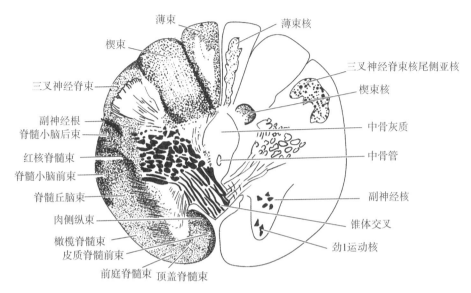

图 11 - 10　延髓横切面（经锥体交叉）

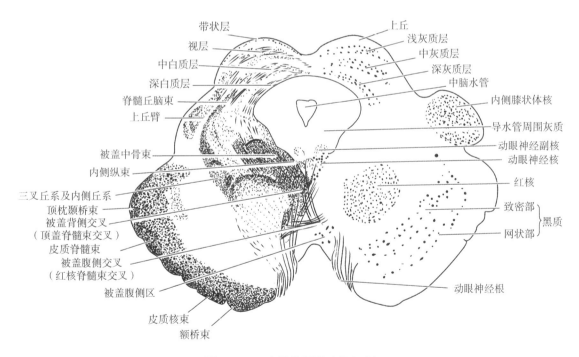

图 11 - 11　中脑横切面（经上丘）

（2）白质

1）上行纤维束　主要有 4 个丘系。①内侧丘系：由薄束核及楔束核发出的纤维，呈弓状绕过中央管腹侧，左、右交叉，称内侧丘系交叉。交叉后的纤维在中线两侧上行称为内侧丘系，传导对侧躯干及四肢的本体感觉和精细触觉的冲动。②脊髓丘系：脊髓丘脑束在脑干内上行，位于延髓外侧区、下橄榄核的背外侧；在脑桥和中脑，位于内侧丘系的背外侧，终于丘脑腹后外侧核，传导对侧躯干及四肢的痛温觉和粗触压觉。③三叉丘系：三叉神经周围支中传导头面部痛、温觉的纤维组成下行的三叉神经脊束，在相应的三叉神经脊束核换元后，发出的纤维交叉至对侧组成三叉丘系；传导头面部粗触觉和压觉的纤维在三叉神经脑桥核换元后，分别加入双侧的三叉丘系，行于内侧丘系的背外侧，终于背侧丘脑腹后内侧核，传导对侧头面部皮肤、牙及口鼻黏膜的痛温觉和双侧的触压觉（一般感觉）。④外侧丘系：由蜗神经核发出的纤维构成，主要终止于内侧膝状体，传导双侧听觉信息。

2）下行纤维束 主要有锥体束。锥体束包括皮质核束和皮质脊髓束，因其神经纤维主要起自大脑皮质的大型锥体细胞，故称为锥体束。锥体束下行经内囊、中脑的大脑脚底、脑桥基底部。皮质核束陆续终止于脑干8对躯体运动核。皮质脊髓束在延髓形成锥体，其中约3/4的纤维经锥体交叉，在脊髓外侧索下行，称皮质脊髓侧束；其余约1/4的纤维不交叉，在脊髓前索下行，称皮质脊髓前束。

（3）脑干网状结构 在脑干内除了脑神经核、非脑神经核以及上、下行纤维束以外，还存在范围广泛、界限不清的灰质和白质交错排列的脑干网状结构，是中枢神经系统的整合中心。脑干网状结构对调节躯体运动、维持大脑皮质的清醒和警觉、参与睡眠发生和抑制等有重要作用；许多重要内脏活动中枢也位于脑干网状结构内，这些中枢损伤可造成呼吸、心搏骤停而致猝死，故又称为生命中枢。

（二）小脑

小脑位于颅后窝，延髓和脑桥背侧，借上、中、下3对小脑脚分别与中脑、脑桥和延髓相连。小脑与脑干之间的腔隙为第四脑室。

1. 小脑的外形 小脑上面平坦，中间狭窄的部分称小脑蚓，两侧膨隆的部分称小脑半球。小脑下面近枕骨大孔处的膨出部分称小脑扁桃体（图11－12）。

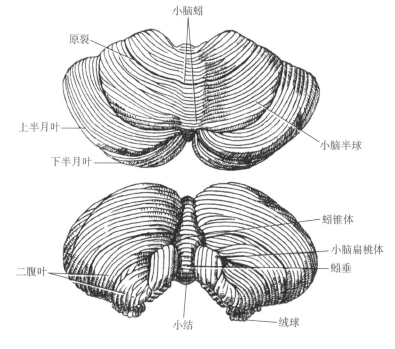

图11－12 小脑的外形

2. 小脑的内部结构 小脑表面的灰质称小脑皮质，小脑表面有许多大致平行的横沟，将小脑分成许多薄片，称为小脑叶片或小脑回。位于小脑皮质深面的白质称小脑髓质。位于小脑髓质中的灰质核团称小脑核。小脑核有4对，最大的齿状核，还有顶核、球状核、栓状核（图11－13）。

3. 小脑的功能 小脑是重要的躯体运动调节中枢，对维持身体平衡、调节肌张力及骨骼肌随意运动的协调起重要作用。小脑损伤可表现为步态蹒跚、肌张力降低、运动不协调等。

（三）间脑

间脑位于脑干与端脑之间。背面和两侧被大脑半球掩盖，腹侧部外露于脑底。间脑分为背侧丘脑、后丘脑、上丘脑、下丘脑和底丘脑 5 部分。间脑内呈矢状位的窄隙称第三脑室（图 11 - 14，图 11 - 15）。

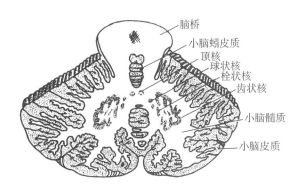

图 11 - 13　小脑的内部结构

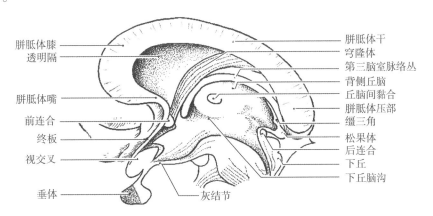

图 11 - 14　间脑正中矢状切面

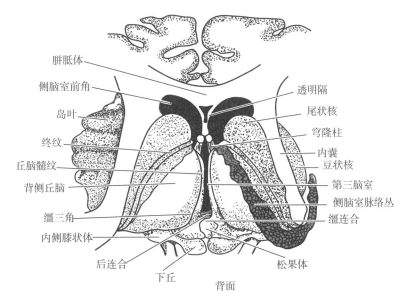

图 11 - 15　间脑的背侧面

1. 背侧丘脑 又称丘脑，为一对卵圆形的灰质团块，借丘脑间黏合相连，其前端突出部位称丘脑前结节，后端膨大称丘脑枕。背侧丘脑被"Y"字形内髓板分为前核群、内侧核群和外侧核群 3 部分。其中外侧核群又可分为背、腹两部分，腹侧部分由前向后分为腹前核、腹中间核和腹后核，腹后核又分为腹后内侧核和腹后外侧核。三叉丘系终止于丘脑腹后内侧核，内侧丘系和脊髓丘系终止于丘脑腹后外侧核（图 11 - 16）。

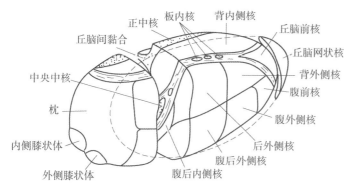

图 11 - 16 背侧丘脑核团模式图

2. 后丘脑 位于丘脑枕外下方，包括 1 对内侧膝状体和 1 对外侧膝状体。视束终止于外侧膝状体，发出的纤维形成视辐射，传导视觉冲动。内侧膝状体有外侧丘系终止，发出的纤维形成听辐射，传导听觉冲动。

3. 下丘脑 位于背侧丘脑下方，上方借下丘脑沟与背侧丘脑分界。包括视交叉、灰结节、漏斗、垂体、乳头体等。下丘脑的结构复杂，内有多个神经核群，重要的有视上核和室旁核。视上核位于视交叉的上方，分泌抗利尿激素；室旁核位于第三脑室的侧壁，分泌缩宫素。下丘脑是调节内脏活动和内分泌活动的皮质下中枢，对机体体温、摄食、生殖、内分泌活动和水、电解质平衡等进行广泛的调节，同时也对情绪反应活动和昼夜节律进行调节。

4. 第三脑室 为两侧背侧丘脑与下丘脑之间的矢状狭窄间隙，前部经室间孔与侧脑室相通，向后经中脑水管通第四脑室。

（四）端脑

端脑由左、右大脑半球借胼胝体相连而成。人类的大脑半球高度发达，覆盖于间脑、中脑和小脑上面。两侧半球之间的裂隙称大脑纵裂，大脑半球与小脑之间的间隙称大脑横裂。

1. 大脑半球的外形和分叶 大脑半球表面凹凸不平，凹陷处称大脑沟。沟与沟之间的隆起称大脑回。每侧大脑半球分为上外侧面、内侧面和下面（图 11 - 17）。

每侧大脑半球有 3 条恒定的大脑沟：中央沟起自半球上缘中点稍后方，在上外侧面斜向前下；顶枕沟位于半球内侧面后部，自前下向后上并稍转向上外侧面；外侧沟起自半球下面，转至背外侧面自前下斜向后上方。借此 3 条沟将每侧大脑半球分为 5 叶：中央沟之前、外侧沟以上为额叶，后方为顶叶，外侧沟以上、中央沟与顶枕沟之间为顶叶，顶枕沟以后为枕叶，外侧沟的下方为颞叶，藏在外侧沟深部的为岛叶。

 素质提升

中国解剖学的先驱——卢于道

卢于道（1906—1985 年），中国解剖学家，中国解剖学的先驱之一，编写了国内第一本《神经解剖学》中文教材。上世纪 30 年代，国外有些学者提出"黄种人是次等人种，中国人尤为低劣，其脑及智力亚于白人，更接近猿猴"的谬论。卢于道闻悉后非常气愤，他依据对中国人脑显微结构研究的科学论据，以及中国灿烂文化的史实，针锋相对地撰写了题为《中国人之大脑皮层》的论文，严正地驳斥了这种诬蔑中国人的谬论，把中国人脑的智力不亚于白种人的科学根据公之于世。

代表作：《神经解剖学》《自然辩证法》《西洋哲学史》《活的身体》《科学概念》《脑的进化》。

2. 大脑半球的重要的沟、回

（1）上外侧面　中央沟前方有与之平行的中央前沟，两沟之间为中央前回。在中央前沟前方，有近水平方向的额上沟和额下沟，将额叶分为额上回、额中回和额下回（图11－17）。在中央沟后方，有与之平行的中央后沟，两沟之间为中央后回，后方有一条与大脑半球上缘近似平行的顶内沟，将中央后沟后方的顶叶分为顶上小叶和顶下小叶。顶下小叶中，围绕外侧沟末端的为缘上回，围绕在颞上沟末端的为角回。在外侧沟下方，有与之平行的颞上沟和颞下沟，将颞叶分为颞上回、颞中回和颞下回。颞上回转入外侧沟内的大脑皮质区，有2~3条短而横行的脑回，称颞横回。

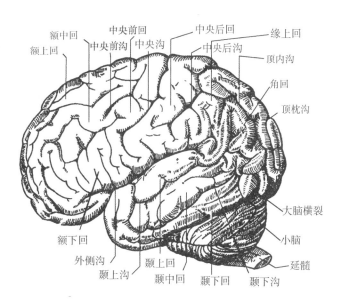

图11－17　大脑半球上外侧面

（2）内侧面　在间脑上方有联络左、右大脑半球的胼胝体（图11－18）。围绕在胼胝体背面的环行沟称胼胝体沟，其上方有与之平行的扣带沟，两沟之间的脑回称扣带回。中央前、后回自上外侧面延伸到内侧面的部分称中央旁小叶。在枕叶，还可见距状沟。

（3）下面　在额叶下面内侧有纵行的嗅束沟，内有嗅束，嗅束前端膨大为嗅球，与嗅神经相连；嗅束向后扩大为嗅三角。枕、颞叶下面自外侧向内侧，有与大脑半球下缘平行的枕颞沟和侧副沟，侧副沟的内侧为海马旁回，其前端弯曲，称钩（图11－18）。海马旁回的上内侧为海马沟，海马沟上方有

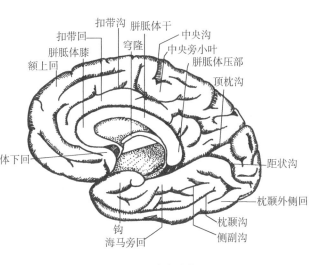

图11－18　大脑半球内侧面

呈锯齿状的窄条皮质，称齿状回。在齿状回外侧、侧脑室下角底壁上有一弓状隆起，称海马。海马和齿状回构成海马结构。

3. 大脑半球的内部结构　大脑半球表面的灰质称大脑皮质，深面的白质称大脑髓质，髓质内包埋有灰质团块，称基底核，大脑半球内的腔隙称侧脑室。

（1）大脑皮质功能定位　大脑皮质是神经系统的高级中枢，不同区域执行不同功能，这些具有一定功能的皮质区称为大脑皮质的功能定位。

1）第Ⅰ躯体运动中枢　位于中央前回和中央旁小叶的前部，管理对侧半身骨骼肌的随意运动。

2）第Ⅰ躯体感觉中枢　位于中央后回和中央旁小叶后部，接受丘脑腹后核传来的对侧半身的躯体感觉冲动。

3）视区　位于距状沟上、下方的枕叶皮质，一侧视觉中枢接受同侧视网膜颞侧半和对侧视网膜鼻侧半的视觉冲动。

4）听区　位于颞横回，每侧听觉中枢都接受来自两耳的听觉冲动。

5）语言中枢 运动性语言中枢（说话中枢）位于额下回后部，此中枢受损，患者能发音，却不能说出有意义的语言，称运动性失语症（图 11 – 19）。书写中枢位于额中回后部，此中枢受损，虽然手的运动功能仍然保存，但写字、绘图等精细动作不能完成，称失写症。听觉性语言中枢（听话中枢）位于颞上回后部，此中枢受损，患者能听到别人讲话，但不能理解讲话人的意思，自己讲的话也同样不能理解，答非所问，称感觉性失语症。视觉性语言中枢（阅读中枢）位于角回，此中枢受损，虽无视觉障碍，但不能理解文字符号的意义，称失读症。

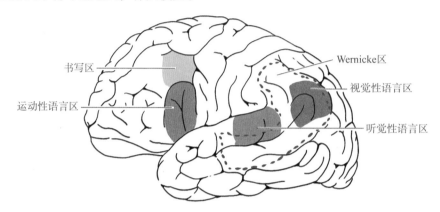

图 11 – 19 左侧大脑球的语言中枢

（2）基底核 埋藏在大脑髓质中的灰质团块，靠近脑底部，主要包括尾状核、豆状核、屏状核和杏仁体（图 11 – 20）。尾状核弯曲如弓状，围绕豆状核及背侧丘脑，与侧脑室相邻，分为头、体、尾 3 部分，尾部末端连接杏仁体。豆状核位于岛叶深面，借内囊与尾状核和背侧丘脑分开。豆状核被两个白质板分成 3 部分，内侧的两部分合称苍白球，外侧部最大，称壳。尾状核与豆状核合称纹状体。在种系发生上，苍白球较古老，称旧纹状体；尾状核和壳发生较晚，称新纹状体。纹状体是锥体外系的重要组成部分，在调节躯体运动中起重要作用。杏仁体位于侧脑室下角前端的上方、海马旁回钩的深面，属于边缘系统的皮质下中枢。其功能与内脏及内分泌活动的调节、情绪活动和学习记忆等有关。

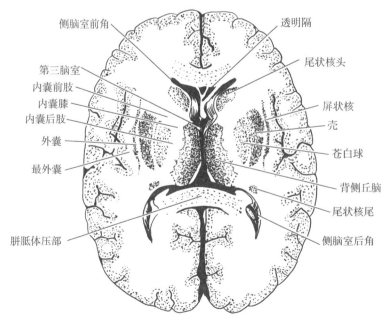

图 11 – 20 基底核、背侧丘脑和内囊

（3）大脑髓质　主要由联系皮质各部和皮质下结构的神经纤维组成，可分为联络纤维、连合纤维和投射纤维 3 种（图 11 -21，图 11 -22）。联络纤维为联系同侧大脑半球皮质的纤维；连合纤维为联系两侧大脑半球皮质的纤维，包括胼胝体、前连合和穹隆连合；投射纤维为联系大脑皮质和皮质下中枢的上、下行纤维，它们大部分经过内囊。

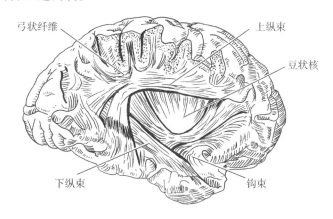

图 11 -21　大脑半球的联络纤维

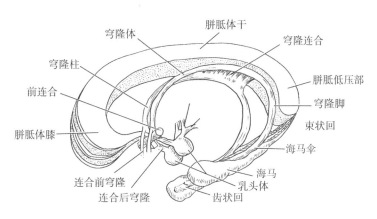

图 11 -22　大脑半球的连合纤维

内囊是位于背侧丘脑、尾状核和豆状核间的宽厚白质板。在大脑横切面上，左、右略呈"＞＜"形状（图 11 -23），其中位于尾状核与豆状核间的部分称内囊前肢，主要有额桥束和丘脑前辐射通过。位于丘脑与豆状核间的部分称内囊后肢，主要有皮质脊髓束、丘脑中央辐射、视辐射和听辐射等通过；前、后肢的结合部称内囊膝，主要有皮质核束通过。当一侧内囊损伤时，患者可出现对侧肢体偏瘫、对侧偏身感觉障碍和双眼对侧半视野同向性偏盲，即"三偏综合征"。

（4）侧脑室　是位于大脑半球内左右对称的腔隙，内含脑脊液，分中央部、前角、后角和下角 4 部分。左、右侧脑室分别经左、右室间孔与第三脑室相通。侧脑室内有脉络丛，是产生脑脊液的主要部位（图 11 -24）。

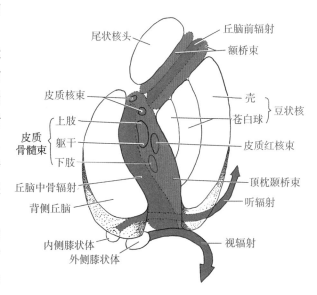

图 11 -23　内囊结构的模式图

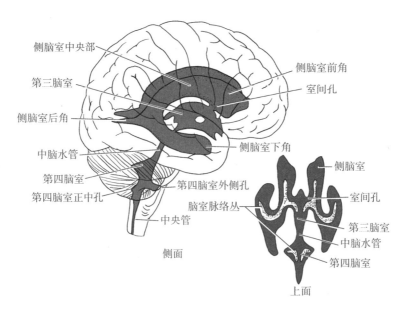

图 11 - 24　脑室投影图

三、脑和脊髓的被膜、血管及脑脊液循环

（一）脑和脊髓的被膜 📱微课1

脑和脊髓的表面被有 3 层被膜，由外向内依次为硬膜、蛛网膜和软膜。它们对脑和脊髓具有保护、营养和支持作用。

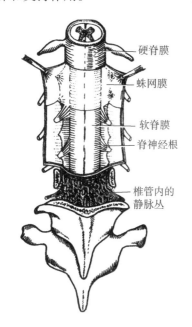

图 11 - 25　脊髓的被膜

2. 脑的被膜

1. 脊髓的被膜

（1）硬脊膜　上端附着于枕骨大孔边缘，与硬脑膜相延续；下端达第 2 骶椎水平包裹终丝；末端附于尾骨。硬脊膜与椎管内面骨膜之间的狭窄间隙称硬膜外隙，内含疏松结缔组织、脂肪、淋巴管、椎内静脉丛等，有脊神经根穿过。此隙略呈负压，不与颅腔相通。临床上进行硬膜外麻醉，就是将药物注入此隙，以阻滞脊神经根内的神经传导（图 11 - 25）。

（2）脊髓蛛网膜　位于硬脊膜与软脊膜之间，向上与脑蛛网膜相续。它与软脊膜间有宽阔的间隙，称蛛网膜下腔，该间隙向上与脑蛛网膜下腔相通，隙内充满脑脊液。蛛网膜下腔下部在马尾周围扩大，称终池。临床上常在第 3、4 或 4、5 腰椎间行腰椎穿刺，即将针刺入终池，可避免损伤脊髓。

（3）软脊膜　紧贴脊髓表面，在脊髓下端移行为终丝。软脊膜在脊髓两侧脊神经前、后根之间形成齿状韧带，其尖端附着于硬脊膜，有固定脊髓、防止震荡的作用。

（1）硬脑膜　为厚而坚韧的双层膜结构，硬脑膜的血管和神经行于两层之间。外层为颅骨内面的骨膜，与颅盖骨结合疏松，易剥离，当硬脑膜血管破裂时，易在颅骨与硬脑膜间形成硬膜外血肿。硬脑膜与颅底骨结合紧密，当颅底骨折时，易将硬脑膜和蛛网膜同时撕裂，使脑脊液外漏。在某些部位，硬脑膜内层向内折叠形成硬脑膜隔，主要如下（图 11 - 26）。

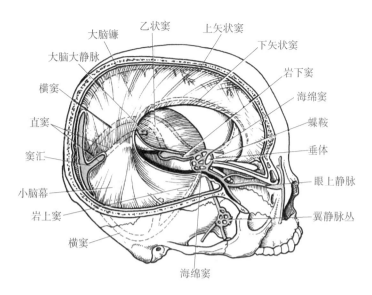

图 11 - 26　硬脑膜及硬脑膜窦

1）大脑镰　呈镰刀状伸入大脑纵裂，前端附着于鸡冠，后端连于小脑幕，下缘游离于胼胝体上方。

2）小脑幕　形似幕帐，位于大脑半球与小脑间，后缘附着于横窦沟，前外侧缘附于颞骨岩部上缘。前内侧缘游离凹陷形成小脑幕切迹，有中脑通过。当颅内压增高时，两侧海马旁回和钩可被挤压至小脑幕切迹下方，压迫大脑脚和动眼神经，形成小脑幕切迹疝。

硬脑膜某些部位两层分开，内面衬以内皮细胞，形成硬脑膜窦，窦内有静脉血，窦壁无平滑肌，不能收缩，故损伤出血难以止血。主要硬脑膜窦如下（图 11 - 26）。

1）上矢状窦　位于大脑镰上缘，自前向后注入窦汇。

2）下矢状窦　位于大脑镰下缘，向后汇入直窦。

3）直窦　位于大脑镰和小脑幕连接处，由大脑大静脉和下矢状窦汇合而成，向后在枕内隆凸处与上矢状窦汇合成窦汇。

4）横窦　左、右各一，起自窦汇，沿横窦沟向两侧走行，至颞骨岩部弯向下方移行为乙状窦。

5）乙状窦　左、右各一，位于乙状窦沟内，为横窦的直接延续，向前下续为颈内静脉。

6）海绵窦　位于蝶鞍两侧，为硬脑膜两层间的不规则腔隙，因形似海绵而得名（图 11 - 27）。窦腔内侧壁有颈内动脉和展神经通过，外侧壁自上而下有动眼神经、滑车神经、眼神经和上颌神经通过。

图 11 - 27　海绵窦

7）岩上窦和岩下窦　分别位于颞骨岩部上缘和后缘，将海绵窦的血液分别引入横窦、乙状窦或颈内静脉。

硬脑膜窦的血流方向归纳如图 11 - 28 所示。

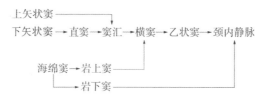

图 11 - 28　硬脑膜窦内血液流向

（2）脑蛛网膜　薄而透明，缺乏血管和神经。它与硬脑膜间为潜在的硬膜下隙；与软脑膜之间有许多结缔组织小梁相连，其间为蛛网膜下腔，内含脑脊液，向下与脊髓蛛网膜下腔相通。蛛网膜下腔在某些部位扩大，称蛛网膜下池，如小脑延髓池、脚间池、桥池和交叉池等。蛛网膜在上矢状窦附近呈颗粒状突入窦内，称蛛网膜粒；脑脊液由此渗入硬脑膜窦内，回流入静脉（图 11 - 29）。

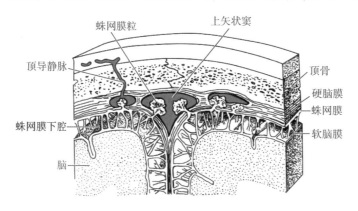

图 11 - 29　脑的被膜、蛛网膜粒和硬脑膜窦

（3）软脑膜　覆盖于脑的表面并伸入沟裂内，富含血管，对脑有营养作用。在脑室壁的某些部位，软脑膜及其血管与该部的室管膜上皮共同构成脉络组织。脉络组织的血管反复分支成丛，连同其表面的软脑膜和室管膜上皮一起突入脑室，形成脉络丛，可产生脑脊液。

（二）脑和脊髓的血管

1. 脑的血管

（1）脑的动脉　来源于颈内动脉和椎动脉（图 11 - 30）。颈内动脉供应大脑半球前 2/3 和部分间脑；椎动脉供应大脑半球后 1/3、间脑后部、小脑和脑干。二者都发出皮质支和中央支，皮质支营养大脑皮质及浅层髓质；中央支营养间脑、基底核及内囊等。

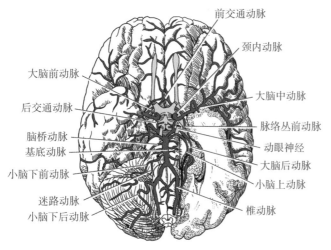

图 11 - 30　脑底的动脉

1）颈内动脉　起自颈总动脉，经颞骨岩部的颈动脉管入颅，向前穿海绵窦至视交叉外侧，分为大脑前动脉和大脑中动脉等分支。

①大脑前动脉：在视交叉上方进入大脑纵裂，沿胼胝体沟向后行并分支，借前交通动脉相连。皮质支分布于顶枕沟以前的半球内侧面、额叶底面和额、顶两叶上外侧面上部。中央支经前穿质入脑实质，供应尾状核、

豆状核前部及内囊前肢（图 11 - 31）。

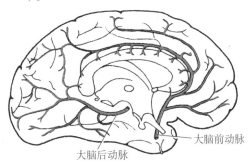

图 11 - 31　大脑半球的动脉（内侧面）

②大脑中动脉：位于大脑外侧沟内后行，沿途发出皮质支，分布于顶枕沟以前的大脑半球上外侧面大部和岛叶。起始处发出一些细小的中央支，又称豆纹动脉，垂直向上穿入脑实质，营养尾状核、豆状核、内囊膝和后肢的前部（图 11 - 32，图 11 - 33）。豆纹动脉行程呈 "S" 形弯曲，在动脉硬化和高血压时容易破裂，故又称 "出血动脉"。

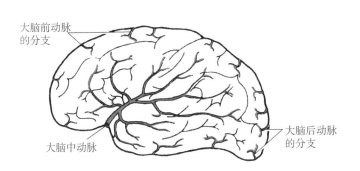

图 11 - 32　大脑半球的动脉（外侧面）

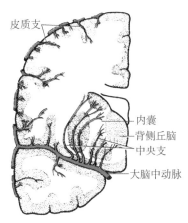

图 11 - 33　大脑中动脉的皮质支和中央支

③脉络丛前动脉：细长易栓塞。沿视束下面向后进入侧脑室下角，参与侧脑室脉络丛的形成，沿途发出分支供应纹状体和内囊。

④后交通动脉：在视束下面行向后，与大脑后动脉吻合，从而连接颈内动脉系与椎 - 基底动脉系。

2）椎动脉　起自锁骨下动脉，向上穿过第 6 ~ 1 颈椎横突孔，经枕骨大孔入颅，左、右椎动脉于脑桥下缘合为 1 条基底动脉，通常将这两段动脉合称椎 - 基底动脉。基底动脉沿基底沟上行，至脑桥上缘分为左、右大脑后动脉（图 11 - 31）。

大脑后动脉是基底动脉的终支，绕大脑脚向后，行向颞叶和枕叶内侧面。其皮质支分布于颞叶内侧面、底面及枕叶。中央支由起始部发出，供应背侧丘脑、内侧膝状体和下丘脑等处。

椎动脉还发出脊髓前、后动脉和小脑下后动脉，分布于脊髓、小脑下面的后部和延髓等处。基底动脉沿途发出小脑下前动脉、迷路动脉、脑桥动脉和小脑上动脉，分布于小脑下面的前部、内耳、脑桥和小脑上部等处。

3）大脑动脉环　也称 Willis 环，由两侧大脑前动脉起始段、两侧颈内动脉末段、两侧大脑后动脉借前、后交通动脉共同组成。位于脑底下方、蝶鞍上方，环绕视交叉、灰结节及乳头体周围。通过大脑动脉环的调节，可使血流重新分布和代偿，维持脑的血液供应（图 11 - 30）。

（2）脑的静脉　脑的静脉壁薄而无瓣膜，不与动脉伴行，可分为浅、深静脉。两组静脉均注入附近的硬脑膜窦，最终回流至颈内静脉（图 11 - 34）。

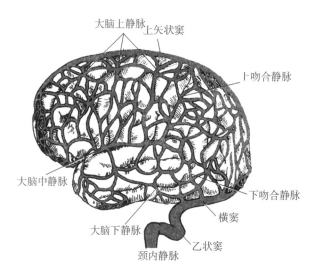

图 11 - 34　脑的静脉（浅组）

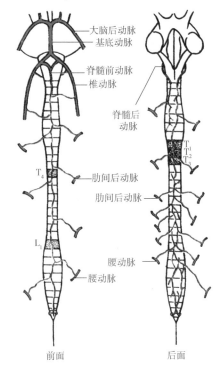

图 11 - 35　脊髓的动脉

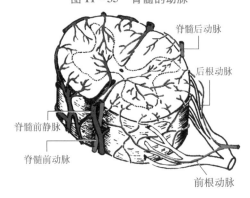

图 11 - 36　脊髓内部的动脉分布

2. 脊髓的血管

（1）脊髓的动脉　有两个来源，即椎动脉和节段性动脉（图 11 - 35）。椎动脉发出的脊髓前、后动脉在下行过程中不断接纳节段性动脉（主要由颈升动脉、肋间后动脉和腰动脉等发出）补充，以保障脊椎足够血供（图 11 - 36）。脊髓前动脉左、右各一，在延髓腹侧合成一干，沿脊髓前正中裂下行至脊髓末端。脊髓后动脉沿左、右后外侧沟下行至脊髓末端。

（2）脊髓的静脉　较动脉多而粗，脊髓内的小静脉汇集成脊髓前、后静脉，通过前、后根静脉注入硬膜外隙内的椎内静脉丛。

（三）脑脊液及其循环

　　脑脊液主要由脑室脉络丛产生，无色透明，充满脑室、蛛网膜下腔和脊髓中央管。对中枢神经系统起缓冲、保护、营养、运输代谢产物以及调节颅内压的作用。成人脑脊液总量约 150ml，侧脑室脉络丛产生的脑脊液经室间孔进入第三脑室，汇同第三脑室脉络丛产生的脑脊液，经中脑水管进入第四脑室，再汇同第四脑室脉络丛产生的脑脊液，经第四脑室正中孔和外侧孔流入蛛网膜下腔，最后经蛛网膜粒渗入上矢状窦回流入静脉（图 11 - 37）。如脑脊液的循环通路受阻，可引起颅内压增高和脑积水。

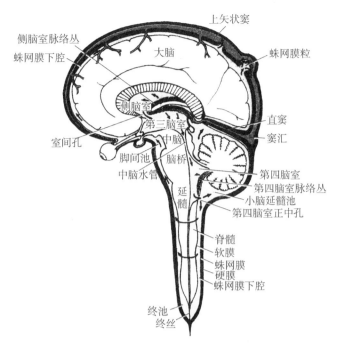

图 11-37 脑脊液循环模式图

PPT

第三节 周围神经系统

周围神经系统分为脊神经和脑神经。其中与脑相连的部分称脑神经，共 12 对，主要分布于头面部；与脊髓相连的称脊神经，共 31 对，主要分布于躯干和四肢。按分布的对象不同，可分为躯体神经和内脏神经，躯体神经分布于体表、骨、关节和骨骼肌，内脏神经分布于内脏、心血管和腺体。

一、脊神经

脊神经共 31 对，每对脊神经借前根和后根连于一个脊髓节段，包括颈神经 8 对、胸神经 12 对、腰神经 5 对、骶神经 5 对和尾神经 1 对。

脊神经含 4 种纤维成分。①躯体运动纤维：支配骨骼肌运动。②躯体感觉纤维：传导皮肤的浅感觉和肌、肌腱、关节的深感觉冲动。③内脏运动纤维：支配平滑肌、心肌和腺体的分泌。④内脏感觉纤维：传导内脏、心血管和腺体等结构的感觉冲动（图 11-38）。

脊神经出椎间孔后立即分为 4 支，即脊膜支、交通支、后支和前支。除胸神经前支保持原有的节段性分布外，其余各部前支分别交织成 4 个神经丛，即颈丛、臂丛、腰丛和骶丛，再由丛发出分支，分布于躯干前外侧、四肢的肌与皮肤。

（一）颈丛

1. 组成和位置 由第 1~4 颈神经前支组成，位于胸锁乳突肌上部的深面。

2. 主要分支 有皮质和肌支。皮支较粗大，主要有枕小神经、耳大神经、颈横神经和锁骨上神经，集中于胸锁乳突肌后缘中点附近浅出，呈辐射状分布于枕部、耳郭、颈部、肩部及胸壁上部的皮肤，其穿出点为颈部皮肤的阻滞麻醉点（图 11-39）。肌支主要是膈神经，为混合性神经。膈神经自颈丛发出后经锁骨下动脉、静脉之间进入胸腔，越过肺根前方，沿心包外侧面下降至膈。膈神经的运动纤维支配膈，感觉纤维分布于心包、胸膜和膈下面的部分腹膜，右膈神经的感觉纤维还分布到肝和胆囊。膈神经受刺激产生呃逆，当一侧膈神经麻痹可引起呼吸障碍（图 11-40）。

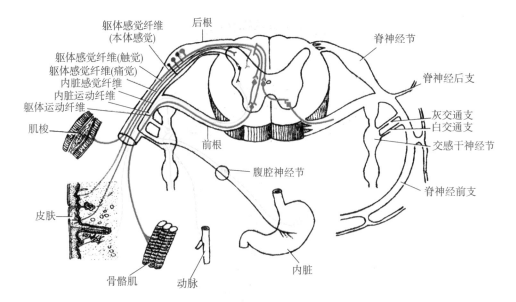

图 11 – 38　脊神经的组成和分布模式图

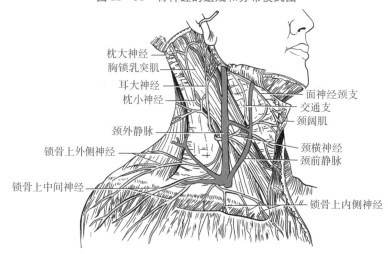

图 11 – 39　颈丛皮支

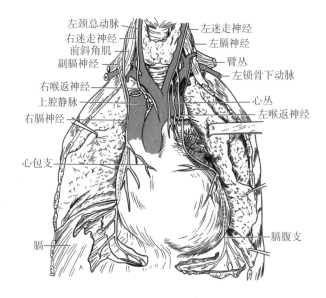

图 11 – 40　膈神经

（二）臂丛

1. 组成和位置 由第 5 ~ 8 颈神经前支和第 1 胸神经前支的大部分组成，经斜角肌间隙入腋窝（图 11 −41）。臂丛的神经根经反复分支、组合，最后围绕腋动脉排列形成内侧束、外侧束和后束，由束再发出分支。

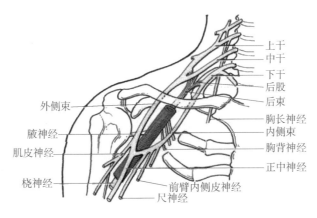

图 11 − 41 臂丛的组成

2. 主要分支

（1）胸长神经 沿前锯肌表面伴胸外侧动脉下行，支配前锯肌。此神经损伤可引起前锯肌瘫痪，出现"翼状肩"（图 11 −42）。

（2）腋神经 发自后束，伴旋肱后血管向后外穿四边孔，绕肱骨外科颈至三角肌深面，肌支支配三角肌和小圆肌，皮支分布于肩部皮肤等（图 11 −43）。

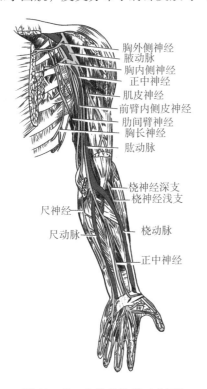

图 11 − 42 上肢的神经（前面）

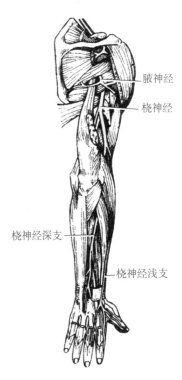

图 11 − 43 上肢的神经（后面）

（3）肌皮神经 发自外侧束，斜穿喙肱肌下行于肱二头肌与肱肌之间，沿途发出分支分布于上述肌肉。终支延续为前臂外侧皮神经，分布于前臂外侧部皮肤（图 11 −42）。

（4）正中神经　由来自内、外侧束的两根合成，伴肱动脉沿肱二头肌内侧沟下行至肘窝，继而于前臂正中下行，经腕管入手掌。正中神经在臂部无分支；在前臂发出肌支，支配除肱桡肌、尺侧腕屈肌和指深屈肌尺侧半以外的前臂肌屈肌和旋前肌等；在手部，发出肌支支配手肌外侧群（拇收肌除外）及中间群的小部分。皮支分布于手掌面桡侧大部分皮肤及桡侧 3 个半指的掌面及其中节和远节指骨背面的皮肤（图 11－42，图 11－44）。

（5）尺神经　发自内侧束，沿肱二头肌内侧沟下行，经肱骨尺神经沟转至前臂前内侧，与尺动脉伴行入手掌。在前臂发出肌支，支配尺侧腕屈肌和指深屈肌尺侧半；在手部，发出肌支支配手肌内侧群、中间群的大部分和拇收肌。皮支分布于手掌尺侧小部分及尺侧 1 个半指的皮肤、手背尺侧半及尺侧 2 个半指的皮肤（图 11－42，图 11－44）。

（6）桡神经　发自后束，行于腋动脉后方，伴肱深动脉沿桡神经沟向下外，在此发出肌支，支配肱三头肌和肱桡肌等，至肱骨外上髁前方分为浅支和深支。浅支分布于手背桡侧半及桡侧 2 个半指近节背面的皮肤；深支支配前臂肌后群（图 11－43，图 11－45）。

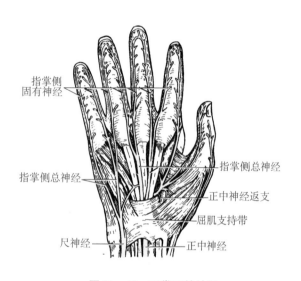

图 11－44　手掌面的神经

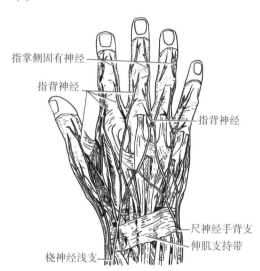

图 11－45　手背面的神经

正中神经、尺神经、桡神经损伤时，除相应的肌群瘫痪外，还可出现不同的病理手形（图 11－46）。

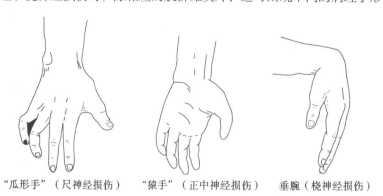

"爪形手"（尺神经损伤）　　"猿手"（正中神经损伤）　　垂腕（桡神经损伤）

图 11－46　正中神经、尺神经、绕神经损伤时的病理手形

（三）胸神经前支

胸神经前支共 12 对。第 1～11 对称肋间神经，位于相应的肋间隙中；第 12 对称肋下神经，位于第 12 肋下方。

胸神经前支在胸、腹壁皮肤有明显的节段性分布（图11-47），自上而下依次排列是：T_2 分布区相当于胸骨角平面，T_4 相当于乳头平面，T_6 相当于剑突平面，T_8 相当于肋弓平面，T_{10} 相当于脐平面，T_{12} 相当于脐与耻骨联合连接中点平面。临床上常以节段性分布区的感觉障碍，推断脊髓损伤平面或麻醉平面。

（四）腰丛

1. 组成和位置 由第12胸神经前支的一部分、第1~3腰神经前支和第4腰神经前支的一部分组成，位于腰大肌的深面（图11-48）。

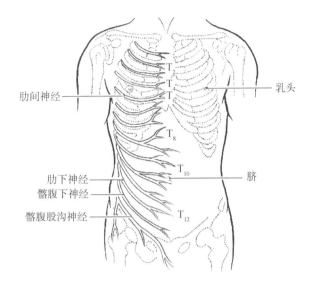

图11-47 胸神经前支的分布

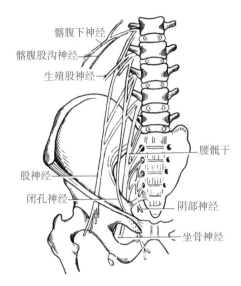

图11-48 腰丛、骶丛的组成

2. 主要分支

（1）髂腹下神经和髂腹股沟神经 主要分布于腹股沟区的肌和皮肤，后者还分布于阴囊（或大阴唇）的皮肤。

（2）股神经 是腰丛最大的分支，经腹股沟韧带深面、股动脉外侧进入股三角，随即分为数支（图11-49）。肌支支配大腿肌前群；皮支分布于大腿及膝关节前面的皮肤。最长皮支称隐神经，分布于小腿内侧面及足内侧缘皮肤。

（3）闭孔神经 伴闭孔血管穿闭膜管达大腿内侧部，分布于大腿肌内侧群、髋关节和大腿内侧面皮肤（图11-49）。

（4）生殖股神经 分为生殖支和股支，生殖支经腹股沟管分布于提睾肌和阴囊或大阴唇皮肤，股支分布于股三角皮肤。

（五）骶丛

1. 组成及位置 第4腰神经前支余部和第5腰神经前支合成腰骶干。腰骶干、全部骶神经和尾神经前支组成骶丛。位于盆腔内、骶骨和梨状肌前面（图11-48）。

2. 主要分支

（1）臀上神经和臀下神经 分别经梨状肌上、下孔出盆腔，臀上神经支配臀中肌和臀小肌，臀下神经支配臀大肌（图11-50）。

（2）阴部神经 伴阴部内血管出梨状肌下孔，绕坐骨棘经坐骨小孔入坐骨肛门窝，分布于会阴部的肌和皮肤。

（3）坐骨神经 是全身最粗大、最长的神经。经梨状肌下孔出盆腔达臀大肌深面，经坐骨结节与股骨大转子之间至大腿后面，一般在腘窝上方分为胫神经和腓总神经。坐骨神经发出肌支支配大腿肌后群（图 11 - 50）。

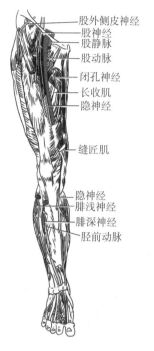

图 11 - 49　下肢的神经（前面）

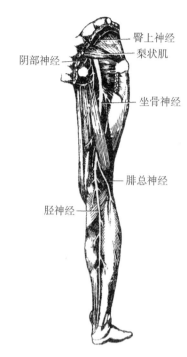

图 11 - 50　下肢的神经（后面）

1）胫神经　为坐骨神经本干的直接延续，在小腿三头肌深面伴胫后动脉下降，经内踝后方入足底，分为足底内侧神经和足底外侧神经。肌支支配小腿肌后群和足底肌，皮支分布于小腿后部、足底和足背外侧缘的皮肤（图 11 - 49，图 11 - 50）。

2）腓总神经　沿股二头肌内侧走向外下，绕腓骨颈向前，穿腓骨长肌分为腓浅神经和腓深神经（图 11 - 50）。腓浅神经的肌支支配腓骨长、短肌，皮支分布于小腿外侧、足背及趾背皮肤；腓深神经伴胫前动脉至足背，分布于小腿肌前群和足背肌等（图 11 - 49）。

胫神经和腓总神经损伤后，除其所支配的肌瘫痪外，还可出现病理性足形（图 11 - 51）。

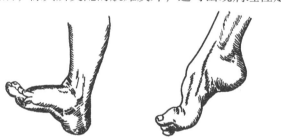

钩状足（胫神经损伤）　　"马蹄"内翻足（腓总神经损伤）

图 11 - 51　胫神经和腓总神经损伤后的病理性足形

二、脑神经

脑神经共 12 对，按其与脑相连的顺序用罗马数字表示（表 11 - 2，图 11 - 52）。脑神经的纤维成分较脊神经复杂，主要有躯体感觉纤维、躯体运动纤维、内脏感觉纤维和内脏运动纤维 4 种。根据所含纤维成分的不同，将 12 对脑神经分为感觉性神经（Ⅰ、Ⅱ、Ⅷ）、运动性神经（Ⅲ、Ⅳ、Ⅵ、Ⅺ、Ⅻ）和混合性神经（Ⅴ、Ⅶ、Ⅸ、Ⅹ）。

表 11 – 2　脑神经的名称、性质、连脑部位和进出颅腔部位

顺序及名称	性质	连脑部位	进出颅腔部位
Ⅰ 嗅神经	感觉性	端脑	筛孔
Ⅱ 视神经	感觉性	间脑	视神经管
Ⅲ 动眼神经	运动性	中脑	眶上裂
Ⅳ 滑车神经	运动性	中脑	眶上裂
Ⅴ 三叉神经	混合性	脑桥	眼神经：眶上裂 上颌神经：圆孔 下颌神经：卵圆孔
Ⅵ 展神经	运动性	脑桥	眶上裂
Ⅶ 面神经	混合性	脑桥	内耳门→茎乳孔
Ⅷ 前庭蜗神经	感觉性	脑桥	内耳门
Ⅸ 舌咽神经	混合性	延髓	颈静脉孔
Ⅹ 迷走神经	混合性	延髓	颈静脉孔
Ⅺ 副神经	运动性	延髓	颈静脉孔
Ⅻ 舌下神经	运动性	延髓	舌下神经管

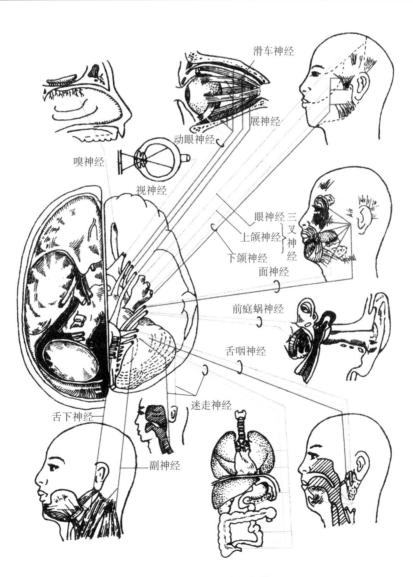

图 11 – 52　脑神经的分布情况

（一）嗅神经

嗅神经为感觉性神经，由鼻腔嗅区嗅细胞的中枢突聚集成 20 多条嗅丝，向上穿筛孔入颅前窝，连于嗅球，传导嗅觉冲动。颅前窝骨折累及筛板时，可撕脱嗅丝和脑膜，造成嗅觉障碍和脑脊液鼻漏。

（二）视神经

视神经为感觉性神经，由视网膜节细胞的轴突汇集于视神经盘处，穿出巩膜形成视神经，经视神经管入颅中窝，两侧汇合于视交叉，再经视束终止于间脑，传导视觉冲动。

（三）动眼神经

动眼神经为运动性神经，由躯体运动纤维和内脏运动纤维组成。其躯体运动纤维起于动眼神经核，支配上睑提肌、上直肌、内直肌、下直肌和下斜肌（图 11 - 53）。内脏运动纤维起于动眼神经副核，轴突组成动眼神经的内脏运动神经节前纤维，在睫状神经节交换神经元后，分布于睫状肌和瞳孔括约肌，参与晶状体的调节反射和瞳孔对光反射。

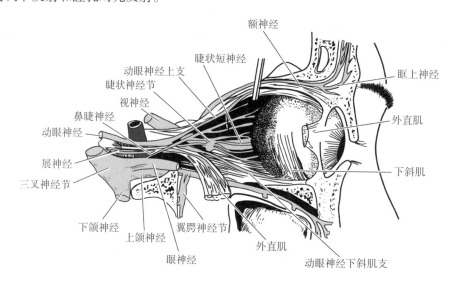

图 11 - 53 动眼、滑车、展神经的纤维成分及分布

（四）滑车神经

滑车神经为运动性神经，经眶上裂入眶，支配上斜肌（图 11 - 53）。

（五）三叉神经

三叉神经为混合性神经，纤维成分如下。①躯体感觉纤维：胞体位于颅中窝的三叉神经节内，其周围突组成眼神经、上颌神经和下颌神经；中枢突汇集成粗大的三叉神经感觉根，自脑桥基底部与小脑中脚交界处入脑。②躯体运动纤维：组成细小的三叉神经运动根，行于感觉根的前内侧，加入下颌神经，支配咀嚼肌等（图 11 - 54）。

1. 眼神经 为感觉性神经，经眶上裂入眶，分布于额顶部、上睑和鼻背皮肤以及眼球、泪腺、结膜和部分鼻黏膜。

2. 上颌神经 为感觉性神经，经眶下裂入眶，延续为眶下神经。分布于睑裂与口裂之间的皮肤、上颌牙、鼻腔和口腔黏膜等处。

3. 下颌神经 为混合性神经，是三叉神经中最粗大的一支。其中躯体运动纤维支配咀嚼肌等，躯体感觉纤维分布于下颌牙及牙龈、舌前 2/3 及口腔底的黏膜、耳颞区和口裂以下的面部皮肤等。

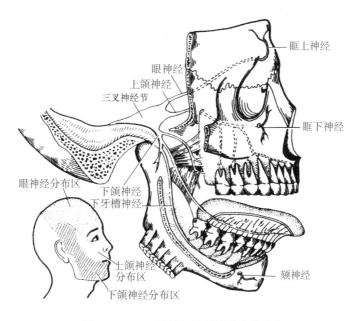

图 11-54 三叉神经的纤维成分及分布

（六）展神经

展神经为运动性神经，向前穿海绵窦经眶上裂入眶，支配外直肌（图 11-53）。

（七）面神经

面神经为混合性神经，其躯体运动纤维起自脑桥的面神经核，主要支配面肌；内脏运动纤维起自脑桥的上泌涎核，支配泪腺、下颌下腺和舌下腺等分泌；内脏感觉纤维分布于舌前 2/3 味蕾，传导味觉冲动。

面神经自延髓脑桥沟外侧部出脑，经内耳门入内耳道，穿过内耳道底进入面神经管，由茎乳孔出颅腔，主干在腮腺内分为数支并交织成丛，再由丛发出颞支、颧支、颊支、下颌缘支和颈支，分别自腮腺的上缘、前缘和下端穿出，呈扇形分布于面肌和颈阔肌等（图 11-55）。面神经在面神经管内的分支如下。

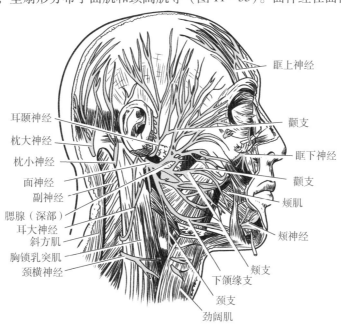

图 11-55 面神经的纤维成分及分布

1. 鼓索 在面神经出茎乳孔前发出，呈弓形穿越鼓室至颞下窝，从后方加入舌神经。鼓索含有 2 种纤维：味觉纤维分布于舌前 2/3 的味蕾，传导味觉冲动；副交感纤维在下颌下神经节内交换神经元，支配下颌下腺和舌下腺的分泌。

2. 岩大神经 含副交感纤维，在面神经管起始部发出，经破裂孔出颅，在翼腭神经节内交换神经元，支配泪腺和鼻、腭部黏膜腺体的分泌。

（八）前庭蜗神经

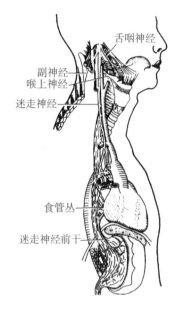

图 11－56 舌咽神经、迷走神经、
副神经和舌下神经

前庭蜗神经为感觉性神经，由前庭神经和蜗神经组成，又称位听神经。

1. 前庭神经 起自内耳道底的前庭神经节。此节由双极神经元组成，周围突穿内耳道底，分布于椭圆囊斑、球囊斑和壶腹嵴的毛细胞；中枢突组成前庭神经，经内耳道、内耳门、延髓脑桥沟外侧端入脑，传导平衡觉冲动。

2. 蜗神经 起自蜗轴内的蜗神经节。此节由双极神经元组成，周围突分布于内耳螺旋器的毛细胞；中枢突组成蜗神经，穿内耳道底伴前庭神经入脑，传导听觉冲动。前庭蜗神经损伤后表现为患侧耳聋和平衡功能障碍。

（九）舌咽神经

舌咽神经为混合性神经，有 4 种纤维成分，躯体运动纤维起自疑核，支配茎突咽肌；内脏运动纤维（副交感）起自下泌涎核，支配腮腺分泌；躯体感觉纤维分布于耳后皮肤；内脏感觉纤维分布于舌后 1/3 的味蕾和黏膜，咽、咽鼓管、鼓室等处黏膜，颈动脉窦和颈动脉小球等。舌咽神经的主要分支如下（图 11－56）。

1. 舌支 为舌咽神经终支，分布于舌后 1/3 的黏膜和味蕾，传导一般感觉和味觉冲动。

2. 鼓室神经 在鼓室内与交感神经纤维共同形成鼓室丛，分布于鼓室、乳突小房和咽鼓管的黏膜，传导感觉冲动。终支为岩小神经，在耳神经节内交换神经元，随耳颞神经分布于腮腺，支配其分泌。

（十）迷走神经

迷走神经为混合性神经，是行程最长、分布最广的脑神经，有 4 种纤维成分：躯体运动纤维发自疑核，支配咽喉肌；躯体感觉纤维分布于硬脑膜、耳郭和外耳道的皮肤；内脏运动纤维（副交感）起自迷走神经背核，在颈、胸、腹部器官旁节或器官内节交换神经元，控制心肌、平滑肌与腺体的活动；内脏感觉纤维伴随内脏运动纤维分布，传导内脏感觉冲动。

迷走神经经颈静脉孔出颅后，于颈动脉鞘内下行至颈根部，经胸廓上口入胸腔。左迷走神经于左颈总动脉与左锁骨下动脉之间下行，在左肺根后方下行至食管前面，与交感神经分支交织构成左肺丛和食管前丛，在食管下段逐渐集中延续为迷走神经前干。右迷走神经于右锁骨下动、静脉之间至气管右侧下行，在右肺根后方和食管后面，分支构成右肺丛和食管后丛，继续下行并构成迷走神经后干。两干伴随食管穿膈的食管裂孔进入腹腔（图 11－57）。主要分支如下。

1. 喉上神经 在颈静脉孔下方发出，沿颈内动脉内侧下行至舌骨大角处分为内支和外支（图 11－57）。内支伴喉上动脉穿甲状舌骨膜入喉，分布于声门裂以上的喉黏膜以及会厌和舌根等处；外支支配环甲肌。

2. 喉返神经　是迷走神经在胸腔的分支，右迷走神经跨过右锁骨下动脉前方处，发出右喉返神经，勾绕右锁骨下动脉返回颈部；左迷走神经越过主动脉弓前方处，发出左喉返神经，勾绕主动脉弓返回颈部。喉返神经沿气管食管旁沟上行，至甲状腺侧叶深面、环甲关节后方进入喉内，终支称喉下神经（图11-57）。喉返神经感觉纤维分布于声门裂以下的喉黏膜，运动纤维支配除环甲肌外的全部喉肌。

喉返神经是支配喉肌的重要神经，在入喉前与甲状腺下动脉及其分支相互交错。在甲状腺手术钳夹或结扎甲状腺下动脉时，若损伤此神经，可导致声音嘶哑；若两侧同时损伤，可引起失声、呼吸困难甚至窒息。

一侧迷走神经损伤时，患侧喉肌全部瘫痪、咽喉黏膜感觉障碍，出现声音嘶哑、语言和吞咽障碍或吞咽呛咳等。内脏活动障碍表现为脉速、心悸、恶心呕吐、呼吸深慢和窒息等。

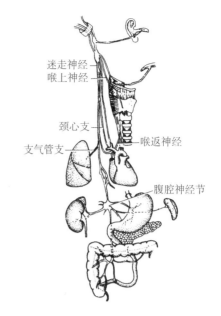

图11-57　迷走神经的纤维成分及分布

（十一）副神经

副神经为运动性神经，经颈静脉孔出颅后，来自颅根的纤维加入迷走神经，支配咽喉肌；来自脊髓根的纤维行向后下，支配胸锁乳突肌和斜方肌（图11-56）。

一侧副神经损伤可导致同侧胸锁乳突肌和斜方肌瘫痪，出现头不能向患侧屈、面不能转向对侧、患侧肩胛骨下垂。

（十二）舌下神经

舌下神经为运动性神经，经舌下神经管出颅，支配全部舌内、外肌（图11-56）。一侧舌下神经损伤时，患侧舌肌瘫痪，萎缩，伸舌时舌尖偏向患侧。

三、内脏神经

内脏神经主要分布于内脏、心血管和腺体，分为内脏运动神经和内脏感觉神经。内脏运动神经调节内脏、心血管的运动和腺体分泌，不受人的意识控制，又称自主神经。内脏感觉神经将来自内脏、心血管等处的感觉冲动传入中枢，通过反射调节这些器官的活动，以维持机体内、外环境的稳定。

（一）内脏运动神经

1. 内脏运动神经和躯体运动神经的区别　内脏运动神经（图11-58）与躯体运动神经在结构、功能和分布上存在较大的差异，主要表现在以下几个方面。

（1）支配器官不同　内脏运动神经支配心肌、平滑肌与腺体的分泌，不受意识控制；躯体运动神经支配骨骼肌可受意识的控制。

（2）纤维成分不同　内脏运动神经有交感和副交感2种纤维，多数内脏器官同时接受两种神经的双重支配；躯体运动神经只有一种纤维成分。

（3）神经元数目不同　内脏运动神经由低级中枢到效应器需要经过两级神经元。第1级神经元胞体位于脑干和脊髓内，称节前神经元，其轴突称节前纤维；第2级神经元胞体位于内脏运动神经节内，称节后神经元，其轴突称节后纤维。躯体运动神经由低级中枢至骨骼肌只有一个神经元。

（4）分布形式不同　内脏运动神经的节后纤维常攀附内脏或血管形成神经丛，由丛再发出分支至效应器；躯体运动神经则以神经干的形式分布。

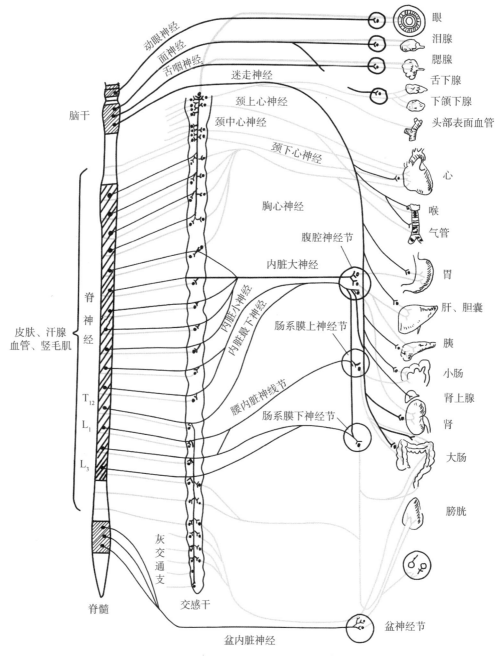

动眼神经
面神经
舌咽神经
迷走神经
颈上心神经
颈中心神经
颈下心神经
胸心神经
腹腔神经节
内脏大神经
内脏小神经
内脏最下神经
肠系膜上神经节
腰内脏神经线节
肠系膜下神经节

脑干
脊神经
皮肤、汗腺
血管、竖毛肌
T_{12}
L_1
L_3

灰交通支
交感干
脊髓
盆内脏神经

眼
泪腺
腮腺
舌下腺
下颌下腺
头部表面血管
心
喉
气管
胃
肝、胆囊
胰
小肠
肾上腺
肾
大肠
膀胱
盆神经节

图 11－58　内脏运动神经概况
黑色，节前神经；黄色，节后神经

（5）纤维种类不同　内脏运动神经为薄髓和无髓的细纤维；而躯体运动神经一般为较粗的有髓纤维。

2. 内脏运动神经的分部　根据内脏运动神经的形态、功能和药理学特点，分为交感神经和副交感神经两部分。

（1）交感神经　由中枢部及周围部组成。其低级中枢位于脊髓 $T_1 \sim L_3$ 节段的灰质侧角；周围部包括交感干、交感神经节、节前及节后纤维和交感神经丛组成。

1）交感神经节　根据位置不同，分为椎旁节和椎前节。①椎旁节：即交感干神经节，位于脊柱两旁，每侧总数 22～25 个。②椎前节：位于脊柱前方、腹主动脉脏支的根部，包括腹腔神经节、主动脉肾神经节、肠系膜上神经节和肠系膜下神经节等。

2）交感干　由椎旁节和节间支组成，呈串珠状，左、右各一。交感干上至颅底，下至尾骨，两干在尾骨前方汇合于单一的奇神经节。

3）交通支　椎旁节借交通支与相应的脊神经相连，分为白交通支和灰交通支（图 11 – 59）。①白交通支：呈白色，只存在于 $T_1 \sim L_3$ 各脊神经前支与相应的椎旁节之间，由脊髓侧角发出有髓鞘的节前纤维组成。②灰交通支：色灰暗，存在于全部椎旁节与 31 对脊神经之间，由椎旁节细胞发出的节后纤维组成，多无髓鞘。

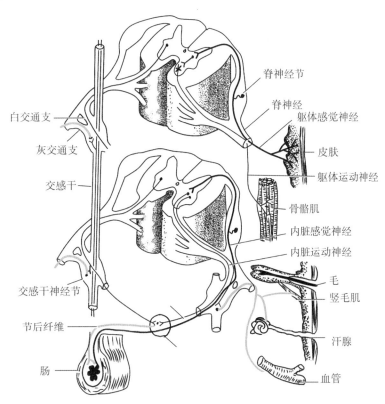

图 11 – 59　交感神经模式图

黑色，节前纤维；黄色，节后纤维

4）节前纤维　进入交感干后有 3 种去向：①终止于相应的椎旁节，并交换神经元；②在交感干内上行或下降，终止于上方或下方的椎旁节，并交换神经元；③穿经椎旁节，终止于椎前节并交换神经元（图 11 – 59）。

5）节后纤维　也有 3 种去向：①经灰交通支返回脊神经，随脊神经分布于头颈部、躯干和四肢的血管、汗腺和立毛肌等；②攀附动脉走行，在动脉外膜形成相应的神经丛，并随动脉分布到所支配的器官；③由交感神经节直接发支到所支配的器官（图 11 – 59）。

（2）副交感神经　分为中枢部和周围部。其低级中枢位于脑干的副交感神经核和骶髓第 2 ~ 4 节段的骶副交感核。周围部由副交感神经节和节前纤维及节后纤维等组成（图 11 – 58）。

1）副交感神经节　多位于所支配器官附近或器官壁内，故称器官旁节或器官内节。位于颅部的副交感神经节较大，有睫状神经节、翼腭神经节、下颌下神经节及耳神经节等；其他部位的副交感神经节则很小。

2）颅部副交感神经　分布是：①中脑动眼神经副核→动眼神经→睫状神经节→瞳孔括约肌和睫状肌；②脑桥上泌涎核→面神经→翼腭神经节和下颌下神经节→泪腺、下颌下腺和舌下腺等；③延髓下泌涎核→舌咽神经→耳神经节→腮腺；④延髓迷走神经背核→迷走神经→器官旁节或器官内节→胸、腹腔器官。

3）**骶部副交感神经** 来自骶髓第 2~4 节段骶副交感核的节前纤维，经相应骶神经最终加入盆丛，节后纤维支配结肠左曲以下的消化管和盆腔脏器。

（3）**交感神经和副交感神经的区别** 交感神经和副交感神经都是内脏神经，但两者在形态结构、分布范围和功能上又有不同（表 11-3）。

表 11-3 交感神经和副交感神经的区别

	交感神经	副交感神经
低级中枢部位	脊髓 T_1~L_3 节段灰质侧角	脑干内脏运动核 脊髓 S_2~S_4 节段骶副交感核
神经节的位置	椎旁节和椎前节	器官旁节和器官内节
节前、节后纤维	节前纤维短，节后纤维长	节前纤维长，节后纤维短
分布范围	分布广泛，头颈、胸、腹腔器官及全身血管、腺体和立毛肌均有分布	不如交感神经分布广，大部分血管、汗腺、立毛肌和肾上腺髓质等无副交感神经分布

（二）内脏感觉神经

内脏器官除有内脏运动神经支配外，还有丰富的内脏感觉神经分布。内脏感觉神经接受内脏的各种刺激，并传入大脑，产生内脏感觉。

内脏感觉神经的特点是：①内脏感觉纤维的数量较少、较细，痛阈较高，一般强度的刺激不引起主观感觉，如胃肠的正常蠕动；器官活动较强烈时，可产生内脏感觉（内脏痛），如过度牵拉、膨胀和痉挛等；②对切、割等刺激不敏感，而对冷热、牵拉、膨胀和痉挛等刺激较敏感；③内脏感觉传入途径较分散，内脏感觉模糊，内脏痛弥散，定位常不准确。

（三）牵涉性痛

当某一内脏器官发生病变时，与之相关的躯体体表部位发生疼痛或痛觉过敏，称牵扯性痛。如在阑尾炎初期，脐周皮肤发生牵涉性痛；在心绞痛时，在胸前区及左臂内侧皮肤感到疼痛等。了解各器官病变时牵涉性痛的发生部位，具有一定的临床诊断意义。

第四节　神经系统的传导通路 🔲 微课2

周围感受器接受机体内、外环境的各种刺激，并将刺激转变为神经冲动，经传入神经元传入中枢，最后至大脑皮质，产生感觉，此通路称感觉（上行）传导通路。大脑皮质将感觉信息进行分析整合后，发出神经冲动，经传出神经元传递至效应器，做出相应的反应，此通路称运动（下行）传导通路。

一、躯干、四肢的本体感觉和精细触觉传导通路

本体感觉是指肌、腱、关节等处的位置觉、运动觉和振动觉，又称深感觉。该传导通路还传导皮肤的精细触觉，如辨别两点距离和物体纹理的粗细等。

躯干、四肢的本体感觉和精细触觉传导通路包括两条通路：一条传入大脑皮质，传导意识性本体感觉和精细触觉；另一条传至小脑，传导非意识性本体感觉，参与姿势反射和调节平衡。

躯干与四肢意识性本体感觉和精细触觉传导通路由 3 级神经元组成（图 11-60）。

第 1 级神经元胞体位于脊神经节内，其周围突分布于躯干、四肢的肌、腱、关节和皮肤等处的本体感觉与精细触觉感受器；中枢突经脊神经后根进入脊髓后索。其中来自第 5 胸节以下的组成薄束，来自

第 4 胸节以上的组成楔束；两束上行分别止于延髓的薄束核和楔束核。

第 2 级神经元胞体位于薄束核和楔束核内，此两核发出的纤维经延髓中央管腹侧交叉至对侧组成内侧丘系，上行止于丘脑腹后外侧核。

第 3 级神经元胞体位于背侧丘脑腹后外侧核，其发出的纤维组成丘脑中央辐射，经内囊后肢投射于大脑皮质中央后回的上 2/3 和中央旁小叶后部。

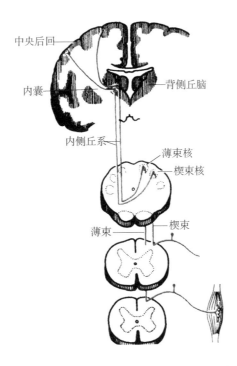

图 11 - 60　躯干、四肢意识性本体感觉和精细触觉传导通路

二、痛觉、温度觉、粗触觉和压觉传导通路

1. 躯干、四肢痛温觉、粗略触觉和压觉传导通路　由 3 级神经元组成（图 11 - 61）。

第 1 级神经元胞体位于脊神经节内，其周围突分布于躯干和四肢的皮肤浅感觉感受器；中枢突经脊神经后根进入脊髓，止于后角固有核。

第 2 级神经元胞体位于脊髓灰质后角固有核，其轴突经白质前连合交叉至对侧外侧索和前索，分别组成脊髓丘脑侧束（传导痛温觉冲动）和脊髓丘脑前束（传导粗略触觉和压觉冲动），二者合称脊髓丘脑束，向上止于丘脑腹后外侧核。

第 3 级神经元胞体在丘脑腹后外侧核，其发出纤维组成丘脑中央辐射，经内囊后肢投射于大脑皮质中央后回的上 2/3 和中央旁小叶后部。

2. 头面部痛温觉和触压觉传导通路　由 3 级神经元组成（图 11 - 62）。

第 1 级神经元胞体位于三叉神经节内，其周围突组成三叉神经的感觉支，分布于头面部的皮肤和黏膜感受器；中枢突组成三叉神经感觉根入脑桥。传导痛温觉的纤维形成三叉神经脊束，止于三叉神经脊束核；传导触压觉的纤维止于三叉神经脑桥核。

第 2 级神经元胞体位于三叉神经脊束核和三叉神经脑桥核，三叉神经脊束核发出的纤维交叉至对侧组成三叉丘系，三叉神经脑桥核发出的纤维加入双侧的三叉丘系，上行止于丘脑腹后内侧核。

第 3 级神经元胞体在丘脑腹后内侧核，其发出的纤维加入丘脑中央辐射，经内囊后肢投射于中央后回下 1/3 区。

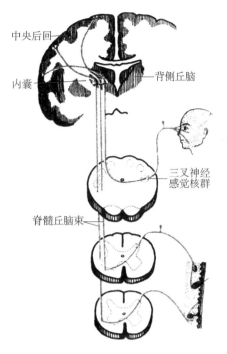

图 11-61　躯干、四肢浅感觉传导通路

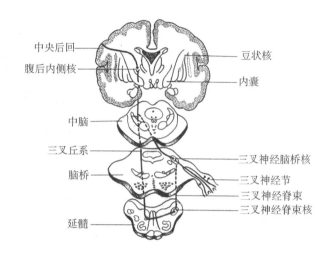

图 11-62　头面部浅感觉传导通路

三、运动传导通路

运动传导通路是指大脑皮质至躯体运动效应器的纤维联系，由上运动神经元和下运动神经元组成，包括锥体系和锥体外系两部分。锥体系主要是管理骨骼肌的随意运动；锥体外系是指锥体系以外影响和控制躯体运动的传导通路的统称，主要功能是调节肌张力、协调肌群运动和协助锥体系完成精细随意运动及维持、调整体态姿势和完成习惯性动作等。

锥体系上运动神经元是指位于大脑皮质中央前回和中央旁小叶前部以及其他一些皮质区域中的锥体细胞，其轴突组成锥体束，经内囊下行至脑干或脊髓，其终止于脑干的脑神经运动核的纤维束，称皮质核束；止于脊髓前角的纤维束，称皮质脊髓束。下运动神经元是指位于脑干的脑神经运动核和脊髓前角运动神经元，其轴突分别组成脑神经和脊神经。

1. 皮质脊髓束　由中央前回上2/3和中央旁小叶前部等处皮质的锥体细胞轴突聚集而成，经内囊后肢的前部下行至延髓形成锥体（图 11-63）。在锥体下端，大部分纤维交叉至对侧，形成锥体交叉。交叉后的纤维下行于对侧脊髓外侧索内，称皮质脊髓侧束，支配四肢肌运动。小部分未交叉的纤维下行于同侧脊髓前索内，称皮质脊髓前束，并经白质前连合逐节交叉至对侧前角运动细胞，支配躯干肌和四肢肌运动。皮质脊髓前束中有一部分纤维始终不交叉，止于同侧前角细胞，支配同侧躯干肌。因此，躯干肌受两侧大脑皮质支配。当一侧皮质脊髓束在锥体交叉前受损，主要引起对侧肢体瘫痪，而躯干肌运动无明显影响。

2. 皮质核束　由中央前回下部锥体细胞的轴突聚集而成，下行经内囊膝至大脑脚底，由此向下陆续分出纤维，大部终止于双侧脑神经运动核，包括动眼神经核、滑车神经核、展神经核、三叉运动核、面神经核上部（支配眼裂以上的面肌）、疑核和副神经核。由这些神经核发出纤维支配眼球外肌、眼裂以上面肌、咀嚼肌、咽喉肌、胸锁乳突肌和斜方肌等；小部分纤维到达对侧面神经核下部（支配眼裂以下的面肌）和舌下神经核（图 11-64）。

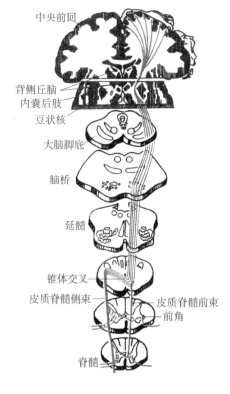

图 11 - 63　皮质脊髓束

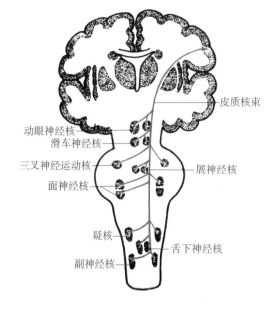

图 11 - 64　皮质核束

锥体系的任何部位损伤都可引起支配区域的随意运动障碍。上、下运动神经元损伤后虽均出现瘫痪，但其临床表现不同，见表 11 - 4。

表 11 - 4　上运动神经元和下运动神经元损伤后的比较

	上运动神经元	下运动神经元
损害部位	皮质运动区、锥体束	脑神经运动核、脊髓前角运动神经元及其轴突
瘫痪范围及特点	较广泛、痉挛性瘫痪（硬瘫）	较局限、弛缓性瘫痪（软瘫）
肌张力	增高、呈折刀状	减低
反射	深反射亢进，浅反射消失	深反射、浅反射均消失
病理反射	有	无
肌萎缩	早期无，晚期为失用性肌萎缩	明显、早期即可出现
肌纤维颤动	无	有

目标检测

答案解析

一、单项选择题

1. 下列关于脊髓的描述，正确的是（　　）

　　A. 仅占据椎管的上 1/3　　　B. 颈膨大发出到上肢的神经　　　C. 下端逐渐变细，称脊髓圆锥

　　D. 前正中裂有前根穿出　　　E. 后角的神经元发出纤维组成后根

2. 下列关于楔束的描述，错误的是（　　）

　　A. 占据后索全部　　　B. 位于薄束的外侧　　　C. 终于楔束核

D. 起自同侧第 4 胸节以上脊神经节细胞的中枢突   E. 传递本体感觉和精细触觉

3. 延髓腹侧面可见 （ ）

     A. 基底沟   B. 面神经丘   C. 舌下神经根

     D. 薄束结节   E. 听结节

4. 属于脑干背侧面的结构是 （ ）

     A. 锥体   B. 面神经丘   C. 乳头体

     D. 基底沟   E. 脚间窝

5. 下列关于第四脑室的描述，正确的是 （ ）

     A. 底为菱形窝   B. 顶朝向中脑   C. 下通中脑水管

     D. 无脉络丛   E. 有成对的正中孔

6. 不属于中枢神经系统的结构是 （ ）

     A. 神经核   B. 纤维束   C. 灰质

     D. 神经节   E. 髓质

7. 左侧大脑半球中央前回上 1/3 病变出现 （ ）

     A. 右侧面瘫   B. 右侧上肢瘫痪   C. 左侧面瘫

     D. 右侧下肢瘫痪   E. 右侧下肢感觉丧失

8. 说话中枢位于优势半球的 （ ）

     A. 中央前回下部   B. 额中回后部   C. 额下回后部

     D. 额上回后部   E. 角回

9. 下列关于侧脑室的描述，错误的是 （ ）

     A. 为大脑半球深面的腔隙   B. 内有脉络丛，产生脑脊液

     C. 分中央部、前角、后角和下角 4 部分   D. 伸向枕叶的部分称后角

     E. 左、右侧脑室借一个室间孔与第 3 脑室相通

10. 不属于基底核的是 （ ）

     A. 豆状核   B. 纹状体   C. 杏仁核

     D. 尾状核   E. 齿状核

11. 通过内囊膝的纤维束是 （ ）

     A. 丘脑中央辐射   B. 听辐射   C. 皮质核束

     D. 视辐射   E. 皮质脊髓束

12. 硬膜外麻醉时药物作用于 （ ）

     A. 脊髓前角   B. 脊髓丘脑束   C. 脊神经根

     D. 脊神经前根   E. 脊神经前支

13. 下列关于脑动脉的描述，错误的是 （ ）

     A. 来自颈内动脉和椎动脉   B. 脑动脉常与脑静脉伴行

     C. 大脑中动脉供应大脑半球背外侧面   D. 中央支供应尾状核、豆状核及内囊等

     E. 大脑后动脉是基底动脉的终支

14. 下列关于躯干、四肢深感觉传导路的描述，错误的是 （ ）

     A. 深感觉亦称本体感觉   B. 精细触觉也在此通路中传导

     C. 第 1 级神经元胞体在脊神经节内   D. 第 2 级神经元胞体在后角固有核

     E. 第 3 级神经元胞体在丘脑腹后外侧核

15. 不属于臂丛的神经为（　　）

A. 尺神经　　　　　　B. 桡神经　　　　　　C. 腋神经

D. 肌皮神经　　　　　E. 膈神经

二、思考题

患者，女，58 岁。言语不利、左上肢活动不灵 4 小时入院。患者 4 小时前无明显诱因出现言语不利，尚能正常交流，伴左上肢活动不灵，表现为左上肢抬举费力，左手握力差，不能持物，可独立行走。无复视、眩晕、意识障碍，无肢体抽搐、二便失禁。急来院就诊，遂以"脑血管病"收入科。

问题：1. 该患者脑损伤导致的言语不利可能损伤了大脑皮质哪个部位？

2. 该患者左上肢抬举费力可能损伤了哪条传导通路？该通路途径如何？

（黄海兵）

书网融合……

本章小结　　　　　　　微课 1　　　　　　　微课 2　　　　　　　题库

第十二章　人体胚胎早期发育

PPT

◉- 学习目标

　　1. 通过本章学习，主要掌握受精、卵裂、胚泡和植入的概念；胎盘与胎盘屏障的结构和功能；受精的条件、地点、过程及意义；三胚层形成的过程；绒毛膜和羊膜的形成；脐带的结构与功能。

　　2. 具有初步研判孕期妇女降低先天畸形发生率，提高生育质量为目的的遗传和围产期保健的能力。

　　人的个体发生始于精、卵细胞相互融合形成的受精卵，经约 266 天发育为成熟的胎儿，从母体子宫娩出。分为 3 个时期：①胚前期，从受精至第 2 周末，包括受精、卵裂、胚泡的形成及二胚层胚盘的出现；②胚期，从第 3 周至第 8 周末，包括三胚层的形成和分化，各主要器官原基的建立；③胎期，从第 9 周至出生，此期内胎儿（fetus）逐渐长大，外形和各组织器官进一步发育，某些功能也逐步建立，最终成熟而被娩出。

　　胚胎的早期发育是指受精卵的形成至第 8 周末，此时胚胎初具人形，包括胚前期和胚期。此期的胚胎变化很大，易受环境因素的影响，对胎儿的正常发育具有决定性作用。

» 情境导入

　　情景描述　患者，女，27 岁，准备怀孕，本人从事宠物美容行业，有长期饮酒的习惯，现来咨询注意事项。

　　讨论　作为被咨询者，你会给出什么建议？

一、受精

　　生殖细胞包括精子和卵子，均为单倍体细胞，即仅有 23 条染色体，其中 1 条是性染色体。精子和卵子相互融合形成受精卵的过程，称受精（fertilization）。受精一般发生在输卵管的壶腹部（图 12-1）。

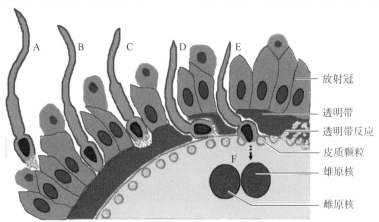

图 12-1　受精过程示意图

A，B. 第一期精子溶蚀并穿越放射冠；C，D. 第二期精子溶蚀并穿越透明带；E，F. 第三期精子核进入，雌雄原核靠拢

（一）受精的条件

成功受精由若干因素决定，但主要应具备以下条件。

1. 成熟的精子和卵子　在睾丸内产生的精子既无运动能力，又无受精能力。只有在附睾内受到甘油磷酸胆碱等分泌物的作用后，才能逐步达到功能上的成熟，获得运动的能力。卵巢每月有一个卵泡发育成熟。初级卵母细胞在排卵前完成第一次成熟分裂，并很快进入第二次成熟分裂，但却停留在中期，只有当受精时才完成第二次成熟分裂。

2. 精子的获能　排出体外的精子虽有运动能力，却无受精能力。这是由于精液中含有主要来自精囊腺的唾液酸糖蛋白（又称去能因子），它牢固地附着在精子的表面，阻止其头部顶体酶的释放，使精子失去受精能力，这种现象称去能。当精子经过子宫、输卵管时，由于这些器官内有唾液酸酶、α 和 β 淀粉酶等，它们又可降解附着在精子头部的糖蛋白，使精子重新获得使卵子受精的能力，这一过程称为获能。

3. 精子的数量和质量正常　一个正常成年男子每次射精时排出的精液为 2~6ml，每毫升精液平均含精子约 1 亿个。当精液中精子的浓度低于 400 万个/ml 时，常可导致不育。另外，当精液中畸形精子数超过总数的 30% 时，也可导致不育。常见的精子畸形有大头畸形、小头畸形、双头畸形和双尾畸形。

4. 精子和卵在限定时间内相遇　精子在女性生殖管道内维持受精能力约为 24 小时，卵子在输卵管内也仅存活 12~24 小时，其受精能力维持时间更短。因此，受精的成功一般须在排卵后 12 小时内和排精后 24 小时内实现。

5. 男女双方生殖管道通畅。

（二）受精过程

受精是一个连续的过程，人约需要 24 小时。该过程大体可以分为三个主要环节。

1. 精子和卵在输卵管壶腹部相遇并发生顶体反应　一次射精虽含有 2 亿~6 亿个精子，但到达受精地点却只有 300~500 个。精子与卵相遇后，其顶体的外膜与精子头部细胞膜局部融合，形成许多小孔，顶体酶则经小孔释放，将放射冠和透明带相继溶解，精子也随之通过溶解的小孔进入卵母细胞与透明带之间的空隙（卵周隙）内，精子头侧面的细胞膜与卵母细胞的细胞膜接触。精子释放顶体酶的过程称顶体反应。

2. 皮质颗粒的释放与透明带反应　精、卵细胞接触后，细胞膜很快发生融合，精子的头、尾部细胞质进入卵母细胞，而细胞膜则留在卵周隙内（图 20-2）。精卵细胞膜融合后，卵母细胞浅层胞质内的皮质颗粒释放出其内含物，这些内容物可使透明带上精子的受体发生构型变化，阻止其他精子再次到达卵周隙。这样就可以保证单精受精。这一变化称为透明带反应。

3. 雌原核与雄原核的融合　精子的进入会激发卵母细胞完成第二次成熟分裂，形成成熟卵细胞，其核称雌原核；精子进入卵后，尾部迅速退化消失，头部即细胞核膨大称雄原核。两原核移至卵细胞中央，相互靠近、紧贴，两个核的核膜消失，染色体相互混合，形成二倍体的细胞核。当两性原核融合后，此时的细胞就称受精卵。

（三）受精的意义

1. 标志着新个体生命的开端。

2. 恢复了二倍体　单倍体的精子与单倍体的卵结合后，形成一个二倍体细胞。二倍体 46 条染色体中，23 条来自父方，另 23 条来自母方，故新个体具有双亲的遗传性。

3. 决定了性别　胚胎的遗传性别取决于受精时精子所含的性染色体，带有 X 染色体的精子与卵子结合发育成女性，带有 Y 染色体的精子与卵子结合则发育成男性。

（四）避孕

受精是一个复杂的过程，受精成功与否受到许多因素的影响，研究这些影响因素可为实施计划生育手段提供理论依据。例如，用药物干扰精子或卵子的发育和成熟；采用避孕工具（子宫帽、避孕套）或手术结扎阻止精子与卵相遇；在子宫内放置节育器使局部发生非细菌性炎症反应吞噬精细胞或毒害胚胎而终止妊娠。目前，正在研究和试行的免疫避孕法，是用精子膜或透明带作抗原，注入雌性体内，使之产生相应的抗体，阻止精子与卵相互识别，从而达到避孕的目的。

二、卵裂和胚泡的形成

（一）卵裂

受精卵不断进行有丝分裂的过程称卵裂。卵裂产生的子细胞称卵裂球。受精卵一面进行卵裂，一面沿输卵管向子宫方向运行。受精后第 3 天，形成一个由 12～16 个卵裂球组成的实心胚，形似桑葚，故称为桑葚胚（图 12 -2）。

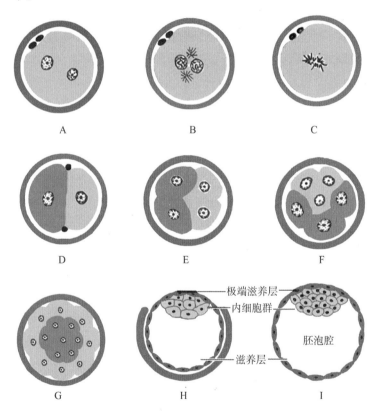

图 12 -2 卵裂、胚泡形成和胚泡结构

A. 雌原核与雄原核形成；B. 雌、雄原核靠近；C. 卵裂开始；D. 2 细胞期；E. 4 细胞期；F. 8 细胞期；G. 桑椹胚；H. 胚泡早期；I. 胚泡

（二）胚泡形成

于受精后第 4 天，桑葚胚进入子宫腔，细胞继续分裂和分化，当卵裂球数目达到 100 个左右时，细胞间开始出现一些小腔，以后多发的小腔逐渐汇合成一个大腔称胚泡腔，腔内充满液体，此时的胚呈囊泡状，称为胚泡；在胚泡腔内一侧有一团细胞称内细胞群，构成胚泡壁的一层扁平细胞称滋养层；覆盖在内细胞群外面的滋养层称极端滋养层。约在受精后第 5 天，透明带变薄、消失。

三、植入及植入后子宫内膜的变化

（一）植入

胚泡逐渐埋入子宫内膜的过程称植入或着床。植入在受精后的第 5~6 天开始，到第 11~12 天完成。植入时，首先是胚泡的极端滋养层贴附到正处于分泌期的子宫内膜上，分泌蛋白水解酶消化与之贴近的内膜组织形成缺口，胚泡便经缺口陷入子宫内膜的功能层中。随后，缺口周围的内膜上皮增生使缺口修复，植入完成（图 12-3）。

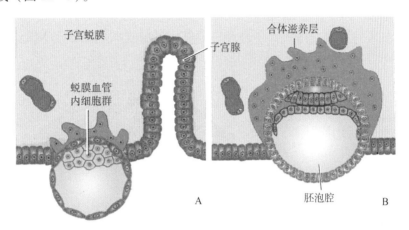

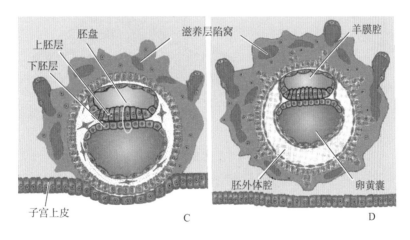

图 12-3 植入过程示意图

A. 极端滋养层溶解子宫内膜，形成小缺口；B. 随缺口变深，胚泡逐渐陷入内膜；C. 胚泡完全埋入子宫内膜；D. 缺口修复，植入完成

植入通常应发生在子宫底部和体部，多见于后壁。植入的部位如靠近子宫颈，可能形成前置胎盘。植入发生在子宫以外的部分，称为异位妊娠。异位妊娠可发生在输卵管和腹膜腔内各处，其中以输卵管妊娠最为多见。

植入是胚泡与子宫内膜相互作用的过程。植入时，子宫内膜必须处于分泌期，而分泌期子宫内膜的维持有赖于雌激素和孕激素的正常分泌。其次，胚泡也须适时进入子宫腔，否则会造成异位植入。因此，母体内分泌功能紊乱、胚泡形成超前或滞后以及干扰二者的协调关系均可阻碍胚泡的正常植入。

（二）蜕膜

植入后的子宫内膜改称蜕膜（decidua）。此时，处于分泌期的子宫内膜继续增厚，其中的腺体分泌更加旺盛，血管分支增多，血液供应丰富。上述子宫内膜的变化也称为蜕膜反应。

按照蜕膜与植入胚泡的关系，可将蜕膜分为 3 个部分。

（1）基蜕膜　是指胚泡植入处深面的蜕膜。

（2）包蜕膜　在基蜕膜的对侧，为包于胚泡宫腔侧的蜕膜。

（3）壁蜕膜　为除基蜕膜和包蜕膜外的蜕膜。

随着胚胎的发育，基蜕膜的范围相应扩大，参与胎盘的形成。包蜕膜不断扩大膨起，最后与壁蜕膜融合，子宫腔消失。

四、三胚层的形成

受精后第 2 周，位于胚泡腔一端的内细胞群细胞开始成层排列，最初为 2 层，至第 3 周又增至 3 层，分别称为二胚层胚盘和三胚层胚盘。胚盘是胚体发生的基础（图 12 - 4）。

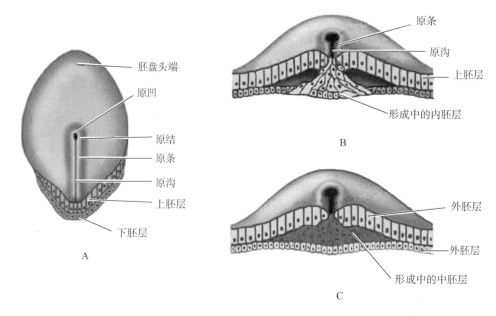

图 12 - 4　三胚层形成示意图

A. 第 3 周初人胚盘背面观；B. 经原条横切示上胚层形成内胚层；C. 经原条横切示上胚层形成中胚层

（一）二胚层时期

在受精后的第 2 周，内细胞群的细胞增殖、分化形成紧贴在一起的两层细胞。靠近极端滋养层的一层排列整齐的高柱状细胞，称上胚层。在上胚层腹侧面的一层立方形细胞称下胚层。两层细胞紧密相贴，构成的椭圆形盘状结构，称二胚层胚盘。此后上胚层的细胞增生，在细胞间出现一个小的腔隙并逐渐扩大，称羊膜腔，腔内液体为羊水。羊膜腔的壁称羊膜，由贴近滋养层内面的上胚层细胞形成，它们与上胚层周缘的细胞相延续。上胚层构成羊膜腔的底。在下胚层的腹侧由下胚层周缘的细胞向胚泡腔增生、分化形成由单层扁平上皮细胞围成的一个腔，称卵黄囊。下胚层构成卵黄囊的顶。

（二）三胚层时期

1. 中胚层的形成　在胚胎发育的第 14 ～ 15 天，上胚层细胞增殖并向背侧一端的中轴方向迁移，形成隆起于背侧中轴线上的细胞索，称原条（primitive streak）。原条的出现使胚盘的头尾端和左右侧随之确立。原条所在的一端为尾端，无原条的一端为头端。原条深部的细胞不断增殖，一部分细胞在上、下胚层之间逐渐向其两侧和头端扩展迁移，形成继上胚层和下胚层之后的第三个胚层，即中胚层；另一部分细胞进入下胚层并逐渐置换下胚层细胞，形成一新细胞层，称为内胚层。在内胚层和中胚层形成后，上胚层改称为外胚层。内、中、外三个胚层紧贴形成三胚层胚盘。

2. 脊索的形成　原条头端的细胞增生形成一个球状的细胞团，称原结。在原结的中央出现浅凹，称为原凹。之后，原凹的细胞逐渐沿中线向头侧增生迁移（相当于原条的延长线方向），在内外胚层之间形成一条单独的细胞索，称脊索（notochord）。这样，原条和脊索就构成了胚盘的中轴。随着胚盘的发育，脊索继续向头侧延伸，原条渐消失。若原条细胞残留，在人体骶尾部可以分化形成畸胎瘤。

3. 口咽膜和泄殖腔膜的形成　在脊索的头端和原条的尾端各有一个无中胚层的圆形小区，这两处的内、外胚层直接相贴，呈薄膜状，分别称为口咽膜和泄殖腔膜。中胚层向头端伸展时，绕过口咽膜在其前方汇合成生心区，此区为心脏发生的原基。

五、三胚层的分化

胚层的分化是指内、中、外三个胚层的原始细胞逐渐演变为人体具有特定生理功能的成熟器官或组织的过程。三胚层分化的主要组织和器官见表12-1。

表12-1　三胚层分化的主要组织和器官

胚层	分化的组织或器官
外胚层	
神经管	中枢神经系统（脑与脊髓）、松果体、神经垂体与视网膜
神经嵴	周围神经系统、肾上腺髓质
体表外胚层	表皮及其附属器（毛发、指甲、皮脂腺）、牙釉质、角膜、腺垂体、口、鼻腔及肛门的上皮
中胚层	
轴旁中胚层	背侧的真皮、中轴骨（脊柱骨、肋骨）及骨骼肌
间介中胚层	泌尿器官（肾与输尿管）、男性生殖器官（睾丸、附睾、输精管、精囊腺）和女性生殖器官（卵巢、输卵管、子宫）
侧中胚层	
体壁中胚层	胸腹部和四肢的骨骼、肌肉、结缔组织
脏壁中胚层	消化与呼吸道的肌组织和结缔组织
原始体腔	心包腔、胸膜腔、腹腔
内胚层	消化管（咽以下）及消化腺的上皮 呼吸道（喉以下）及肺的上皮 阴道上皮 甲状腺和甲状旁腺的上皮 胸腺与扁桃体的上皮

六、胚体的形成及其外形的变化

第2周时，胚盘为圆盘状，继而不断伸长变成头端宽尾端窄的倒梨形，以后变为鞋底形，但这些都是扁平板形。随着胚层的分化，由于外胚层的生长速度比内胚层快，胚盘中部的生长速度又快于边缘部，致使外胚层包于体表，内胚层被卷入胚体内部，胚体凸入羊膜腔内。同时，头、尾方向的生长速度快于左右方向，头侧快于尾侧，因而胚盘卷曲为头大尾小的圆柱形胚体。由于头侧的卷曲，使原来位于头端的生心区和口咽膜移到胚体的腹面，生心区则从口咽膜的头侧移到口咽膜的尾侧；尾侧的卷曲使泄殖腔膜和体蒂由尾端移到胚体的腹面。人胚发育至第8周时，便初具人形，各器官的原基也初步建立。

七、胎龄及预产期的计算

（一）胎龄的计算

计算胎龄的方法有多种，但以月经龄和受精龄两种方法表示最为常用。

1. 月经龄 从孕妇末次月经的第 1 天起至胎儿娩出止，共计 280 天。以 28 天为一个妊娠月，折合为 10 个月。产科临床常采用这种方法。但该计算法所推算出的胎龄与实际胎龄并不一致，因为末次月经的第 1 天并无排卵，当然也就不会有精、卵细胞的融合，

2. 受精龄 从孕妇末次月经的第 15 天算起（即排卵后第 1 天）至胎儿娩出，共计 266 天，为实际胎龄。这是胚胎学常用的方法。

（二）预产期的推算

预产期是指孕妇预计分娩的日期。该时间是从该孕妇末次月经第 1 天算起至成熟胎儿娩出。推算方法是年加 1，月减 3，日加 7。例如，末次月经的第 1 天是 2022 年 5 月 15 日，则其预产期为 2023 年 2 月 22 日。预产期的推算是以月经龄为基础的，从月经龄减去 14 天为受精龄。

八、胎膜与胎盘

（一）胎膜 🅴微课

受精卵分裂分化所形成胚体以外的附属结构统称胎膜（fetal membrane），包括绒毛膜、羊膜、卵黄囊、尿囊和脐带。胎膜对胚胎起保护和营养等作用（图 12 - 5）。

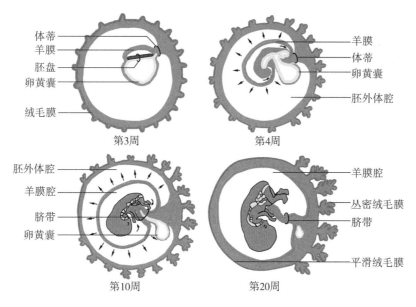

图 12 - 5　胎膜的形成与演变

1. 绒毛膜 为包在胚的最外层，是由胚外中胚层、细胞滋养层和合体滋养层共同构成的结构。它具有与母体进行物质交换等重要功能。

胚泡植入后，胚泡滋养层的细胞很快增生，并分化为三部分。

（1）向胚泡腔内增生、分化成一些疏松排列的星状细胞，称胚外中胚层。连接于羊膜囊和滋养层之间的胚外中胚层称体蒂。

（2）滋养层细胞向胚泡腔外增生，增生的细胞很快发生细胞融合，细胞界限消失，称合体滋养层。

（3）仍保留在原胚泡滋养层位置的为一层立方形细胞，界限清楚，称细胞滋养层。

由于胚泡滋养层细胞向胚泡外增生分化为合体滋养层的速度不同步，速度快的就形成了小突起，细胞滋养层长入突起的中轴部位，形成初级绒毛。至第 3 周，发育为由胚外中胚层、细胞滋养层和合体滋养层共同构成的伸向蜕膜的指状突起，称次级绒毛。当次级绒毛的胚外中胚层内有血管形成时，称三级绒毛。伸入包蜕膜的绒毛因缺乏营养，逐渐萎缩消失，表面变得光滑，称平滑绒毛膜。位于基蜕膜部分

的绒毛因血供丰富，密如树枝，称丛密绒毛膜，它参与胎盘的形成。

在绒毛发育过程中，如果绒毛表面的滋养层细胞过度增生，内部组织发生变性水肿，形成许多大小不等的水泡状结构，称为葡萄胎或水泡状胎块。若滋养层发生恶性变时，则称绒毛膜上皮癌。

2. 羊膜 由羊膜上皮和覆盖其外的胚外中胚层组成。它们围成的腔称羊膜腔。羊膜腔在第 2 周时出现，腔内的液体称羊水。以后随胚胎发育羊膜腔逐渐增大，羊水增多，羊膜就贴附到绒毛膜上，于是胚外体腔消失。少部分包绕在脐带的表面。

羊膜腔内的羊水来自羊膜上皮的分泌和母体血液的渗透，妊娠后期还有胎儿的尿液加入。胎儿大量吞饮羊水而使羊水不断更新。足月时羊水的正常量为 1000～1500ml，少于 500ml 为羊水过少，常为胎儿无肾或尿道闭锁所致；多于 2000ml 为羊水过多，常见于消化管闭锁或中枢神经发育不良，如无脑畸形。

羊水的作用：①保护作用，羊水可缓冲外部的震荡，使胎儿免受外力的直接冲击；②防止胎儿和羊膜粘连；③可使胎儿在液体环境中自由活动；④分娩时扩张子宫颈，冲洗润滑产道，以利胎儿娩出。

羊水中含有来自胎儿的脱落上皮细胞，抽取羊水细胞培养和核型分析，可预测胎儿的性别和某些遗传性疾病。

3. 卵黄囊 随着胚体的形成，卵黄囊顶部的内胚层被卷入胚体内，形成原肠，其余部分形成卵黄蒂，与原肠相连。

4. 尿囊 是从卵黄囊尾侧的内胚层突入体蒂内的一个盲管。其壁上的血管演变成脐血管，其根部参与膀胱顶部的形成。

5. 脐带 在胚体形成时，随着胚体的包卷和羊膜腔的扩大，体蒂、尿囊及卵黄囊都被挤到腹侧，由羊膜包绕形成一圆柱形结构，即为脐带（umbilical cord）。随后，上述结构闭锁，演变为黏液性结缔组织和脐血管。脐带起于胎儿脐部，止于胎盘，至出生时直径约为 1.5cm，长约 55cm。脐带过短则可造成分娩困难；过长则可能缠绕胎儿颈部或肢体，影响胎儿正常发育，甚至造成胎儿窒息死亡。

（二）胎盘

1. 胎盘的形态 足月娩出的胎盘（placenta）为圆盘状，中央厚，边缘薄，直径 15～20cm，重 500g（图 12-6）。胎盘的胎儿面光滑，表面覆盖着羊膜，脐带一般附着于近中央处，透过羊膜可见脐血管呈放射状分布在绒毛膜上。胎盘的母体面粗糙，有不规则的浅沟将其分为 15～30 个微凸的小区，称胎盘小叶。

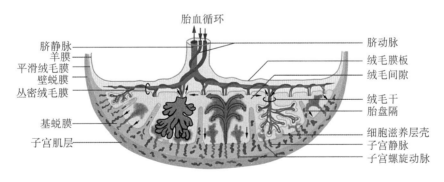

图 12-6 胎盘结构模式图

2. 胎盘的功能

（1）物质交换 胎盘内有母体和胎儿两套独立的血液循环体系。母体血由子宫螺旋动脉流入绒毛间隙，再经基蜕膜中的小静脉流回母体。胎儿的血液经脐动脉进入胎盘，反复分支并形成绒毛内的毛细血管，汇成脐静脉回到胎儿体内。二者的血液并不直接相通，但可进行物质交换。在胎盘内母体和胎儿物质交换所通过的结构，称胎盘膜或胎盘屏障。早期胎盘膜由合体滋养层、细胞滋养层和基膜、绒毛内结缔组织和绒毛内毛细血管的基膜和内皮 4 层构成。

（2）屏障作用　胎盘膜具有屏障作用，可阻挡母体血液中的大分子物质及细菌等进入胎儿血循环，以维持胎儿的正常发育。但某些病毒如风疹、麻疹、脑炎、流感等病毒很易透过，大部分药物也可通过胎盘膜，有些药物可导致胎儿畸形。IgG 是唯一能通过胎盘膜的抗体，对出生婴儿的抗感染起重要作用。

（3）内分泌作用　胎盘能分泌多种激素，主要有绒毛膜促性腺激素、孕激素、雌激素和绒毛膜促乳腺生长激素。①绒毛膜促性腺激素（chorionic gonadotropin, HCG）：受精后第 2 周即可在孕妇尿中测出，第 8 周达到高峰，然后逐渐下降。该激素可促进黄体的继续生长发育，从而维持妊娠。临床上常用于诊断早期妊娠。②孕激素（progestogen, P）：于第 4 个月开始产生，此时黄体已开始退化，由胎盘的孕激素继续维持妊娠。③雌激素（estrogen, E）：与孕激素一起维持妊娠。④胎盘催乳素（placental lactogen, PL）：有促进母体乳腺生长的作用。

九、双胎、多胎与联胎

（一）双胎

一次妊娠产生两个胎儿称双胎或孪生（twins），分单卵双胎和双卵双胎。双胎有下列几种类型。

1. 单卵双胎　指一个受精卵发育成两个胎儿，两个个体性别相同，面貌酷似，血型及组织相容性抗原相同。有以下几种可能的情况。

（1）卵裂球分离　第一次卵裂形成的两个卵裂球分离，并各自形成一个胚胎，各具有独立的胎膜和胎盘。

（2）形成两个内细胞群　胚泡形成时出现两个内细胞群，从而产生两个胚胎，它们有共同的胎盘和绒毛膜，但羊膜互相分隔。

（3）形成两个原条　在一个胚盘上形成两个原条，最终发育成两个胚胎，它们有共同的胎盘，绒毛膜和羊膜囊。在这种情况下，当两个胚胎分离不完全时，就会形成联胎。

2. 双卵双胎　母体同时排出两个卵并都受精时则形成双卵双胎，双卵双胎两个个体的差异如同一般的兄弟姐妹。

（二）多胎

一次妊娠产生三个或三个以上的胎儿，叫多胎（multiple birth）。形成多胎的原因可以是一卵性、多卵性的或混合性的。

（三）联胎

在单卵双胎的形成过程中，如果两个胎儿分离不全，互相联合在一起而成联胎（conjoined twins）。有的联胎两个胎儿大小相差很大，小者就像大胎上的寄生物，故称寄生胎。

十、先天畸形

（一）基本概念

先天畸形（congenital malformation）是指生物个体在出生时即存在的行为异常或其器官、组织的体积、形态、位置和结构的异常。前者称之为行为畸形，后者称之为结构畸形。这里我们主要讨论结构畸形（下称先天畸形）。

先天畸形大体可以被分为以下几类：整体发育畸形、胚胎局部发育畸形、器官和器官局部畸形、组织分化不良性畸形、发育过度性畸形、发育停滞性畸形和寄生畸形。有 19 种先天性畸形被我国列为常规监测对象。其中列在前 5 位的是：无脑儿、脊柱裂、脑积水、腭裂和全部唇裂。

（二）致畸因素

1. 遗传因素

（1）染色体畸变 一般表现为染色体数目和结构的异常。染色体数目异常可以分为染色体多于或少于46条两种。染色体多于46条，如Down综合征即先天愚型就是由于21号染色体为三体所致（47，XY＋21）；染色体少于46条，如Turner综合征，又称先天卵巢发育不全则是由于性染色体为单体所致（45，X0）。染色体结构异常主要表现为染色体长臂或短臂全部或部分缺失，并发生异位、倒位等。如因5号染色体短臂缺失所致的畸形称猫叫综合征。

（2）基因突变 指DNA分子碱基组成或排列顺序的改变，而染色体外型无异常。基因突变如发生在体细胞，所产生的畸形是不遗传的。基因突变如发生在生殖细胞，所产生的畸形将是遗传的。如软骨发育不全、多指畸形、小头畸形等就属于这类畸形。

2. 环境因素

（1）物理因素 首先是各种射线的致畸性。人体的配子和受精卵均对射线特别敏感，易引起基因突变和染色体畸形。其次是噪音、高温、微波及超声波也对受精卵的发育有明显的影响。

（2）化学因素 杀虫剂、除草剂、烟草中的烟碱和3,4－苯丙芘、黄曲霉素都有致畸作用。特别值得注意的是某些药物对胎儿的致畸性，如抗癌药、镇静药、抗癫痫药、氨基糖苷类抗生素、激素、矿物质中药均有致畸作用。

（3）生物因素 孕期妇女受微生物，特别是病毒感染，也是致胎儿畸形非常重要的因素。如风疹病毒、疱疹病毒、流感病毒、腮腺炎病毒和肝炎病毒均可导致先天畸形的发生。

（4）其他因素 孕妇营养不良、微量元素缺乏和精神创伤也可致使胎儿发育异常。

以上致畸因素均可导致胎儿畸形的发生，但因胎儿的发育阶段、与致畸因子接触密切程度、致畸因子剂量及胚胎的基因特性等的不同，其致畸敏感性也不同。如孕3～8周为组织分化和器官原基形成的关键时期，对致畸因素高度敏感极易造成畸形；近亲结婚所生子女，隐性遗传病和多基因遗传病的发病会明显提高，而药物和某些化学物质通过胎盘膜的数量和速度取决于它们的理化特性，只有达到一定剂量或接触一定时间才能致畸。

 素质提升

人口政策与优生

2021年5月11日，第七次全国人口普查结果公布。全国人口总人口为1443497378人，其中：普查登记的大陆31个省、自治区、直辖市和现役军人的人口共1411778724人，即约14.1178亿人。全国人口与2010年第六次全国人口普查结果相比，增长5.38%，年平均增长率为0.53%。其中，60岁及以上人口占比超18%，人口老龄化程度进一步加深。党的十八大以来，党中央根据我国人口发展变化形势，先后作出实施单独两孩、全面两孩政策等重大决策部署，进一步优化生育政策，实施一对夫妻可以生育三个子女政策及配套支持措施，有利于改善我国人口结构、落实积极应对人口老龄化国家战略、保持我国人力资源禀赋优势。因此，优生即是一项重要医疗技术又是国家政策，其主要的内容是利用B超、染色体、基因诊断技术筛查控制先天性疾病新生儿，以达到逐步改善和提高人群遗传素质的目的。我国开展优生工作主要有如下几点：夫妇有明显血缘关系禁止结婚，另进行遗传咨询，提倡适龄生育和产前诊断等。

答案解析

目标检测

一、选择题

1. 胚胎的早期发育是指（　　）

　　A. 受精后第 1 周的发育阶段　　　　　　B. 受精后第 1 周至第 3 周的发育阶段

　　C. 受精后第 1 周至第 8 周的发育阶段　　D. 受精后第 1 周至第 38 周的发育创段

　　E. 受精后第 9 周至第 38 周的发育阶段

2. 受精的部位通常是在（　　）

　　A. 子宫腔　　　　　　　　B. 输卵管壶腹部　　　　　　C. 输卵管子宫部

　　D. 输卵管漏斗部　　　　　E. 腹腔

3. 精子获能的部位是在（　　）

　　A. 曲细精管　　　　　　　B. 附睾管　　　　　　　　　C. 睾丸输出小管

　　D. 输精管　　　　　　　　E. 女性生殖管道

4. 受精的必须条件不包括（　　）

　　A. 卵必须成熟　　　　　　　　　　　　B. 排卵后 12h 以内

　　C. 精子必须达到一定的数量和密度　　　D. 异常精子不能超过 20%

　　E. 放射冠全部脱落

5. 人胚初具人形的时间是在（　　）

　　A. 第 1 周　　　　　　　　B. 第 2 周　　　　　　　　　C. 第 4 周

　　D. 第 6 周　　　　　　　　E. 第 8 周

6. 妊娠 7 个月时，维持妊娠的主要激素是（　　）

　　A. 胎盘分泌的绒毛膜促性腺激素　　　　B. 垂体产生的黄体生成素

　　C. 黄体分泌的孕激素　　　　　　　　　D. 卵巢分泌的孕激素

　　E. 胎盘分泌的孕激素

7. 脐带的基础组织结构是（　　）

　　A. 卵黄囊　　　　　　　　B. 尿囊　　　　　　　　　　C. 脐血管

　　D. 体蒂　　　　　　　　　E. 羊膜

8. 胎儿诞生时剪断脐带，从脐带内流出的血液是（　　）

　　A. 胎儿的静脉血和动脉血　　　　　　　B. 胎儿和母体的静脉血和动脉血尿囊

　　C. 母体的静脉血和动脉血　　　　　　　D. 胎儿的动脉血和母体的静脉血

　　E. 胎儿的静脉血和母体的动脉血

9. 分娩时羊水的正常值为（　　）

　　A. 1000～1500L　　　　　　B. 1000～1500ml　　　　　C. 500ml 以下

　　D. 2000ml 以上　　　　　　E. 500～2000L

10. 母体血液中的营养物质进入胎儿血液依次通过（　　）

　　A. 蜕膜、滋养层、结缔组织、绒毛内毛细血管内皮

　　B. 绒毛内毛细血管内皮及基膜、结缔组织、滋养层

　　C. 合体滋养层，细胞滋养层及基膜、结缔组织、毛细血管基膜及内皮

D. 基膜，合体滋养层、细胞滋养层、结缔组织、毛细血管内皮及基膜

E. 滋养层及基膜、结缔组织、毛细血管内皮及基膜、脐静脉

二、思考题

患者，女，25 岁，既往体健，未避孕，既往月经正常，现停经 6 周，出现畏寒、头晕、乏力、嗜睡、食欲不振，恶心、呕吐等症状，自查 HCG 显示已孕，来院就诊。

问题：1. 应为该女士提供哪些检查？

2. 应向该女士说明哪些孕早期注意事项？

3. 如何帮助该女士缓解孕早期的不良反应？

（冯晓灵）

书网融合……

本章小结　　　　　微课　　　　　题库

参考文献

［1］叶明，张春强. 正常人体结构［M］. 北京：中国医药科技出版社，2018.

［2］陈地龙，赵永. 人体解剖学与组织学胚胎学［M］. 3 版. 北京：北京大学医学出版社，2019.

［3］陈地龙. 正常人体结构［M］. 北京：人民卫生出版社，2016.

［4］韩中保，苏衍萍. 人体解剖学与组织学胚胎学［M］. 北京：中国医药科技出版社，2018.

［5］马永臻，孟繁伟. 正常人体结构［M］. 北京：中国医药科技出版社，2019.

［6］窦肇华，吴建清. 人体解剖学与组织胚胎学［M］. 7 版. 北京：人民卫生出版社，2018.